电路分析与电子技术基础(II)
——模拟电子技术基础

浙江大学电工电子基础教学中心　电子技术课程组　编

林平　沈红　周箭　张德华　主编

U0251167

高等教育出版社·北京

内容简介

　　本书为《电路分析与电子技术基础》系列教材的第2册。全书内容参照高等学校电子电气基础教程教学指导分委员会制定的教学基本要求,将原"电路原理""模拟电子技术基础"和"数字电子技术基础"课程中最基本的知识点有机地融合在一起,突出工程背景与应用,强调基本原理与分析,使电气工程、自动化、电子信息工程、通信工程、生物医学工程与仪器、光电信息、机电一体化、计算机等涉电类专业的学生,能基本掌握电路原理与电子技术方面的基本知识与概念,并能为深入学习后续电类课程或相关专业课程奠定扎实的基础。

　　在第1册详细分析了半导体器件工作机理以及半导体器件不同工作状态下的线性模型基础上,本书共分5个章节,包括放大电路的建模与设计,放大电路的稳定性和性能改善分析,功率放大电路和基本 AC/DC 变换电路,信号发生电路,模拟信号处理电路。

　　本书可作为普通高等学校电子信息类、电气类、自动化类专业的基础教材,也可作为非电专业电工电子课程教材使用,并可供从事电子和电气工程专业的工程技术人员参考。

图书在版编目(CIP)数据

电路分析与电子技术基础. Ⅱ,模拟电子技术基础/浙江大学电工电子基础教学中心电子技术课程组编;林平等主编. --北京:高等教育出版社,2018.11 (2019.12重印)
　　ISBN 978-7-04-050826-0

　　Ⅰ. ①电… Ⅱ. ①浙… ②林… Ⅲ. ①电路分析-高等学校-教材②模拟电路-电子技术-高等学校-教材 Ⅳ. ①TM133②TN710

　　中国版本图书馆 CIP 数据核字(2018)第 242792 号

策划编辑	王勇莉	责任编辑　王　楠	封面设计　王　洋	版式设计　马　云
插图绘制	于　博	责任校对　刘丽娴	责任印制　尤　静	

出版发行	高等教育出版社	网　　址	http://www.hep.edu.cn
社　　址	北京市西城区德外大街4号		http://www.hep.com.cn
邮政编码	100120	网上订购	http://www.hepmall.com.cn
印　　刷	廊坊十环印刷有限公司		http://www.hepmall.com
开　　本	787mm×960mm　1/16		http://www.hepmall.cn
印　　张	20.5		
字　　数	370千字	版　　次	2018年11月第1版
购书热线	010-58581118	印　　次	2019年12月第2次印刷
咨询电话	400-810-0598	定　　价	38.20元

本书如有缺页、倒页、脱页等质量问题,请到所购图书销售部门联系调换
版权所有　侵权必究
物 料 号　50826-00

前　言

　　《电路分析与电子技术基础》系列教材（含3个分册）总结了浙江大学多年来实施的全校性电类系列核心课程教学改革的成果。将原有的"电路原理""模拟电子技术基础"和"数字电子技术基础"课程中最基本的知识点，有机地融合在一起。系列教材体现了电类基础课程优化整合的教学改革发展新需要，在保证课程教学基本要求的前提下，压缩电类基础课程的教学时数，提高后续专业课程的教学起点，为电气信息类高素质创新型科技人才培育创建新的教学平台。

　　本书为系列教材的第2册。在教材编写过程中，我们反复讨论了教材体系如何和实际教学课程紧密联系，希望能充分体现电类系列核心课程教学改革的成果。新教材不仅覆盖了原有传统模拟电子技术的内容，又形成了自己独特的特点：

　　（1）将原有的传统的基本半导体器件的工作机理和模型构建放到了系列教材的第1册，使得学生在学习线性电路的基本原理和分析方法的基础上，针对半导体器件的非线性特性，学习并建立"线性化建模"的基本理念。

　　（2）强调了在模拟电子技术应用中的电路模型的描述。第1章即以"放大电路的建模与分析"来阐述基本放大电路的特性，以建模的思路，帮助学生进一步理解在电子技术应用中的电路模型就是实际半导体器件在不同工作状态下的电气性质的数学描述的理念。

　　（3）强化了电子技术工程应用的背景。第2章从"放大电路的稳定性和性能改善"的角度，阐述基本应用放大电路功能。第3章从功率角度分析信号的功率放大以及实际应用中的功率变换电路。第4、5两章则着重从信号的发生和信号处理进行基本功能电路的分析。教材内容脉络清晰，同时，在每一章的最后一节均给出了实际应用案例，突出了课程的工程背景与实际应用。

　　本系列教材的策划得到了浙江大学电气工程学院和学校本科生院的大力支持。本教材的编写过程中得到了电气学院电子技术课程组全体教师的大力支持。参加编写的教师分工如下：林平、周箭、张德华编写了第1、3、4、5章，沈红编写了第2章。感谢王小海教授、陈隆道教授在教材编写过程中给予的大力支持

I

和宝贵意见。感谢电子科技大学何松柏教授提出的宝贵的修改意见。

由于编者的水平和时间有限,对于教材中存在的不足和错误,欢迎专家和读者批评指正。编者邮箱:linping@zju.edu.cn。

编者

2018 年 9 月

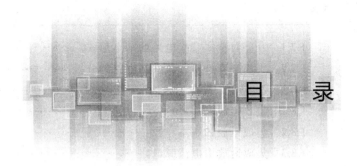

目 录

第 1 章　放大电路的建模与分析

1.1　放大电路的基本概念

1.1.1　放大电路的基本组成

在第一册的基本半导体元器件的分析中,我们知道利用半导体晶体管和场效应管可以构成基本的放大电路,实现对输入信号的线性不失真放大。一个基本的放大系统可以认为由输入信号源、基本放大电路(包括供电电源和半导体器件)和输出负载构成。图 1.1.1 给出放大系统的基本构成。

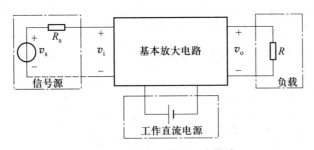

图 1.1.1　放大系统的基本构成

图中的信号源以电压源的形式表示,可以认为是自然界的各种非电量信号经过传感器转变后得到的电信号,例如声音信号经过话筒后转换得到的音频电压信号。输出负载可以是各种执行元件或电阻,例如电压表、电流表、扬声器、伺服电机等。工作直流电源提供了基本半导体器件正常工作的偏置保证。

大家熟悉的音频功放就是一个典型的放大系统,通过话筒把语音信号转换为电信号,其输出电压大约为几毫伏到几十毫伏,经功放内的放大电路放大后输出给扬声器,扬声器又将放大电路输出的电信号还原为语音信号。功放电源提供的电能转化为扬声器输出时增加的信号功率。很显然,我们都希望扬声器发出的声音与送入到话筒的声音信号保持一致,即输出的信号中包含的信息应保

1

持与输入信号完全一致,也就是所谓的没有失真,改变的只是信号的幅度或功率的大小。可见,作为基本放大系统应该具有不失真放大电信号的功能。

本章主要内容就是介绍基本放大电路的工作原理、基本放大电路的工作条件和分析设计,实现对输入信号的不失真的线性放大,并将放大后的信号传输给负载。

1.1.2 放大电路的输入信号源和输出负载

1. 输入信号源

在人类自然环境中,存在着各式各样的信号,比如温度、压力、光强、声音、图像、速度等,当我们需要对这些信息进行检测、分辨以及处理时,首先需要把这些非电量信号通过传感器转变为基本电路能进行分析处理的电信号。

通常为了分析方便,可以把电信号分为模拟信号和数字信号两大类。把时间上是连续变化的、幅值上也是连续取值的信号称为模拟信号。把时间离散、数值也离散的信号称为数字信号。分析和处理模拟信号的电子电路称为模拟电路,本册书主要就是分析讨论模拟电子电路的基本概念、基本原理、基本分析和设计电路的方法以及基本应用。

根据电路理论的知识,我们知道电路中的电信号可以有两种等效的模型形式,一种表示为理想电压源和内阻 R_s 串联的戴维宁等效电路形式,一种表示为理想电流源和内阻 R_s 并联的诺顿等效电路形式,分别如图 1.1.2(a)(b)所示。

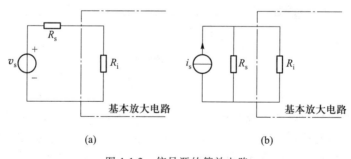

(a)   (b)

图 1.1.2 信号源的等效电路

由信号分析的基本知识,实际应用中的任何周期性的非正弦信号都可以分解表示为不同频率的正弦信号(基波和各次谐波)的叠加,所以在基本线性放大电路的分析中通常采用正弦波信号作为基本的输入信号源。

2. 输出负载

输出负载可以是各种执行元件或电阻,例如电压表、电流表、扬声器、伺服电机、后级放大电路等。负载对放大电路的要求一般可分为三类：

（1）需要放大电路有足够大的输出信号电压，而对输出信号的电流没有要求。例如放大电路的输出是为了驱动高内阻的电压表或连接较高输入电阻的后级放大电路。

（2）需要放大电路有足够大的输出信号电流，而对输出信号的电压没有要求。例如放大电路的输出是为了驱动电流型负载，如继电器线圈等。

（3）需要放大电路有足够大的输出信号功率，即要求放大电路的输出信号电压和输出信号电流都应该有足够大的动态范围，如音箱负载等。

1.1.3 放大电路中静态和动态关系

放大电路的基本功能就是不失真地放大"变化"的信号，只有变化的信号才包含有相关的信息，也就是前面提到的通常用正弦信号来表示需要放大的变化信号，可以理解为这是一种动态（交流）的分析过程。为了实现这个目标，需要为放大电路提供合适的直流偏置，也就是说放大电路必须有合适的静态工作条件。

为了更好地分析放大电路中静态与动态的关系、各动态分量之间的关系，并且为了区别各种不同量的含义，对电路中各个电量的符号写法进行规范：

（1）电量的基本符号用大写字母并辅以大写下标来表示直流（静态）电量，如 I_B、I_C、I_D、V_{BE}、V_{CE}、V_{GS}。另外，本册教材中的基本电量"电压"通常用 V 表示，直流电源电压通常表示为 V_{CC}、V_{DD}。

（2）用小写字母辅以小写下标来表示交流（动态）变量的瞬时值，如 v_i、v_o、i_b、i_c。如果交流量为正弦波，则用大写字母并辅以小写下标来表示其有效值，如 V_i、I_i。若是为了表示其峰值，可在其有效值下标中增加 m 标志，如 V_{im}、I_{im}。书中也以 $\dot{V}_i$（或 $\dot{I}_i$）表示交流相量值（复数）。

（3）用小写字母辅以大写下标来表示直流与交流叠加后的瞬时总量，如 i_B、i_C、i_D、v_{BE}、v_{CE}、v_{DS}。

下面以基本共射极放大电路为例，利用"图解分析法"（也简称图解法）对放大电路的"静态"和"动态"进行分析，阐述基本放大电路的工作原理。

图 1.1.3 是基本共射极放大电路

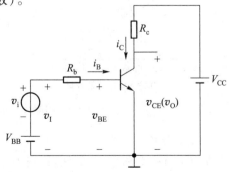

图 1.1.3　基本共射极放大电路原理图

原理图。其中半导体晶体管是放大器件,直流电压 V_{BB} 通过串联电阻 R_B 为晶体管的发射结提供正偏电压,产生基极偏置电流 I_B,同样电压源 V_{CC} 和电阻 R_C 也作为偏置电路为晶体管的集电结提供反偏电压,保证晶体管工作在放大区。电阻 R_C 的另外一个作用是将集电极电流的变化转换为电压的变化,作为放大电路的输出。v_i 为待放大的交流小信号,可以表示为 $v_i = V_{im} \sin \omega t$,输出信号从集电极–发射极间输出。可见,放大电路中的电压和电流都既包含直流成分也包含交流成分,这是一个交直流共存的放大电路。对这类电路进行分析时,可以将直流和交流分开处理,在进行直流(静态)分析时,认为交流信号为零,在进行交流(动态)分析时,认为直流电源变化量为零。

1. 直流分析

在进行直流分析时,输入信号 $v_i = 0$,电路中只包含直流分量,输入回路中的直流静态工作点 $Q(I_{BQ}, V_{BEQ})$ 应位于晶体管的输入特性曲线 $i_B = f(v_{BE})\big|_{v_{CE} \geqslant 1\ \text{V}}$ 上,同时静态电流 I_{BQ}、电压 V_{BEQ} 也应同时满足输入回路方程 $I_B R_B + V_{BE} = V_{BB}$,即静态工作点也应位于由这个回路方程决定的直线上,这样可以在晶体管输入特性上做出这条直线,其与晶体管的输入特性曲线的交点就是所求的静态工作点 $Q(I_{BQ}, V_{BEQ})$,如图 1.1.4(a) 所示。

在输出回路中,静态工作点应该位于由 $i_B = I_{BQ}$ 确定的那条晶体管输出特性曲线 $i_C = f(v_{CE})\big|_{I_B = I_{BQ}}$ 上,同时静态电流 I_{CQ}、电压 V_{CEQ} 也应同时满足输出回路方程 $I_C R_C + V_{CE} = V_{CC}$,即静态工作点也应位于由这个回路方程决定的直线上,这样可以在晶体管输出特性上做出这条直线,它与输出特性曲线 $i_C = f(v_{CE})\big|_{I_B = I_{BQ}}$ 的交点 Q 就是所求的静态工作点 $Q(I_{CQ}, V_{CEQ})$,如图 1.1.4(b) 所示。

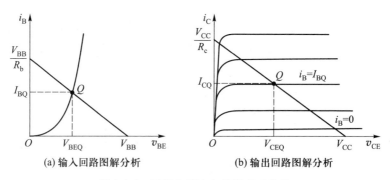

(a) 输入回路图解分析　　　　(b) 输出回路图解分析

图 1.1.4　图解分析法中的静态工作点

2. 交流分析

在以上直流分析中,我们知道,当外加的变化信号还没有加到基本放大电路时,电路中的半导体器件工作在线性放大区。在此基础上,我们分析当加入输入

信号 v_i 时的电路工作状态。假设 $v_i = V_{im}\sin\omega t$，可以在半导体晶体管的输入特性曲线上分析并画出 i_B 和 v_{BE} 波形，如图 1.1.5(a)所示。在 V_{BB} 和 v_i 共同作用下，输入回路的方程变为 $i_B R_B + v_{BE} = V_{BB} + v_i$，那么此时的负载线变为随着输入 v_i 变化而平行移动的直线，直线的斜率保持为 $-1/R_b$ 不变。图 1.1.5(a)中两条虚线①、②表示 v_i 达到其峰值 $\pm V_{im}$ 时对应的负载线，与放大器件自身固有的输入特性分别相交于 Q' 和 Q''，对应地可以画出输入的电流 i_B 和电压 v_{BE} 的波形。

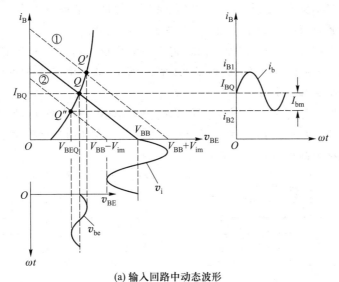

(a) 输入回路中动态波形

(b) 输出回路中动态波形

图 1.1.5　图解分析法中的动态工作波形

加入输入信号 v_i 后,放大电路的输出回路方程 $i_C R_C + v_{CE} = V_{CC}$ 保持不变,可见在输出特性图上的负载线保持不变,根据在输入特性图上得到的电流 i_B 的波形,在图 1.1.5(b)中可以得到 i_C 和 v_{CE} 波形。v_{CE} 波形中的交流量 v_{ce} 就是放大电路的输出电压 v_o,它是与输入信号 v_i 同频率的正弦波形,是对 v_i 不失真放大的波形,其相位与 v_i 相差 $180°$。

上面的"图解分析法"阐明了放大电路的基本工作原理,可以看出,为了实现对输入信号不失真地线性放大的功能,必须设置良好的静态工作点"Q",静态工作点的设置直接影响到基本放大电路的动态放大特性。

如果选取的静态工作点"Q"过高,则交流输出信号将会在 i_b 的正半周进入饱和区,导致 i_C 和 v_{CE} 波形失真,如图 1.1.6(a)所示,这种由于器件进入饱和区而产生的失真称为饱和失真。

如果选取的静态工作点"Q"过低,则交流输出信号将会在 i_b 的负半周进入截止区,导致 i_C 和 v_{CE} 波形失真,如图 1.1.6(b)所示,这种由于器件进入截止区而产生的失真称为截止失真。

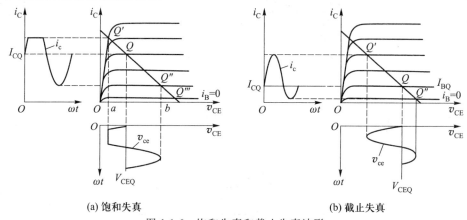

(a) 饱和失真　　　　　　　　　　　　　(b) 截止失真

图 1.1.6　饱和失真和截止失真波形

即使可以假设我们设置了理想的静态工作点"Q",但如果由于输入信号的幅度过大,也会导致输出的 i_C 和 v_{CE} 波形失真,这时可以认为是饱和失真和截止失真同时出现。

饱和失真和截止失真都是由于半导体器件特性的非线性引起的,通常也被称为非线性失真。

1.1.4　放大电路基本放大原理

从上面的图解分析法的分析讨论我们知道,对于基本放大电路中的半导体器件,不论是晶体管还是场效应管,外加的偏置电路都必须保证其工作在线性放大区,工作在线性区的半导体器件其输出特性可以认为是受控电流源的特性。对于晶体管器件,可以看作是电流控制电流源特性,而对于场效应管,可以看作是电压控制电流源特性。这样,基本放大电路的输出部分可以用如图 1.1.7 所示的简化模型来表示。

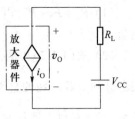

图 1.1.7　放大电路模型

可见,当放大电路加上信号 $v_i = V_{im}\sin \omega t$ 后,只要半导体放大器件工作在线性放大区,则图中的受控电流源可以表示为

$$i_0 = I_{0Q} + I_{om}\sin \omega t$$

即可以认为受控电流源是在静态 I_{0Q} 基础上叠加一个正弦变化的交流变化信号。可以得到:

$$\begin{aligned}
v_0 &= V_{CC} - i_0 R_L = V_{CC} - (I_{0Q} + I_{om}\sin \omega t)R_L \\
&= (V_{CC} - I_{0Q}R_L) - I_{om}R_L\sin \omega t \\
&= V_{0Q} - V_{om}\sin \omega t
\end{aligned}$$

所以放大器件上的电压 v_0 也是在静态 V_{0Q} 的基础上叠加一个正弦变化的信号,V_{om} 是放大了的信号幅值。这些原理都可以在前面图解分析法中直观体现。

我们也可以从功率的角度分析放大过程的基本原理:

在对输入信号不失真的放大过程中,工作电源 V_{CC} 提供的平均功率为

$$P_V = \frac{1}{2\pi}\int_0^{2\pi} V_{CC}i_0\,\mathrm{d}\omega t = \frac{1}{2\pi}\int_0^{2\pi} V_{CC}(I_{0Q} + I_{om}\sin \omega t)\,\mathrm{d}\omega t = V_{CC}I_{0Q} \quad (1.1.1)$$

放大器件上消耗的平均功率为

$$P_T = \frac{1}{2\pi}\int_0^{2\pi} v_0 i_0\,\mathrm{d}\omega t = \frac{1}{2\pi}\int_0^{2\pi}(V_{0Q} - V_{om}\sin \omega t)(I_{0Q} + I_{om}\sin \omega t)\,\mathrm{d}\omega t$$

$$= V_{0Q}I_{0Q} - \frac{1}{2}I_{om}^2 R_L \quad\quad\quad\quad (1.1.2)$$

负载上获得的平均功率为

$$P_L = \frac{1}{2\pi}\int_0^{2\pi} i_0^2 R_L\,\mathrm{d}\omega t = \frac{1}{2\pi}\int_0^{2\pi}(I_{0Q} + I_{om}\sin \omega t)^2 R_L\,\mathrm{d}\omega t = I_{0Q}^2 R_L + \frac{1}{2}I_{om}^2 R_L$$

$$(1.1.3)$$

由以上三个式子可知:

（1）$P_V = P_T + P_L$，电源提供的能量等于器件消耗的能量和负载上获取的能量。

（2）式（1.1.2）中的 $V_{OQ}I_{OQ}$ 和式（1.1.3）中的 $I_{OQ}^2 R_L$ 表示未加入变化信号时放大器件和负载消耗的直流功率。当加入变化信号后，负载上获得 $\frac{1}{2}I_{om}^2 R_L$ 的信号功率，而此时放大器件减少了相同数值的功率损耗，电源提供的功率仍维持不变。详细的有关功率放大电路的分析可见后续第 3 章。

通常我们可以认为在放大过程中，对放大器件的控制功率很小，均可以忽略不计。这样，在对输入信号的不失真的放大过程中，输入信号的能量很小，通过放大器件控制直流供电电源 V_{CC} 的输出电流 i_o，使之在静态值的基础上随输入信号而变化，从而使得负载上获得比输入信号能量大得多的输出信号功率 $\frac{1}{2}I_{om}^2 R_L$。

可见，利用放大器件对输入信号不失真放大的过程与升压变压器的电压放大原理有着本质的区别。在升压变压器中，输出电压在提升的同时，降低了对应的输出电流，变压器工作并没有实现能量的增加。在理想条件下，不考虑变压器的损耗时，变压器原边信号能量与副边信号能量是相同的。其他的任何无源线性网络也都无法实现"放大"的功能，只能实现阻抗的变换。

1.1.5　放大电路的性能指标

放大电路的性能指标是衡量放大电路工作时的品质标准，根据具体的性能指标可以决定放大电路的适用范围。在这里，我们主要讨论放大电路的增益、输入电阻、输出电阻、频带宽度、最大不失真输出幅度等几项主要性能指标。

1. 增益（放大倍数）

增益，通常也称放大倍数，是放大电路最基本的一项性能指标，它反映了放大电路在对输入信号不失真线性放大前提下，输出信号的幅度与输入信号的幅度的比值。由于放大电路的输入端口既可以是电压也可以是电流，输出端口根据不同的负载特性，也可以有电压和电流之分。所以，通常放大电路的增益有四种不同的类型表达。下面的表述均假设输入输出信号为正弦波形式。

（1）电压增益：$A_v = \dfrac{v_o}{v_i}$，表示为输出电压信号的幅值（或有效值）与输入电压信号的幅值（或有效值）比值，无量纲。

（2）电流增益：$A_i = \dfrac{i_o}{i_i}$，表示为输出电流信号的幅值（或有效值）与输入电流信号的幅值(或有效值)比值,无量纲。

(3)互阻增益:$A_r = \dfrac{v_o}{i_i}$,表示为输出电压信号的幅值(或有效值)与输入电流信号的幅值(或有效值)比值,增益为电阻量纲。

(4)互导增益:$A_g = \dfrac{i_o}{v_i}$,表示为输出电流信号的幅值(或有效值)与输入电压信号的幅值(或有效值)比值,增益为电导纲。

有些应用场合,增益可以用分贝(dB)作为单位,以电压增益为例,可以表示为 $A_v = 20\lg\dfrac{v_o}{v_i}$(dB)即增益为 1 时,可以表示为"0 dB";增益为 10 时,表示为"20 dB"。

2. 输入电阻

以双口网络的形式可以得到放大电路的基本示意图,如图 1.1.8 所示。图中的放大电路输入电阻定义为 $R_i = \dfrac{v_i}{i_i}$,输入电阻的大小反映了基本放大电路从信号源吸取信号的大小。图中信号源为电压源特性,R_i 越大,则放大电路从信号源获取的电压信号越大。若信号源为电流源特性,则 R_i 越小,放大电路从信号源获取的电流信号越大。

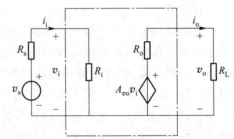

图 1.1.8　基本放大电路的双口网络示意图

放大电路的电压增益通常也可以定义为输出电压信号的幅值(或有效值)与电压信号源的幅值(或有效值)比值,即 $A_{vs} = \dfrac{v_o}{v_s}$,称为源电压增益。

$$A_{vs} = \frac{v_o}{v_s} = \frac{v_o}{v_i}\frac{v_i}{v_s} = A_v \frac{R_i}{R_i + R_s}$$

需要强调的是,图中的受控电压源 $A_{vo}v_i$,A_{vo} 定义为空载增益,即负载 $R_L = \infty$ 时的电压增益。

3. 输出电阻

由图 1.1.8 可以得出:$v_o = A_{vo}v_i - i_o R_o$,可见 R_o 越小,负载上得到的电压 v_o 越接近受控电压源 $A_{vo}v_i$,放大电路的输出越接近恒压源特性,放大电路的带负载能力越强,即 R_o 的大小反映了放大电路的带负载能力。可见,对于电压源输出特性的放大电路,R_o 越小,放大电路的带负载能力越强。而对于电流源输出特性的放大电路,R_o 越大,放大电路的带负载能力越强。

为了定性地计算放大电路的输出电阻,可以采用如图 1.1.9 所示求解方法,该方法是依据输出电阻的基本定义,即输入信号源 $v_s = 0$,负载开路($R_L = \infty$),从输出端口加电压激励 v_o',其与端口电流 i_o' 的比值即为输出电阻。

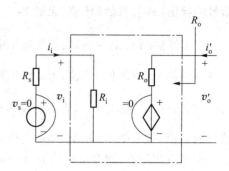

$$R_o = \frac{v_o'}{i_o'} \bigg|_{v_s = 0, R_L = \infty}$$

由图 1.1.8,也可以采用实验的方法测得放大电路的输出电阻:保证一定的

图 1.1.9　放大电路的输出电阻求解

输入信号,空载($R_L = \infty$)时可以测得输出端电压 v_o',接入已知负载 R_L 时测得输出电压 v_o,由式 $R_o = \left(\dfrac{v_o'}{v_o} - 1 \right) R_L$ 即可计算得到 R_o 大小。

4. 通频带

在前面分析基本共射极放大电路工作原理时(见图 1.1.3),我们并没有考虑在实际电路中存在的半导体器件的极间电容、接线间分布电容、接线电感等参数对电路工作的影响,也就是说在前面分析中我们都认为放大电路的放大增益跟处理的信号的频率无关。但在实际电路中,这些分布参数的电抗都直接与信号频率相关,我们会发现,放大电路的输入信号幅度保持不变、频率改变时,输出的电压幅度将会随着信号的频率的增大或减小而减小,如图 1.1.10 给出的放大电路的增益与信号的频率之间的关系,也就是我们通常所说的幅频特性。有关幅频特性的概念将在后续的放大电路的频率响应分析的章节中详细介绍。

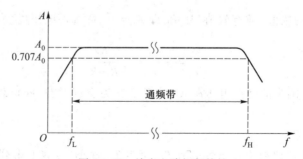

图 1.1.10　放大电路幅频特性

图 1.1.10 所示的幅频特性中间的一段是平坦的,即放大电路的增益不随输入信号频率的变化而变化,增益保持不变,通常称这一段为通频带区(中频区)。在频率为 f_L 和 f_H 时,增益下降到中频区增益的 70.7%(若增益以分贝 dB 表示,

则下降了 3dB）。在输入信号幅度保持不变的条件下，增益下降为 70.7%（$1/\sqrt{2}$）的频率点，其输出功率为中频区输出功率的一半，即所谓的"半功率点"，相应地，f_L 称为下限频率，f_H 称为上限频率，$BW=f_H-f_L$ 称为通频带或带宽。通常 $f_L \ll f_H$，则 $BW \approx f_H$。

实际应用中，输入信号的频率都不会是单一的频率，比如音频信号等都包含有很宽的频率范围，良好的放大电路应该对这些频率范围内的信号有相同的放大增益，也就是应该有足够宽的通频带。

5. 线性失真和非线性失真

我们知道，对于一般工程上应用的任意非正弦周期信号，都可以展开为傅里叶级数的形式。可以把输入的非正弦周期信号统一表示为 $v_i = \sum\limits_{k=1}^{N} \sqrt{2} V_{ik}\sin(\omega_k t)$，其中 $\omega_k(k=1,2,\cdots,N)$ 表示不同的频率成分，V_{ik} 为对应的幅度有效值。经放大后的输出电压信号表示为 $v_o = \sum\limits_{k=1}^{N} \sqrt{2} V_{ik}|A_{vk}|\sin(\omega_k t+\phi_k)$，其中 A_{vk} 为放大电路在频率 ω_k 下的放大增益，ϕ_k 为对应的输出电压与输入电压之间的附加相移。

如果这些输入信号的频率成分都在放大电路的通频带范围内，也就是说放大电路对不同频率信号的增益是一致的，即满足 $|A_{vk}|$ 为常数且附加相移 ϕ_k 与 ω_k 成正比或附加相移为零，那么可以认为输出信号无失真地对输入信号进行放大。如果输入信号的频率成分不在放大电路的通频带范围内，即放大电路对不同频率信号的增益不一致，那么输出信号波形将产生失真，称为幅度失真。如果放大电路对不同输入频率信号的相移不一致，也将使输出信号波形产生失真，称为相位失真。幅度失真和相位失真通常统称为频率失真。这种失真是由于电路中感抗、容抗元件的特性引起的，又可称为线性失真。线性失真不同于我们在前面利用图解分析法分析放大电路基本原理中提到的饱和失真和截止失真，饱和失真和截止失真是由于半导体器件的非线性引起的，通常称为非线性失真。

对于非线性失真，放大电路可以得到的不失真输出的最大波形幅度，即为所谓的最大不失真输出电压幅度。为了得到最大的不失真输出电压幅度，理想的静态工作点 Q 应该设置在线性器件放大区的中间位置。

以上讨论的是放大电路中常见的性能指标，针对特定的应用对象，不同的放大电路还会有其他的一些指标，如信号噪声比、转换速度、最大输出功率、转换效率、功率密度等，将在后续的章节中给予介绍和分析。

1.2 单管放大电路的分析

在上一节中,我们利用"图解分析法"阐述了放大电路的基本工作原理。特别强调了放大电路的"静态"和"动态"的基本概念,明确了在放大电路的分析过程中先静态后动态的思路,以及静态工作点 Q 的设置对动态性能指标的影响。

利用图解分析法,直观而且概念清晰,但比较烦琐,直接读图也存在一定误差。为了分析的方便,这一节里,我们将主要通过器件的静态模型法来阐述分析放大电路的静态工作特性,在此基础上,再对放大电路的动态性能展开分析。

1.2.1 放大电路的直流通路和静态模型

在分析半导体器件的静态模型之前,需要先引入直流通路的概念。

在对放大电路进行静态(直流)分析时,输入的信号 $v_i = 0$,电路中只包含直流分量,电路中的各电容元件可以认为是开路,电感(包括变压器)元件可以认为是短路。放大电路的直流通路的画法规则:

(1)电路中所有耦合电容和旁路电容足够大,起到隔离直流信号作用,开路处理;电感、变压器绕组作短路处理;

(2)外加的交流信号 $v_i = 0$。

图 1.2.1(a)给出由晶体管构成的基本放大电路原理图,根据上述的直流通路的画法可以得到图(b)为其直流通路。根据图(b)的直流通路,就可以利用我们在第一册中分析的半导体晶体管特性,图(c)虚线框给出了在直流通路基础上的工作在线性放大区的晶体管的静态模型,利用这个模型,在线性电路中就可以求得对应的各个电量 I_{BQ}、I_{CQ}、V_{CEQ},即我们在图解分析法中强调的静态工作点 Q。

1.2.1.1 晶体管放大电路的静态分析

图 1.2.2(a)(c)(e)给出常见的由晶体管构成的基本放大电路,根据上述的直流通路的画法原则,对应的直流通路如图 1.2.2(b)(d)(f),利用工作在线性放大区的晶体管的静态模型,求得各线性电路中对应各个电量 I_{BQ}、I_{CQ}、V_{CEQ},即完成基本放大电路的静态分析。

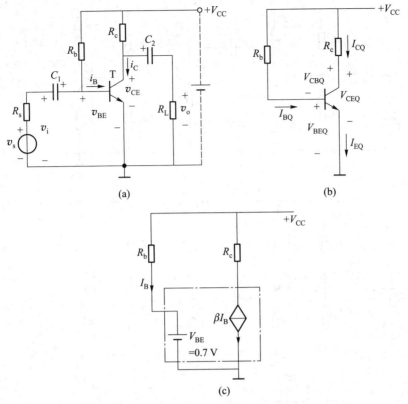

(a)

(b)

(c)

图 1.2.1　基本放大电路静态分析

一、基极分压式射极偏置电路

我们知道,良好的静态工作点是放大电路的基础,但在实际电路工作时,由于工作电源的波动、元器件参数的分散性、工作环境温度的变化等都会直接影响到放大电路的静态工作点的变化,从而影响到放大电路的放大性能指标。特别考虑到双极型晶体管构成的放大电路,器件的各种参数与温度的变化密切相关。图 1.2.3 给出的是一种典型应用的晶体管放大电路的直流通路,通常称为基极分压式射极偏置电路,该电路中发射极上的电阻 R_e 起到稳定静态工作点 Q 的作用。

对图 1.2.3 给出的电路,当选取合适的电阻 R_{b1} 和 R_{b2},满足 $I_{BQ} \ll I_{b2}$ 时,可以认为 $V_B \approx \dfrac{R_{b2}}{R_{b1}+R_{b2}}V_{CC}$,该电压为不随温度变化的常数。假设环境温度 $T\uparrow$,则 $I_{EQ} \approx I_{CQ}\uparrow \rightarrow V_{EQ}=I_{EQ}R_e\uparrow \rightarrow V_{BE}=V_B-V_E\downarrow \rightarrow I_{EQ} \approx I_{CQ}\downarrow$,抑制了 $I_{EQ} \approx I_{CQ}$ 的增加,使得静态工作点 $I_{EQ} \approx I_{CQ}$ =常数,保持不变。同理可以分析当环境温度 $T\downarrow$,同样可以维持 $I_{EQ} \approx I_{CQ}$ =常数。可见这种拓扑的电路具有自身调节静态工作点稳

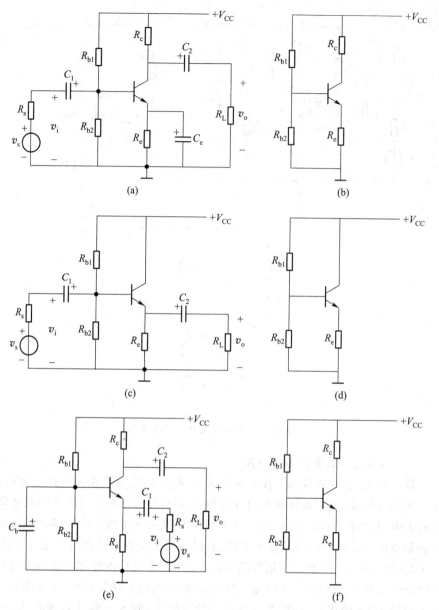

图 1.2.2　晶体管构成的基本放大电路和对应的直流通路

定的功能,这种自身的对静态工作点的调节作用就是一个负反馈过程。有关负反馈的机理详见下一章。

　　为了精确计算基极分压式射极偏置电路静态工作点 Q,根据电路原理中的戴维宁等效定理,将图 1.2.3 等效为图 1.2.4,则有

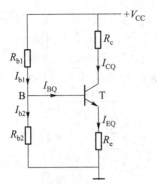

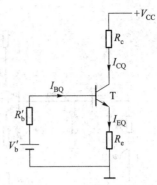

图 1.2.3　基极分压式射极偏置电路　　　　图 1.2.4　等效电路图

$$V'_b = \frac{R_{b2}}{R_{b1}+R_{b2}}V_{CC}, \qquad R'_b = R_{b1} /\!/ R_{b2}$$

$$I_{BQ} = \frac{V'_b - V_{BE}}{R'_b + (1+\beta)R_e} = \frac{\dfrac{R_{b2}}{R_{b1}+R_{b2}}V_{CC} - V_{BE}}{R'_b + (1+\beta)R_e} \qquad (1.2.1)$$

$$I_{CQ} = \beta I_{BQ} \qquad V_{CEQ} = V_{CC} - I_{CQ}(R_c + R_e)$$

以上是精确地对静态工作点的计算,而在工程应用时,如果在满足一定条件下,往往可以采用简便估算的方法。按照前面分析时的假设,如果可以认为 $I_{BQ} \ll I_{b2}$ 时,则有

$$V_B \approx \frac{R_{b2}}{R_{b1}+R_{b2}}V_{CC}$$

$$I_{BQ} = \frac{I_{EQ}}{1+\beta} \approx \frac{\dfrac{R_{b2}}{R_{b1}+R_{b2}}V_{CC} - V_{BE}}{(1+\beta)R_e} \qquad (1.2.2)$$

仔细比较式(1.2.1)和(1.2.2),可见只需要满足 $(1+\beta)R_e \gg R'_b$,即在电路中 R_e 与 R_{b1}、R_{b2} 为相同数量级的电阻值,就可以采用式(1.2.2)进行估算,大大简化计算过程。

二、双电源式射极偏置电路

图 1.2.5(a)给出了一种采用双电源供电方式的偏置电路,图(b)为对应的直流通路。同样道理,接在发射极上的电阻 $R_{e1}+R_{e2}$ 起到稳定静态工作点的作用。从直流通路上可以知道,由于放大电路中在信号源输入端连接有电容 C_b,在输出端接有电容 C_c,按照直流通路图的画法原则,对应支路作开路处理,即电容的隔直作用,对图(b)进行静态工作点计算时,其大小与信号源和负载的参数特性无关,这正是我们所需要的。这种连接方式通常称为阻容耦合。有关放大电路的连接耦合方式,我们将在后续章节中详细介绍。

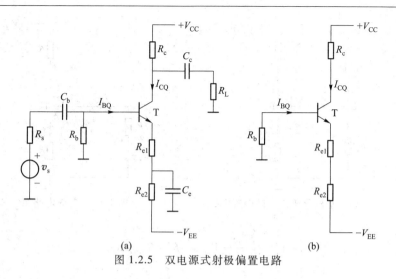

图 1.2.5　双电源式射极偏置电路

【例 1.2.1】　图 1.2.6 给出几种放大电路原理图,试根据放大电路的直流通路画法原则,分析各种放大电路的静态偏置是否符合要求。如发现问题,请指出原因,并重画正确的电路。图中给出的信号源可以认为是理想电压源,即 $R_s = 0$。

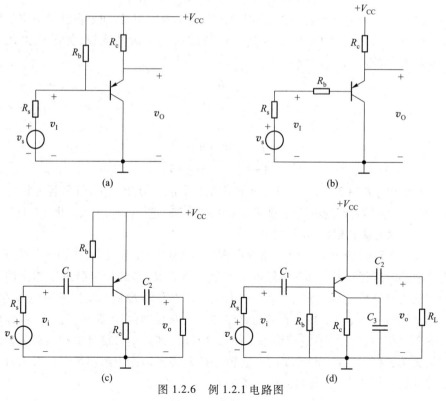

图 1.2.6　例 1.2.1 电路图

解: 在静态分析时,根据直流通路的画法原则,得到对应的电路静态通路图,如图 1.2.7 所示。

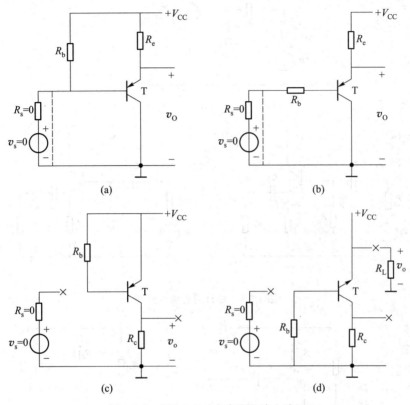

图 1.2.7　例 1.2.1 对应直流通路电路图

对于图(a)可见,b 极和 c 极等电位,不满足基本放大偏置要求;对于图(b),满足静态晶体管放大的偏置要求;对于图(c),不满足发射结正偏的偏置要求;对于图(d),注意到晶体管是 NPN 型,电路提供的电源极性不能满足基本放大的偏置要求。

对图(a)(c)(d)修改后的满足正确静态偏置要求的电路图如图 1.2.8 所示。(注意:并非只有如图的唯一修订方案)

1.2.1.2　场效应管放大电路的静态分析

图 1.2.9(a)(c)(e)给出常见的由场效应管构成的基本放大电路,根据直流通路的画法原则,对应的直流通路如图 1.2.9(b)(d)(f),利用在第一册中工作在线性放大区的半导体场效应管的静态模型,可求得对应电路图中的各个静态电量 V_{GSQ}、I_{DQ}、V_{DSQ},即完成基本放大电路的静态分析。

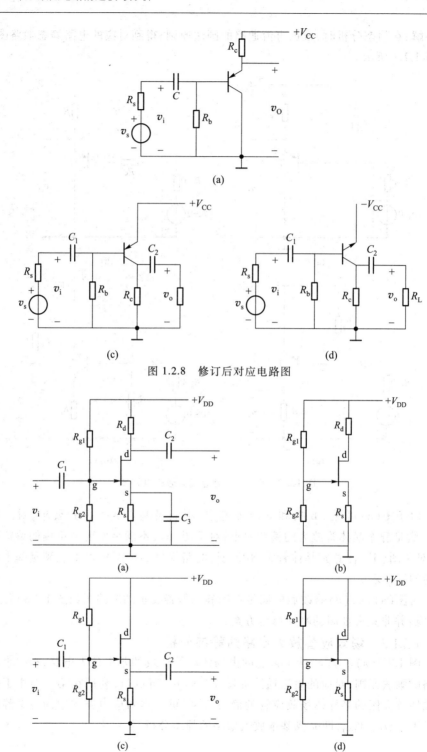

图 1.2.8　修订后对应电路图

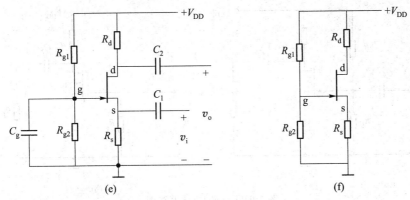

图 1.2.9 场效应管构成的基本放大电路和对应的直流通路

与由晶体管构成的放大电路一样,对于由场效应管构成的基本放大电路,首先也必须保证外加的偏置电路能为场效应管提供合适的静态工作点。图 1.2.10 是一种典型的场效应管直流偏置电路,其基本的拓扑结构与图 1.2.3 基极分压式射极偏置电路一致,但仔细分析可以发现二者之间有着本质的区别。

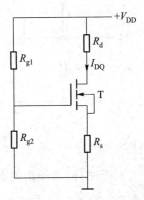

图 1.2.10 一种典型的场效应管直流偏置电路

在对图 1.2.3 进行分析时我们强调了发射极上的电阻 R_e 的作用:对于双极性晶体管基本放大电路,电阻 R_e 通过负反馈起到了稳定静态工作点的作用。而在图 1.2.10 电路中,接在源极的电阻 R_S,其主要作用是抬高源极电压,$V_S=I_SR_S$。对于场效应管,其栅极电压 $V_g=\dfrac{R_{g2}}{R_{g1}+R_{g2}}V_{DD}$,注意与图 1.2.3 计算时 V_b 的不同,这是由于场效应管栅极不流电流,其栅极电压就是直接由电阻 R_{g1} 和 R_{g2} 对 V_{DD} 的分压。由于源极接有电阻 R_S,则 $V_{gs}=V_g-I_{DQ}R_S$,这样只要选取合适的电阻 R_{g1}、R_{g2}、R_S,就可以满足 $V_{gs}>V_{gs(th)}>0$ 或 $V_p<V_{gs}<0$,也就是说,对于图 1.2.10 中的场效应管 T,既可以采用 N 沟道的增强型 MOSFET、N 沟道耗尽型 MOSFET,也可以采用 N 沟道 J-FET,电路都可以满足器件对偏置电压的要求。图 1.2.10 给出的电路具有很大的适用性。

【例 1.2.2】 图 1.2.11 给出两种场效应管构成的放大电路原理图,试根据放大电路的直流通路画法原则,分析图中放大电路的静态偏置是否符合要求。如发现问题,请指出原因,并重新画出正确的电路。

解:在静态分析时,根据直流通路的画法原则,得到对应的电路静态通路图,如图 1.2.12 所示。

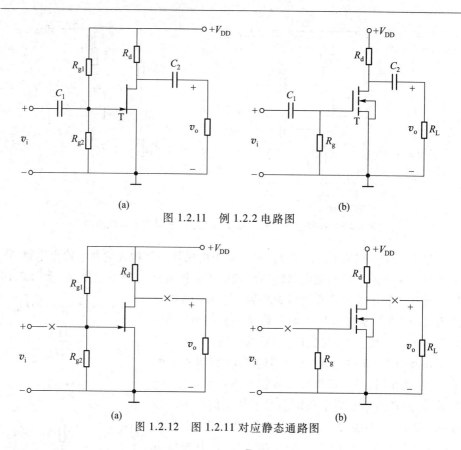

(a)

(b)

图 1.2.11 例 1.2.2 电路图

(a)

(b)

图 1.2.12 图 1.2.11 对应静态通路图

对于图(a)所给出的直流通路，$V_{gs} = \dfrac{R_{g2}}{R_{g1}+R_{g2}}V_{DD} > 0$，而采用的场效应管器件为 N 沟道 J-FET，必须满足的偏置电压应该是 $V_p < V_{gs} < 0$，可见偏置电压不能满足基本放大的要求，修订电路如图 1.2.13(a)所示。

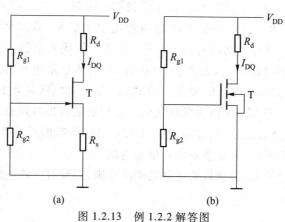

(a)

(b)

图 1.2.13 例 1.2.2 解答图

对于图(b)所给出的直流通路，$V_{gs}=0$，而采用的场效应管器件为 N 沟道增强型 MOSFET，必须满足的偏置电压应该是 $V_{gs}>V_{gs(th)}>0$，可见偏置电压不能满足基本放大的要求，修订电路如图 1.2.13(b)所示。

1.2.2 放大电路的交流通路和小信号模型

在上一小节通过图解分析法分析放大电路的基本放大原理时，我们就特别强调了放大电路中静态和动态的关系，静态是动态的基础。这样，在分析好基本放大电路直流通路和静态模型的基础上，我们就要对基本放大电路进行动态分析，利用其交流通路和小信号模型。

放大电路的交流通路，是指在静态偏置电路满足放大器件工作在线性放大状态的基础上，外加交流变化信号时，电路中各个交流电量的电路。其基本画法规则如下：

（1）所有耦合电容和旁路电容的容量均认为足够大，在所研究的信号频率范围内，容抗很小，均可忽略不计。即可以当作交流短路处理。

（2）所有直流电源均认为是理想电源，内阻为零且理想电压源对交流信号而言，其交流变化量为零，可忽略不计。即当作交流短路处理。

对于图 1.2.1(a) 给出的基本放大电路，重画如图 1.2.14(a)所示，由上述的交流通路的画法可以得到图(b)的交流通路。根据图(b)的交流通路，就可以利

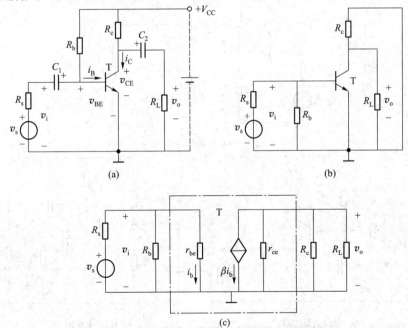

图 1.2.14 晶体管基本放大电路、交流通路和动态模型

21

用我们在第一册介绍的半导体晶体管的动态小信号模型(请读者自行回顾相关内容),图(c)给出了在交流通路基础上的工作在线性放大区的晶体管的动态小信号模型电路,利用这个线性电路就可以求得对应的各项放大电路的性能指标,如放大增益 A_v、输入电阻 R_i、输出电阻 R_o。

　　以下将通过对晶体管和场效应管构成的基本放大电路的动态分析,研究它们各自构成的三种基本组态放大电路的特性。在放大电路的动态分析中,假定放大电路的直流偏置可以满足放大器件工作在线性放大区的要求。

1.2.2.1　晶体管放大电路的动态分析

　　晶体管放大电路有共射(CE)、共集(CC)、共基(CB)三种基本组态,它们各自有其不同的特性和应用场合。

　　共射放大电路如图 1.2.15(a)所示,输入信号 v_i 通过耦合电容 C_1 加在基极 b 上,输出信号 v_o 通过耦合电容 C_2 取自集电极 c。其交流通路如图 1.2.16(a)所示,发射极 e 作为交流接地点,是输入输出回路的公共端,因此称为共射组态。在实际应用电路中,图 1.2.15(a)中的旁路电容 C_e 往往并不接入,即射极电阻不被交流短路。其交流通路如图 1.2.17(a)所示。这种电路虽然发射极 e 并不交流接地,但信号仍然是由 b 极输入、c 极输出,发射极依然作为输入输出回路的

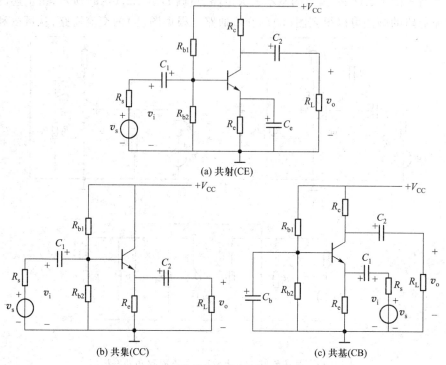

(a) 共射(CE)

(b) 共集(CC)　　　　　　　　(c) 共基(CB)

图 1.2.15　晶体管构成的三种基本放大电路

公共端,通常这种电路还是称为共射组态放大电路。

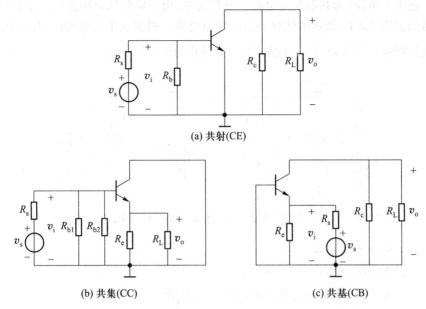

(a) 共射(CE)

(b) 共集(CC)   (c) 共基(CB)

图 1.2.16   晶体管三种基本组态的交流通路

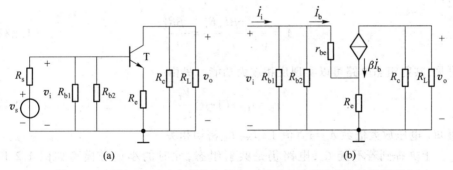

(a)   (b)

图 1.2.17   图 1.2.15(a)中旁路电容 C_e 开路时交流通路和小信号模型

共集放大电路如图 1.2.15(b)所示,输入信号 v_i 通过耦合电容 C_1 加在基极 b 上,输出信号 v_o 通过耦合电容 C_2 从发射极 e 输出。其交流通路如图 1.2.16 (b)所示,集电极 c 作为交流接地点,是输入输出回路的公共端,因此称为共集组态。

共基放大电路如图 1.2.15(c)所示,输入信号 v_i 通过耦合电容 C_1 加在发射极 e 上,输出信号 v_o 通过耦合电容 C_2 从集电极 c 输出,其交流通路如图 1.2.16(c)所示,基极 b 作为交流接地点,是输入输出回路的公共端,因此称为共基组态。

1. 共射放大电路的动态分析

图 1.2.16(a) 为共射放大电路的交流通路,用晶体管低频小信号模型替代后可得到如图 1.2.18 所示的线性小信号模型电路。根据这个电路可以求出各项动态性能指标。下文以 $\dot V_i(\dot I_i)$ 表示交流信号相量值(复数)。

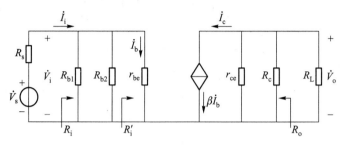

图 1.2.18　共射放大电路的小信号模型电路

(1) 电压放大倍数

由图 1.2.18 可得:

$$\dot V_o = -\dot I_c(R_c/\!/R_L/\!/r_{ce}) = -\beta \dot I_b R_L', \quad \dot V_i = \dot I_b r_{be}$$

其中
$$R_L' = R_c/\!/R_L/\!/r_{ce} \approx R_c/\!/R_L$$

所以

$$\dot A_v = \frac{\dot V_o}{\dot V_i} = \frac{-\beta \dot I_b R_L'}{\dot I_b r_{be}} = -\frac{\beta R_L'}{r_{be}} \tag{1.2.3}$$

可见,共射组态电路可以实现反相放大功能。另由

$$r_{be} = r_{bb'} + (1+\beta)\frac{V_T}{I_{EQ}} \tag{1.2.4}$$

可知,电压放大倍数 A_v 与直流工作点 I_{EQ} 密切相关。

上文提到若不接 C_e,电路仍是共射组态,此时的小信号模型如图 1.2.17 (b),可得:

$$\dot A_v = \frac{\dot V_o}{\dot V_i} = -\frac{\beta R_L'}{r_{be}+(1+\beta)R_e} \tag{1.2.5}$$

比较式(1.2.3)和式(1.2.5),可见此时增益大大减小。这是由于当不接 C_e,R_e 同时构成直流和交流的负反馈,在稳定静态工作电流 I_{CQ} 的同时,也使交流信号 i_c 的变化减小,因而使 v_o 和电压放大倍数 A_v 减小。若需要直流时稳定静态工作点,而又不影响交流增益的大小,需要在发射极上串接电阻 R_e 并在电阻两端并接旁路电路 C_e,如图 1.2.15(a) 所示。

24

（2）输入电阻

由图 1.2.18 可以看出：

$$R_{\mathrm{i}}=\frac{V_{\mathrm{i}}}{I_{\mathrm{i}}}=\frac{V_{\mathrm{i}}}{\dfrac{V_{\mathrm{i}}}{R_{\mathrm{b1}}}+\dfrac{V_{\mathrm{i}}}{R_{\mathrm{b2}}}+\dfrac{V_{\mathrm{i}}}{r_{\mathrm{be}}}}=R_{\mathrm{b1}}\mathbin{/\mkern-5mu/}R_{\mathrm{b2}}\mathbin{/\mkern-5mu/}r_{\mathrm{be}}=R_{\mathrm{b}}\mathbin{/\mkern-5mu/}r_{\mathrm{be}} \qquad (1.2.6)$$

式中，$R_{\mathrm{b}}=R_{\mathrm{b1}}\mathbin{/\mkern-5mu/}R_{\mathrm{b2}}$。

由于晶体管是一种电流控制型器件，放大电路图中的基极偏置电阻 R_{b1}、R_{b2} 不仅起到分压作用，而且还需要为器件提供一定的偏置电流，故通常应用中选用几千欧至几十千欧，而 r_{be} 的数值通常为几千欧，由式（1.2.6）可见，晶体管 CE 电路的输入电阻典型值通常在几千欧以下。

（3）输出电阻

输出电阻的计算通常采用在输出端外加信号源的方法，详见图 1.1.9，即 $R_{\mathrm{o}}=\dfrac{v_{\mathrm{o}}'}{i_{\mathrm{o}}'}\bigg|_{v_{\mathrm{s}}=0,R_{\mathrm{L}}=\infty}$。在图 1.2.18 小信号模型电路图中，令输入电压源 $\dot{V}_{\mathrm{s}}=0$，即作短路处理，并将负载 R_{L} 开路，在输出端外加 $\dot{V}_{\mathrm{o}}'$，由于 $\dot{V}_{\mathrm{s}}=0$，则 $\dot{I}_{\mathrm{b}}=0$，受控源 $\beta\dot{I}_{\mathrm{b}}=0$，受控电流源开路，则可得：

$$R_{\mathrm{o}}=R_{\mathrm{c}}\mathbin{/\mkern-5mu/}r_{\mathrm{ce}}\approx R_{\mathrm{c}} \qquad (1.2.7)$$

2. 共集放大电路的动态分析

典型的共集电路如图 1.2.15(b)所示，其交流通路如图 1.2.16(b)所示。用晶体管的低频小信号模型替代后可得到如图 1.2.19 所示的线性小信号模型电路，根据这个电路可以求出各项动态性能指标。在图中 $R_{\mathrm{b}}=R_{\mathrm{b1}}\mathbin{/\mkern-5mu/}R_{\mathrm{b2}}$。

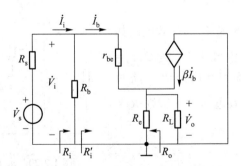

图 1.2.19　共集放大电路的微变等效电路

（1）电压放大倍数

由图 1.2.19 可列出对应的回路方程：

$$\begin{cases} \dot{V}_{\text{i}} = \dot{I}_{\text{b}} r_{\text{be}} + \dot{I}_{\text{e}} R'_{\text{L}} = \dot{I}_{\text{b}} \left[r_{\text{be}} + (1+\beta) R'_{\text{L}} \right] \\ \dot{V}_{\text{o}} = \dot{I}_{\text{e}} R'_{\text{L}} = \dot{I}_{\text{b}} (1+\beta) R'_{\text{L}} \end{cases}$$

式中，$R'_{\text{L}} = R_{\text{e}} /\!/ R_{\text{L}}$。

则有

$$\dot{A}_v = \frac{\dot{V}_{\text{o}}}{\dot{V}_{\text{i}}} = -\frac{(1+\beta) R'_{\text{L}}}{r_{\text{be}} + (1+\beta) R'_{\text{L}}} \tag{1.2.8}$$

通常晶体管器件 $\beta \gg 1$，所以 $(1+\beta) R'_{\text{L}} \gg r_{\text{be}}$，式（1.2.8）可简化为

$$\dot{A}_v \approx 1 \tag{1.2.9}$$

可见共集放大电路的输出电压与输入电压大小相近、相位相同。因此，共集电路又被称为射极跟随器。需要注意的是，射极跟随器虽然不具有电压放大作用，但具有电流放大作用。

（2）输入电阻

由图 1.2.19 可以看出，$R_{\text{i}} = R_{\text{b}} /\!/ R'_{\text{i}}$。其中，

$$R'_{\text{i}} = \frac{V_{\text{i}}}{I_{\text{b}}} = r_{\text{be}} + (1+\beta) R'_{\text{L}} \tag{1.2.10}$$

则

$$R_{\text{i}} = R_{\text{b}} /\!/ R'_{\text{i}} = R_{\text{b}} /\!/ \left[r_{\text{be}} + (1+\beta) R'_{\text{L}} \right] \tag{1.2.11}$$

直接观察图 1.2.19 可见，流过发射极上电阻 R'_{L} 的电流为 $(1+\beta) I_{\text{b}}$，是流过基极电阻 r_{be} 的电流 $(1+\beta)$ 倍，这样按照折算的概念，可以认为发射极上的电阻折算到基极，扩大了 $(1+\beta)$ 倍，即由基极看进去的电阻大小为 $r_{\text{be}} + (1+\beta) R'_{\text{L}}$。输入电阻大是射极跟随器的一个重要特点。

（3）输出电阻

依据输出电阻的定义，其等效电路如图 1.2.20 所示。图中可认为信号源 $\dot{V}_{\text{s}} = 0$，即作短路处理，保留其内阻 R_{s}。将负载 R_{L} 开路，外加等效电压源 $\dot{V}'_{\text{o}}$，则 $R_{\text{o}} = \dfrac{\dot{V}'_{\text{o}}}{\dot{I}'_{\text{o}}} \Big|_{\dot{v}_{\text{s}}=0, R_{\text{L}}=\infty}$。

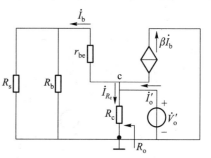

图 1.2.20　求 R_{o} 的等效电路

依照线性电路基本方法，可得

$$R_{\text{o}} = \frac{\dot{V}'_{\text{o}}}{\dot{I}'_{\text{o}}} \Bigg|_{\dot{v}_{\text{s}}=0, R_{\text{L}}=\infty} = R_{\text{e}} /\!/ \frac{r_{\text{be}} + (R_{\text{b}} /\!/ R_{\text{s}})}{1+\beta}$$

同样,依据折算的概念,从输出端 e 端看进去 $r_{be}+(R_b /\!/ R_s)$ 是处在 b 端的电阻,其上流过的电流为 e 端的 $1/(1+\beta)$,所以可以认为与 R_e 并联的电阻为从 b 端折算到 e 端的电阻,大小为 $[r_{be}+(R_b /\!/ R_s)]/(1+\beta)$。输出电阻小是射极跟随器的一个重要特点。

从以上对共集电路的动态指标的分析可见,其电压放大倍数近似为 1,$\dot{V}_o$ 与 $\dot{V}_i$ 同相;而输入电阻大、输出电阻小的特性使其在放大电路中常起到阻抗变换的作用,实现高阻输入和低阻输出功能。当共集电路作为输出级时,输出电阻小,具有较强的带负载能力。因此共集电极电路常作为多级放大电路的输入级、缓冲级或输出级。

3. 共基放大电路的动态分析

共基放大电路如图 1.2.15(c) 所示,其交流通路如图 1.2.16(c) 所示。

用晶体管的低频小信号模型替代后可得到如图 1.2.21 所示的线性小信号模型电路,根据这个电路可以求出各项动态性能指标。

（1）电压放大倍数

$$\dot{A}_v = \frac{\dot{V}_o}{\dot{V}_i} = \frac{-\beta \dot{I}_b R'_L}{-\dot{I}_b r_{be}} = \frac{\beta R'_L}{r_{be}} \qquad (1.2.12)$$

$$R'_L = R_c /\!/ R_L$$

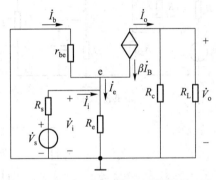

图 1.2.21　共基放大电路的微变等效电路

A_v 的大小与共射组态相同,但共基组态是同相放大,而共射电路是反相放大。

（2）输入电阻

在图 1.2.21 所示放大电路的输入端上,$R_i = R_e /\!/ R'_i$。

按定义有

$$R'_i = \frac{\dot{V}_i}{-\dot{I}_e} = \frac{-\dot{I}_b r_{be}}{-(1+\beta)\dot{I}_b} = \frac{r_{be}}{1+\beta} \qquad (1.2.13)$$

所以

$$R_i = R_e /\!/ R'_i = R_e /\!/ \frac{r_{be}}{1+\beta} \qquad (1.2.14)$$

按照前面介绍的折算的概念,也可以方便地得到基极上的电阻 r_{be} 折算到发射极为 $r_{be}/(1+\beta)$,即式(1.2.13)。共基电路的输入电阻 R_i 比共射电路小得多。

（3）输出电阻

输出电阻的求法同样按照定义 $R_{\mathrm{o}} = \dfrac{v_{\mathrm{o}}'}{i_{\mathrm{o}}'}\Bigg|_{v_{\mathrm{s}}=0, R_{\mathrm{L}}=\infty}$，在图 1.2.21 中，令 $\dot{V}_{\mathrm{s}}=0$，输出负载开路，在负载处外加信号源 $\dot{V}_{\mathrm{o}}'$，可得

$$R_{\mathrm{o}} \approx R_{\mathrm{c}}$$

1.2.2.2　场效应管放大电路的动态分析

与晶体管基本放大电路组态相对应，由场效应管构成的基本放大电路有共源（CS）、共漏（CD）、共栅（CG）三种组态，分别如图 1.2.22（a）（b）（c）所示。

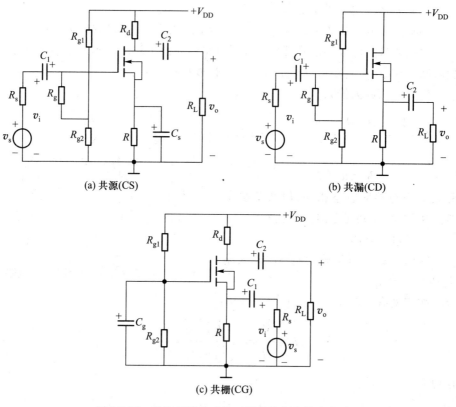

图 1.2.22　场效应管构成的三种基本组态放大电路

图 1.2.22 相对应的交流通路如图 1.2.23 所示。

利用在第一册中分析的半导体场效应管低频小信号模型，替代图中的器件后可得到如图 1.2.24 所示的线性小信号模型电路。根据这个线性电路就可以求出三种组态电路的各项动态性能指标。

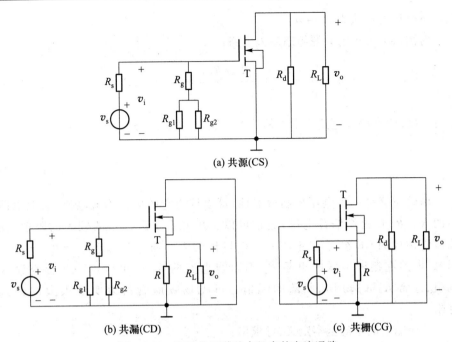

(a) 共源(CS)

(b) 共漏(CD)   (c) 共栅(CG)

图 1.2.23 FET 的三种基本组态的交流通路

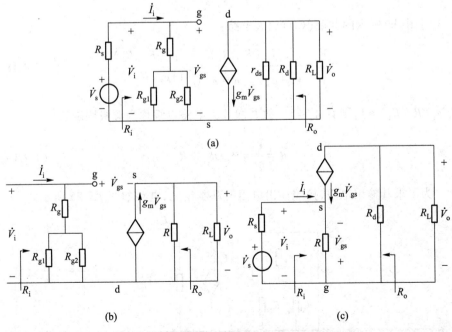

(a)

(b)   (c)

图 1.2.24 FET 的三种基本组态的小信号模型电路

在以下分析时均认为 $r_{ds} \to \infty$。

对图（a）所示的共源组态放大电路：

$$\dot{A}_v = \frac{\dot{V}_o}{\dot{V}_i} = \frac{-g_m \dot{V}_{gs}(R_d /\!/ R_L)}{\dot{V}_{gs}} = -g_m(R_d /\!/ R_L) \tag{1.2.15}$$

可见，共源组态放大电路实现反相放大功能，与共射组态放大电路对应。

$$R_i = \frac{V_i}{I_i} = R_g + R_{g1} /\!/ R_{g2} \tag{1.2.16}$$

场效应管是一种电压控制型器件，可以认为它的栅极不流电流，放大电路中的 R_{g1}、R_{g2} 仅提供偏置电压，通常可以选用几百千欧以上的较大的阻值，而晶体管构成的 CE 组态电路中 R_{b1}、R_{b2} 取值的大小通常为几千欧至几十千欧。同时，电路在栅极串联的电阻 R_g 不影响直流偏置，但可以进一步提高输入电阻，通常 R_g 可选用几兆欧的阻值。可见场效应管可以实现很大的输入电阻。

按照输出电阻的基本定义，可求出：

$$R_o = \frac{V_o'}{I_o'}\bigg|_{\dot{V}_s = 0} = R_d \tag{1.2.17}$$

对图（b）所示的共漏（CD）放大电路：

$$\dot{A}_v = \frac{\dot{V}_o}{\dot{V}_i} = \frac{g_m \dot{V}_{gs}(R /\!/ R_L)}{\dot{V}_{gs} + g_m \dot{V}_{gs}(R /\!/ R_L)} = \frac{g_m(R /\!/ R_L)}{1 + g_m(R /\!/ R_L)} \tag{1.2.18}$$

若 $g_m(R /\!/ R_L) \gg 1$，则有 $\dot{A}_v \approx 1$。故共漏放大电路也常称为源极跟随器。

$$R_i = \frac{\dot{V}_i}{\dot{I}_i} = R_g + R_{g1} /\!/ R_{g2} \tag{1.2.19}$$

为了求其输出电阻，按照输出电阻的基本定义，电路如图 1.2.25 所示。

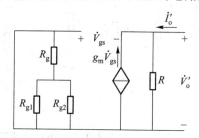

图 1.2.25　共漏放大电路求输出电阻的等效电路

$$R_{o} = \left.\frac{\dot{V}_{o}'}{\dot{I}_{o}'}\right|_{v_s=0} = \frac{\dot{V}_{o}'}{\dfrac{\dot{V}_{o}'}{R} - g_{m}\dot{V}_{gs}} = \frac{\dot{V}_{o}'}{\dfrac{\dot{V}_{o}'}{R} + g_{m}\dot{V}_{o}'} = \frac{1}{\dfrac{1}{R} + g_{m}} = R \mathbin{/\mkern-5mu/} \frac{1}{g_{m}} \qquad (1.2.20)$$

可见,共漏放大电路的输出电阻较小,具有很好的带负载能力。

对图(c)所示的共栅(CG)放大电路:

$$\dot{A}_{v} = \frac{\dot{V}_{o}}{\dot{V}_{i}} = \frac{-g_{m}\dot{V}_{gs}(R_{d} \mathbin{/\mkern-5mu/} R_{L})}{-\dot{V}_{gs}} = g_{m}(R_{d} \mathbin{/\mkern-5mu/} R_{L}) \qquad (1.2.21)$$

可见,共栅放大电路的电压放大能力与共源放大电路相同,不同的是,共栅放大电路实现的是同相放大。

$$R_{i} = \frac{\dot{V}_{i}}{\dot{I}_{i}} = \frac{-\dot{V}_{gs}}{\dfrac{-\dot{V}_{gs}}{R} - g_{m}\dot{V}_{gs}} = \frac{1}{\dfrac{1}{R} + g_{m}} = R \mathbin{/\mkern-5mu/} \frac{1}{g_{m}} \qquad (1.2.22)$$

可见,共栅放大电路的输入电阻很小。按照输出电阻的基本定义,可求出:

$$R_{o} = \left.\frac{V_{o}'}{I_{o}'}\right|_{\dot{V}_s=0} = R_{d} \qquad (1.2.23)$$

1.2.2.3 三种组态放大电路性能指标的比较

基于上述的对晶体管和场效应管构成的基本放大电路的分析,可以得出以下结论。

1. 放大倍数

(1) 共射极放大电路既有电压放大作用,又有电流放大作用,因而应用广泛,特别适合于作为多级放大电路的中间级电路。

(2) 共集电极放大电路不具有电压放大能力,但可以放大电流。其主要优点是输入电阻大、输出电阻小,通常可用于多级放大电路中的输入级、输出级或缓冲级电路,起到阻抗变换作用或电流放大作用。

(3) 共基极放大电路不具有电流放大能力,但可以放大电压。其主要优点体现在高频响应较好,常用于宽频放大电路。

(4) 场效应管的共源极、共漏极、共栅极放大电路分别与晶体管的共射极、共集电极、共基极放大电路相对应。通常,场效应管的电压增益比晶体管的电压增益低。一般的共源极放大电路的电压增益只有几到十几,而共射极放大电路的增益可达几十甚至上百。但场效应管构成的基本放大电路的输入电阻较大,并且作为单极型晶体管,其放大电路的噪声低、温度稳定性好,易于集成化。目

31

前在各种集成电路中均采用场效应管构成的放大电路。

2. 输入电阻

（1）晶体管共射极放大电路的输入电阻在数值上远小于由场效应管构成的共源极、共漏极放大电路的输入电阻。

（2）共集电极放大电路是晶体管放大电路中 R_i 最大的一种组态，$R_i = R_b /\!/ [r_{be}+(1+\beta)R_L']$（见式（1.2.11））。共基极放大电路是晶体管放大电路中 R_i 最小的一种组态，$R_i = R_e /\!/ \dfrac{r_{be}}{1+\beta}$（见式（1.2.14））。

（3）共栅极放大电路是场效应管放大电路中输入电阻最小的一种组态。$R_i = R /\!/ \dfrac{1}{g_m}$（见式（1.2.22）），通常在几百欧以内。场效应管构成的共源极、共漏极放大电路都具有很大的输入电阻。

3. 输出电阻

（1）以集电极作为输出端的共射极放大电路、共基极放大电路和以漏极作为输出端的共源极放大电路、共栅极放大电路，它们的输出电阻通常均为该电极与电源之间的负载电阻。

（2）共集电极放大电路是晶体管构成的三种组态中输出电阻最小的，$R_o = R_e /\!/ [(r_{be}+R_b /\!/ R_s)/(1+\beta)]$。共漏极放大电路是场效应管构成的三种组态中输出电阻最小的，$R_o = R /\!/ \dfrac{1}{g_m}$（见式（1.2.20））。它们通常用在多级放大电路中的输出级。

1.3 CMOS 放大电路

对于由场效应管构成的共源组态放大电路，有一种常见的放大电路如图 1.3.1 所示，图中放大器件 T_1 为 N 沟道增强型 MOS 管，P 沟道增强型 MOS 管 T_2 作为有源负载。这种放大电路由于包含有 N 沟道和 P 沟道两种 MOS 管，通常也被称为 CMOS 放大电路。

在图中基准电流 I_{REF} 和增强型 PMOS 管 T_2、T_3 构成基本电流源电路，可以假定偏置条件满足器件工作在线性区，T_2、T_3 特性参数完全一致，则有 $I_2 = I_{REF}$。（有关电流源电路的内容可见后续章节）。T_2 的伏安特性如图 1.3.2 所示，$V_{GS2} = V_{GS3} = V_{GS}$，由 $I_2 = I_{REF}$ 可以在图中确定 T_2 工作点 Q。电流源输出电阻 $r_o = r_{ds2} =$

$\left. \dfrac{\Delta v_{sd2}}{\Delta i_2}\right|_{v_{GS}}$，即为图中 Q 点切线斜率的倒数,当输出伏安特性足够水平时,可以认为电流源的输出电阻 $r_o \to \infty$。

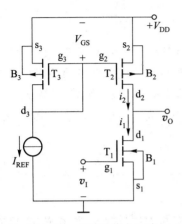

图 1.3.1　CMOS 放大电路

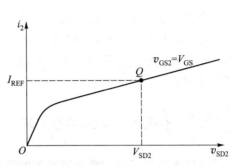

图 1.3.2　有源负载 PMOS 管 T_2 的伏安特性

结合 T_1 的特性曲线和作为负载的 T_2 的伏安特性,如图 1.3.3 所示,$v_{sd2} + v_{DS1} = V_{DD}$,$I_1 = I_2$。当 $v_{DS1} = V_{DD}$ 时,$v_{SD2} = 0$,即横坐标上的点 $(V_{DD}, 0)$ 作为负载管伏安特性的原点。图 1.3.4 为 CMOS 放大电路的电压传输特性,图中 M 点是 T_1 从线性区进入到可变电阻区的临界点,N 点是 T_2 从可变电阻区进入到线性区的临界点。为了保证 T_1、T_2 均工作在线性放大区,其工作点 Q 必须设置在 M、N 点之间,此时满足 $V_{SD2} + V_{DS1} = V_{DD}$。

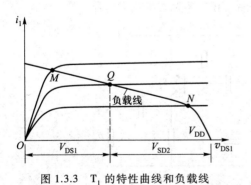

图 1.3.3　T_1 的特性曲线和负载线

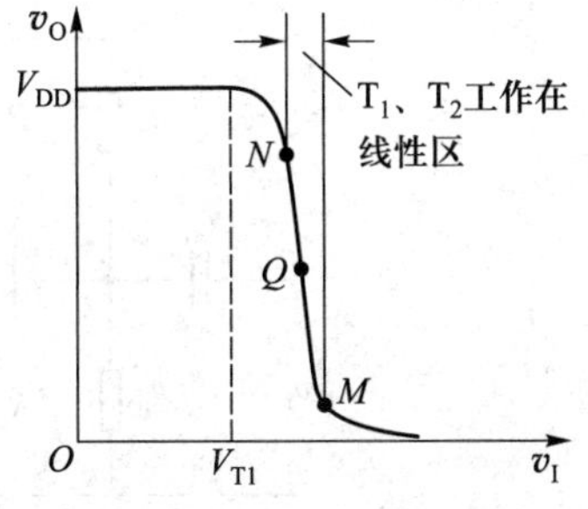

图 1.3.4　CMOS 电压传输特性

CMOS 放大电路具有增益高、功耗低等优点,是集成 MOS 放大电路中常见的一种电路。

1.4　多级放大电路的分析

在前面的单级放大电路的分析中,我们知道各种组态的电路都有各自的优缺点。我们无法仅采用单级的放大电路来满足实际应用电路对各项性能指标的要求。在实际应用中,通常采用多个单级电路级联成多级放大电路,从而充分利用各个单级放大电路的优点。在多级放大电路中首先需考虑各级放大电路之间的耦合方式。

1.4.1　多级放大电路的级间耦合方式

多级放大电路的级间耦合原则与单级放大电路中信号源 v_s、负载 R_L 与放大电路的耦合原则基本相同,要求:① 静态时,各级仍应保证合适的静态工作点,应充分考虑级间静态电位的配合;② 动态时,应保证不同频率成分的信号能在级间有效畅通地传递,并且要防止因级联引起信号失真。

多级放大电路的级间耦合方式,主要有阻容耦合、直接耦合、变压器耦合和光电耦合等。

1. 阻容耦合

阻容耦合方式是通过耦合电容来传递信号的,如图 1.4.1 所示二级阻容耦合放大电路,其中第一级为共射放大电路,第二级为共集放大电路。

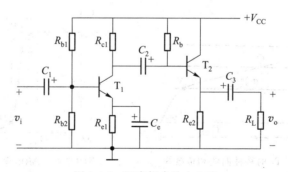

图 1.4.1　阻容耦合放大电路

由于电容有阻隔直流的作用,阻容耦合放大电路级间的直流通路互相隔离,各级的静态工作点相互独立,所以在进行静态设计和调试时可按单级放大电路考虑。阻容耦合放大电路的优点是电路简单,前级的静态电位漂移不会被后级放大,因而在分立元件电路中得到了非常广泛的应用。它的缺点是不能放大频率很低的信号和直流信号,即低频响应较差。此外,在集成电路中因无法制造大容量电容,所以这种耦合方式不便于制作集成电路。

2. 直接耦合

将前一级放大电路的输出直接或通过电阻、稳压管等非电抗性元件连接到后一级放大电路的输入端,称为直接耦合。图 1.4.2 所示为一直接耦合放大电路。由于耦合电路中没有电容,所以具有良好的低频特性,可以放大变化缓慢的信号或直流信号,并且易于制作集成电路,因此集成运放中常采用这一耦合方式。但直接耦合放大电路存在下述问题:

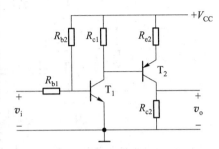

图 1.4.2 直接耦合放大电路

(1)各级静态工作点相互影响

直接耦合放大电路使各级之间的直流通路相连,因而静态工作点之间相互影响,这给直接耦合放大电路的分析、设计和调试带来一定困难。

(2)零点漂移问题

当放大电路输入电压 $v_s = 0$ 时,输出电压应该是零或者是某一固定的静态电压。但是对于直接耦合放大电路,如果用电压表测量它的输出,则输出电压往往会时大、时小,并缓慢地发生偏移,这种现象称为零点漂移(简称零漂)。产生零点漂移的主要原因是,当第一级放大电路由于某种原因(如环境温度变化)使其输出端静态电位产生微小变化时,这一变化将作为虚假信号直接传递至后级,并被逐级放大,最后使放大电路输出静态电位完全偏离了原来的数值。放大电路的放大倍数越大,零点漂移现象将越严重,甚至会淹没真正有用的信号。

零点漂移实际上包含温漂和时漂,前者强调温度的影响,后者反映了随时间而发生的随机变化,其根源在于环境变化引起半导体器件等的特性和参数不稳定。如晶体管 β、V_{BE}、I_{CEO} 的大小会受温度变化的影响,电阻等元件参数往往也不稳定,电源电压还可能产生波动等。减小零漂的方法有以下几种途径:

① 选用性能稳定的元器件,并进行老化筛选;

② 采用温度补偿的方法;

③ 采用负反馈方法来抑制;

④ 采用阻容耦合、变压器耦合和光电耦合,或选用隔离放大器;

⑤ 改变前级电路结构——选用差分放大电路(将在下一节内讨论)。

3. 变压器耦合

将放大电路前级的输出信号通过变压器连接到后级的输入,称为变压器耦合,电路如图 1.4.3 所示。

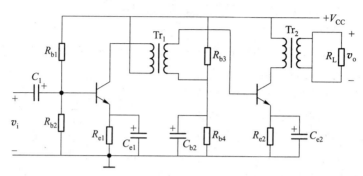

图 1.4.3　变压器耦合多级放大电路

通过变压器耦合既能实现信号在多级放大电路中的级间传递,又能对直流起隔离作用,所以与阻容耦合一样,其主要优点是各级放大电路的静态工作点互不影响,便于设计和调试。但变压器耦合的缺点是低频响应不好,不能传输低频和直流信号,且比较笨重,更不便于集成。变压器耦合的突出优点是能实现阻抗变换。利用改变变压器的变比 n 可以选择最佳的等效负载 R'_L($R'_L = n^2 R_L$),使放大电路前后级之间、输出级和负载之间实现阻抗匹配,因而在分立元件构成的功率放大电路中应用较广。

4. 光电耦合

光电耦合的基本电路如图 1.4.4 所示。光电耦合是通过"电-光-电"转换来实现电信号的传递,因而在电气上实现了隔离。由于光电耦合器已经实现了集成化,因而体积小,使用十分方便,特别在数字电路中,应用十分广泛。但在线性放大电路中,由于光电耦合器件特性的非线性限制了它的应用,通常需进行非线性补偿后使用。

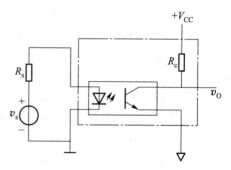

图 1.4.4　光电耦合电路

1.4.2　多级放大电路的分析计算

多级放大电路的结构框图如图 1.4.5 所示。

1. 电压放大倍数

图 1.4.5 中前一级放大电路的输出为后一级放大电路的输入,所以多级放大电路的电压放大倍数等于各级放大电路电压放大倍数之积,即

$$\dot{A}_v = \frac{\dot{V}_o}{\dot{V}_i} = \frac{\dot{V}_{o1}}{\dot{V}_i} \cdot \frac{\dot{V}_{o2}}{\dot{V}_{o1}} \cdot \cdots \cdot \frac{\dot{V}_o}{\dot{V}_{o(n-1)}} = \dot{A}_{v1} \cdot \dot{A}_{v2} \cdot \cdots \cdot \dot{A}_{vn} = \prod_{k=1}^{n} \dot{A}_{vk} \quad (1.4.1)$$

式中,$\dot{A}_{v1}, \dot{A}_{v2}, \cdots, \dot{A}_{vn}$ 分别为各级放大倍数,$\dot{V}_{o1}, \dot{V}_{o2}, \cdots, \dot{V}_o$ 为各级输出电压。

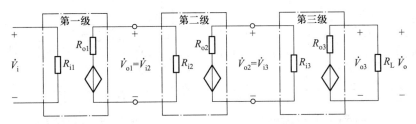

图 1.4.5 多级放大电路结构框图

需要注意的是,后级放大电路的输入电阻是前级的负载,因此在计算各级电压放大倍数时,必须将后级输入电阻作为前级的负载,也就是说式(1.4.1)中的各级放大倍数均应该是各级带载放大倍数。

2. 输入电阻

根据放大电路输入电阻的定义,多级放大电路的输入电阻就是第一级放大电路的输入电阻,即

$$R_i = R_{i1} = \frac{\dot{V}_i}{\dot{I}_i} \quad (1.4.2)$$

应当注意,当第一级为共集放大电路时,由于共集放大电路的输入电阻与其负载有关,所以还必须考虑到第二级 R_{i2} 对输入电阻 R_i 的影响。

3. 输出电阻

根据放大电路输出电阻的定义,多级放大电路的输出电阻就是末级放大电路的输出电阻,即

$$R_o = R_{on} \quad (1.4.3)$$

但当末级放大电路为共集电路时,同样应考虑末前级输出电阻 $R_{o(n-1)}$ 对 R_o 的影响。

【例 1.4.1】 对于图 1.4.1、图 1.4.2 所示的多级放大电路。

(1) 分别画出交流通路,并指出各级放大电路的组态;

(2) 写出它们的 $\dot{A}_v$ 和 R_o 的表达式(设 β_1、r_{be1} 和 β_2、r_{be2} 分别是与晶体管 T_1、

T_2 相对应的参数)。

解:(1) 图 1.4.6(a)(b)分别是图 1.4.1、图 1.4.2 的交流通路。由此不难看出,图 1.4.1 所示放大电路是由 CE(T_1)和 CC(T_2)组成的;图 1.4.2 所示放大电路是由 CE(T_1)和 CE(T_2)组成的。

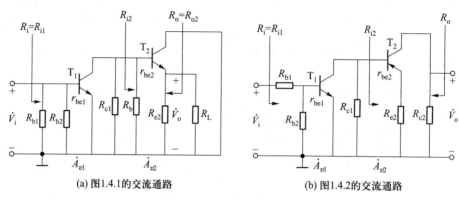

(a) 图1.4.1的交流通路　　　　　　(b) 图1.4.2的交流通路

图 1.4.6　多级放大电路交流通路

(2) 按图 1.4.6(a)(b)可直接写出各自的 $\dot{A}_v$、R_i 和 R_o。

① 对于图 1.4.6(a),为了写出各项指标的表达式,可以进一步画出其小信号等效线性电路。但如果读者对单级放大电路的特性足够熟练,可以利用交流通路直接写出下列各项表达式:

$$R_{i1} = R_{b1} /\!/ R_{b2} /\!/ r_{be1}, \quad R_{i2} = R_b /\!/ [\, r_{be2} + (1+\beta_2)(R_{e2} /\!/ R_L) \,]$$

$$\dot{A}_{v1} = \frac{\dot{V}_{o1}}{\dot{V}_i} = \frac{-\beta_1(R_{c1} /\!/ R_{i2})}{r_{be1}} \quad (\text{CE 组态},R_{i2}\,\text{作为第一级负载})$$

$$\dot{A}_{v2} = \frac{\dot{V}_o}{\dot{V}_{o1}} = \frac{(1+\beta_2)(R_{e2} /\!/ R_L)}{r_{be2} + (1+\beta_2)(R_{e2} /\!/ R_L)} \quad (\text{CC 组态},T_2\,\text{负载为}\,R_L)$$

所以

$$\dot{A}_v = \frac{\dot{V}_o}{\dot{V}_i} = \dot{A}_{v1} \cdot \dot{A}_{v2}$$

$$R_i = R_{i1}$$

多级放大电路输出电阻为最后一级放大电路的输出电阻,而本例中最后一级为共集组态,其输出电阻还与前一级输出电阻相关,即

$$R_o = R_{o2} = R_{e2} /\!\!/ \left(\frac{r_{be2} + R_b /\!/ R_{o1}}{1+\beta_2} \right)$$

而 $R_{o1} = R_{c1}$,则

$$R_{\mathrm{o}} = R_{\mathrm{e}2} \Big/\!\!\Big/ \left(\frac{r_{\mathrm{be}2} + R_{\mathrm{b}} /\!\!/ R_{\mathrm{c}1}}{1 + \beta_2} \right)$$

② 对于图 1.4.6(b)有

$$R_{\mathrm{i}1} = R_{\mathrm{b}1} + (R_{\mathrm{b}2} /\!\!/ r_{\mathrm{be}1}), \quad R_{\mathrm{i}2} = R_{\mathrm{be}2} + (1 + \beta_2) R_{\mathrm{e}2}$$

$$\dot{A}_{v1} = \frac{\dot{V}_{\mathrm{o}1}}{\dot{V}_{\mathrm{i}}} = \frac{-\beta_1 (R_{\mathrm{c}1} /\!\!/ R_{\mathrm{i}2})}{r_{\mathrm{be}1}} \quad (\text{CE 组态})$$

$$\dot{A}_{v2} = \frac{\dot{V}_{\mathrm{o}}}{\dot{V}_{\mathrm{o}1}} = \frac{-\beta_2 R_{\mathrm{c}2}}{r_{\mathrm{be}2} + (1 + \beta_2) R_{\mathrm{e}2}} \quad (\text{带 } R_{\mathrm{e}2} \text{ 的 CE 组态})$$

所以

$$\dot{A}_v = \frac{\dot{V}_{\mathrm{o}}}{\dot{V}_{\mathrm{i}}} = \dot{A}_{v1} \cdot \dot{A}_{v2}$$

$$R_{\mathrm{i}} = R_{\mathrm{i}1}$$

$$R_{\mathrm{o}} = R_{\mathrm{c}2}$$

【例 1.4.2】 分别画出图 1.4.7(a)(b)所示的组合放大电路的交流通路,并指出各级放大电路的组态。分析输出电压 $\dot{V}_{\mathrm{o}}$ 与输入电压 $\dot{V}_{\mathrm{i}}$ 之间的相位关系。

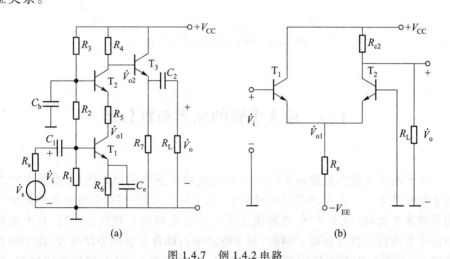

图 1.4.7 例 1.4.2 电路

解: (1) 图 1.4.7(a)的交流通路如图 1.4.8(a)所示。它是三级放大电路,分别由 CE(T_1)、CB(T_2)和 CC(T_3)三种不同的组态构成。

输出电压 $\dot{V}_{\mathrm{o}}$ 与输入电压 $\dot{V}_{\mathrm{i}}$ 之间的相位关系应逐级分析:

T_1 为 CE 组态,输出 $\dot{V}_{o1}$ 与输入 $\dot{V}_i$ 相差 $180°$,即 $\varphi_1 = 180°$;

T_2 为 CB 组态,输出 $\dot{V}_{o2}$ 与输入 $\dot{V}_{o1}$ 同相位,即 $\varphi_2 = 0°$;

T_3 为 CC 组态,输出 $\dot{V}_o$ 与输入 $\dot{V}_{o2}$ 同相位,即 $\varphi_3 = 0°$;

所以 $\dot{V}_o$ 与 $\dot{V}_i$ 之间的相位为 $\varphi = \varphi_1 + \varphi_2 + \varphi_3 = 180°$。

(2) 图 1.4.7(b) 也称差分放大电路,它的交流通路如图 1.4.8(b) 所示。它也可看作由 CC(T_1) 和 CB(T_2) 二级放大电路组成,它的性能指标将在下一节作进一步讨论。显然,$\dot{V}_o$ 与 $\dot{V}_i$ 之间的相位为

$$\varphi = \varphi_1 + \varphi_2 = 0°$$

根据图 1.4.8(a)(b),读者不难写出多级放大电路的 $\dot{A}_v$、R_i 和 R_o。

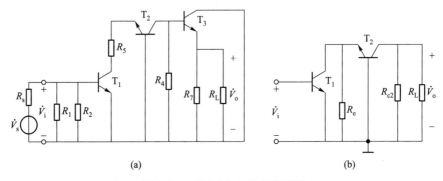

(a)   (b)

图 1.4.8 例 1.4.2 电路交流通路

1.5 放大电路的频率特性分析

频率响应是放大电路对不同频率的正弦输入信号的稳态响应,是放大电路的重要特性之一。在前面各节的讨论中,为了简化问题,都假定放大电路的输入信号频率不太高、也不太低,或者说工作在放大电路的中频段。此时,放大电路中的所有电抗元件可忽略。例如,对于电路中的耦合电容和旁路电容,由于电容量很大(如几至几十微法),对于中频信号,其容抗很小,可以视作交流短路;对于晶体管或场效应管的结电容和极间电容,由于其电容量很小(几十皮法),在较低的工作频率下容抗很大,可视作交流开路,所以相应的小信号模型称为低频小信号模型。但在本节中,将会详细讨论上述各种电容在不同频率信号中对放大电路电压放大倍数等性能指标的影响。

1.5.1 利用波特图分析放大电路的频率特性

在分析放大电路的频率特性时,由于信号频率常常需考虑几赫兹到几兆赫兹甚至更宽的范围,而放大电路的放大倍数可从几倍到上百万倍(如集成运放)。因而为了方便起见,通常将它们画成以对数频率刻度为横坐标、以对数电压放大倍数(dB)和相移为纵坐标的形式。

在工程分析中,通常还采用渐近折线来代替绘制十分麻烦的频率特性曲线,使得对电路频率特性的描绘变得十分简便。用这种方法绘制的折线化对数幅频和相频特性曲线首先是由波特(H.W.Bode)提出的,故称为波特图。

采用波特图描述放大电路的频率特性会带来以下两方面便利:

① 用对数频率刻度可把很宽的频率变化范围压缩在较窄的坐标内。例如,频率从 10 Hz 变化到 1 MHz 时,变化了 10^5 倍,如用普通线性坐标就无法绘图,而采用对数坐标后,则只需 5 倍的坐标刻度即可表示。

② 当纵坐标以分贝(dB)表示 $\dot{A}_v$ 的幅值时,电压放大倍数 $|\dot{A}_v|$ 的乘除运算变成了加减运算,作图十分方便,同时也符合放大倍数的习惯表示法。

(1)低频段波特图的绘制

设低频段的频率特性表达式为

$$\dot{A}_v = \frac{\mathrm{j}f/f_\mathrm{L}}{1+\mathrm{j}f/f_\mathrm{L}} \tag{1.5.1}$$

则其对数幅频特性和相频特性表达式分别为

$$20\lg|\dot{A}_v| = 20\lg(f/f_\mathrm{L}) - 20\lg\sqrt{1+(f/f_\mathrm{L})^2} \tag{1.5.2}$$

$$\varphi = 90° - \arctan(f/f_\mathrm{L}) \tag{1.5.3}$$

对于幅频特性曲线,由式(1.5.2)可知,当 $f \gg f_\mathrm{L}$ 时,$20\lg|\dot{A}_v| \approx 0$ dB,这是一条与横坐标相重合的直线;当 $f \ll f_\mathrm{L}$ 时,$20\lg|\dot{A}_v| \approx 20\lg(f/f_\mathrm{L})$,这是一条电压放大倍数以每十倍频程增大 20 dB 的斜率上升的直线,其斜率常记为"+20 dB/十倍频"。因此,在波特图中用上述两条折线近似地反映式(1.5.2)表示的幅频特性,如图 1.5.1(a)中的实线所示。与实际幅频特性曲线(图中虚线表示)相比,其最大误差发生在转折频率 f_L 处,由于 $20\lg|\dot{A}_v| = -20\lg\sqrt{2} \approx -3$ dB,所以该处的误差为 3 dB。当 $f = 5f_\mathrm{L}$ 或 $f = f_\mathrm{L}/5$ 时,误差降低为 0.17 dB,而当 $f = 10f_\mathrm{L}$ 或 $f = 0.1f_\mathrm{L}$ 时,误差仅为 0.043 dB。

对于相频特性曲线,波特图上采用三段实线来近似地代替原来的曲线,如图 1.5.1(b)中的实线所示。具体的做法是:当 $f < 0.1f_\mathrm{L}$ 时,由于 $\varphi \approx 90°$,可用一

条与横坐标平行的线段代替;当 $f>10f_L$ 时,由于 $\varphi \approx 0°$,可用一条与横坐标重合的直线代替;而当 $0.1f_L<f<10f_L$ 时,相频特性曲线可用一条以每十倍频程斜率下降 $-45°$ 的线段代替。折线化的相频特性与实际相频特性(图中虚线表示)相比,其最大误差发生在 $f=0.1f_L$ 和 $f=10f_L$ 处,最大误差分别为 $+5.71°$ 和 $-5.71°$。

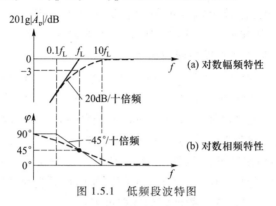

图 1.5.1 低频段波特图

(2)高频段波特图的绘制

设高频段的频率特性表达式为

$$\dot{A}_v = \frac{1}{1+\mathrm{j}f/f_H} \tag{1.5.4}$$

则其对数幅频特性和相频特性表达式分别为

$$20\lg|\dot{A}_v| = -20\lg\sqrt{1+(f/f_H)^2} \tag{1.5.5}$$

$$\varphi = -\arctan(f/f_H) \tag{1.5.6}$$

与低频段波特图相似,对于幅频特性曲线,当 $f \ll f_H$ 时,$20\lg|\dot{A}_v| \approx 0$ dB;而当 $f \gg f_H$ 时,$20\lg|\dot{A}_v| \approx -20\lg(f/f_H)$。因此可用一条与横坐标重合的线段和一条以 "$-20$ dB/十倍频" 斜率下降的直线代替,如图 1.5.2(a)中的实线所示。该特性曲线的最大误差发生在转折频率 f_H 处,误差为 3 dB。

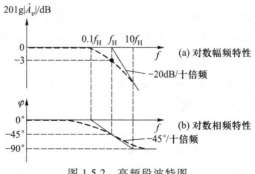

图 1.5.2 高频段波特图

对于相频特性曲线,当 $f<0.1f_H$ 时,$\varphi \approx 0°$,可用一条与横坐标重合的线段代替;当 $f>10f_H$ 时,$\varphi \approx -90°$,可用一条与横坐标平行的直线代替;而当 $0.1f_H<f<10f_H$ 时,用一条以"$-45°$/十倍频"斜率下降的线段代替。此时,最大误差发生在 $f=0.1f_H$ 和 $f=10f_H$ 处,最大误差分别为 $+5.71°$ 和 $-5.71°$。

1.5.2 半导体器件的高频小信号模型

1.5.2.1 晶体管高频小信号模型

晶体管的发射结和集电结都存在着结电容效应,但它们的电容量通常很小,在低频条件下(如几千赫兹以下),其容抗很大,通常不必考虑。当工作频率很高时,结电容容抗的影响已不能忽略。每个 PN 结都可以用一个结电阻和结电容并联来等效,当工作在放大状态下,发射结为正偏,其结电容主要由扩散电容决定,数值可达一百皮法左右;集电结为反偏,结电容主要由势垒电容决定,数值只有几个皮法。按照晶体管的实际结构,考虑上述两个结电容后,可得如图 1.5.3(a) 所示的模型,常称为晶体管的物理模型。

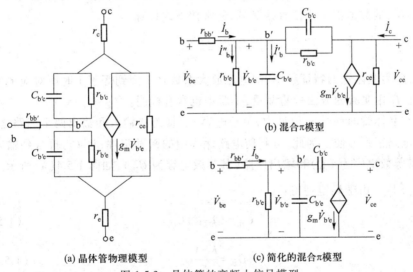

(a) 晶体管物理模型   (c) 简化的混合π模型

图 1.5.3 晶体管的高频小信号模型

物理模型中,r_c、r_e 分别为集电区和发射区的体电阻,它们的数值很小,实际上可忽略不计。因此可将图(a)中的 r_c、r_e 忽略,得到图(b)所示的晶体管混合 π 模型。在图(b)中,$r_{bb'}$ 代表基区体电阻,数值在几至几百欧范围内,$r_{b'e}$ 为发射结动态电阻在基极回路中的折合值,$r_{b'e} = (1+\beta)\dfrac{V_T}{I_{EQ}}$(在低频小信号模型中,$r_{be} =$

$r_{bb'} + r_{b'e}$)。$g_m \dot{V}_{b'e}$ 表示受发射结电压控制的集电极电流,它与低频小信号模型中的 $\beta_0 \dot{I}_b$ 相对应(这里用 β_0 来强调低频段不计结电容效应时的低频电流放大倍数)。由图 1.5.3(b)可见,高频时,$\dot{I}_b = \dot{I}'_b + \dot{I}''_b$。其中 $\dot{I}'_b$ 为通过发射结电容的容性电流,对集电极电流没有贡献,只有 $\dot{I}''_b$ 才能影响集电极电流的大小。所以

$$g_m \dot{V}_{b'e} = \beta_0 \dot{I}''_b = \beta_0 \frac{\dot{V}_{b'e}}{r_{b'e}}$$

由此可得

$$g_m = \frac{\beta_0}{r_{b'e}} \qquad (1.5.7)$$

式中,g_m 的量纲为电导,所以又称互导或跨导。

在晶体管的混合 π 模型中,考虑到集电结的反偏电阻 $r_{b'c}$ 和晶体管动态输出电阻 r_{ce} 的数值较大,通常把它们当作开路,于是可得简化的混合 π 模型,如图 1.5.3(c)所示。图中,$C_{b'c}$ 参数可以从手册中查到(手册中常用符号 C_{ob} 表示)。$C_{b'e}$ 的数值由于不便直接测试,通常按下式计算:

$$C_{b'e} = \frac{g_m}{2\pi f_T} \qquad (1.5.8)$$

式中,f_T 为晶体管的特征频率,即电流放大系数 β 下降到等于 1 时所对应的工作频率。f_T 用实验的方法较易测量,手册中也常有标明。

在晶体管的混合 π 模型中,由于电容 $C_{b'c}$ 横跨在输入和输出两个回路之间,分析电路很不方便。为此,可利用电路课程中的密勒定理,将 $C_{b'c}$ 折合到输入回路(其等效电容为 C_{1h})和输出回路(其等效电容为 C_{2h}),如图 1.5.4(a)所示。设 $\dot{K} = \dot{V}_{ce}/\dot{V}_{b'c}$,由密勒定理得:

$$C_{1h} = (1 - \dot{K}) C_{b'c} \qquad (1.5.9)$$

$$C_{2h} = \frac{\dot{K} - 1}{\dot{K}} C_{b'c} \qquad (1.5.10)$$

注意到 $\dot{K}$ 为负值,且 $|\dot{K}| \gg 1$,因此 $C_{1h} \gg C_{b'c}$,$C_{2h} \approx C_{b'c}$,可见 C_{2h} 与输出回路中的等效电阻所形成的时间常数很小,工程计算时可忽略不计。由此得到简化后的高频小信号模型如图 1.5.4(b)所示。图中,$C_i = C_{b'e} + (1 - \dot{K}) C_{b'c}$。

由此可见,利用密勒定理能够将混合 π 模型简化为两个相互独立的回路,从而使计算大大简化。

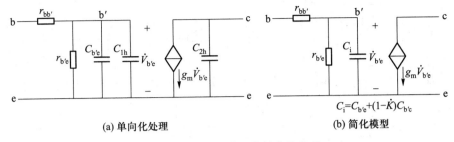

(a) 单向化处理　　　　　　　　　(b) 简化模型

图 1.5.4　混合 π 模型的单向化处理

1.5.2.2　场效应管高频小信号模型

场效应管的高频响应与晶体管相似。根据场效应管的结构,可得出图 1.5.5 (a) 所示的高频等效物理模型。由于 r_{ds} 通常比外接电阻大得多,因而在近似分析时可当作开路。而对于跨接在 g、d 之间的电容 C_{gd},利用密勒定理将其折合到输入回路和输出回路。这样,g、s 间的等效电容为

$$C'_{gs} = C_{gs} + (1 - \dot{K}) C_{gd}, \quad \dot{K} = -g_m R'_L \qquad (1.5.11)$$

d、s 间的等效电容为

$$C'_{ds} = C_{ds} + \frac{\dot{K} - 1}{\dot{K}} C_{gd}, \quad \dot{K} = -g_m R'_L \qquad (1.5.12)$$

由于 C'_{ds} 的电容量比 C'_{gs} 小得多,因而输出回路的时间常数通常比输入回路小得多,故在分析频率特性时可忽略 C'_{ds} 的影响。这样,就得到场效应管的简化高频小信号模型,如图 1.5.5(b) 所示。

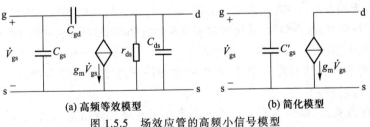

(a) 高频等效模型　　　　　　　　　(b) 简化模型

图 1.5.5　场效应管的高频小信号模型

1.5.3　放大电路的分频段分析法

共射放大电路如图 1.5.6(a) 所示。保留输出端上的耦合电容 C,并将晶体管的高频小信号模型代入该放大电路的交流通路中,可得适用于各种频率的全频段等效电路,如图 1.5.6(b) 所示。

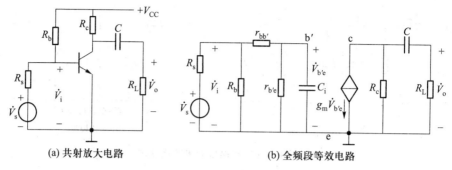

(a) 共射放大电路　　　　　　　　(b) 全频段等效电路

图 1.5.6　共射放大电路的全频段等效电路

在图 1.5.6(b) 中，由于电路中存在耦合电容 C 和晶体管的等效结电容 C_i，因此该放大电路的电压放大倍数 $\dot{A}_v$ 显然与信号频率 f 有关，即 $\dot{A}_v$ 可表示为

$$\dot{A}_v(f) = \frac{\dot{V}_o(f)}{\dot{V}_i(f)} \tag{1.5.13}$$

图 1.5.6(b) 为线性电路图，可以直接利用电路理论求解出在不同信号频率下的电压放大倍数，但计算过程通常十分烦琐，且从结果中不易看出各电路参数与频率响应之间的关系。为此，在工程上常常采用分频段分析法对放大电路进行简化分析。

放大电路的分频段分析法是利用放大电路中不同类型电容的容量相差悬殊的特点，对电路进行相应的简化。如在图 1.5.6(b) 所示的全频段等效电路中，耦合电容 C 的数值(如几十微法)远远大于晶体管的等效结电容 C_i 的数值(如几十皮法)，两者相差可达 10^6 倍之多。为此，可以将输入信号的频率范围分为三个频段:中频段、低频段、高频段，并得到放大电路的分频段等效电路，如图 1.5.7 所示。

① 在中频段，耦合电容 C 的容抗很小，可视作交流短路;而结电容 C_i 的容抗很大，可视作交流开路。于是，所得的中频段等效电路中均不考虑电容影响，如图 1.5.7(a) 所示。

② 在低频段，耦合电容 C 的容抗随着信号频率的降低而增大，已不能忽略;而结电容 C_i 的容抗更大(相对于中频段)，因而更可视作交流开路。由此可得低频段等效电路中仅考虑耦合电容的影响，如图 1.5.7(b) 所示。

③ 在高频段，耦合电容 C 的容抗更小(相对于中频段)，更可视作交流短路;而等效结电容 C_i 的容抗则随着信号频率的升高而减小，其影响已不能忽略。由此可得高频段等效电路中仅考虑结电容的影响，如图 1.5.7(c) 所示。

1. 中频段电压放大倍数

由图 1.5.7(a) 中频段等效电路可得中频段源电压放大倍数 $\dot{A}_{vsm}$ 的表达式为

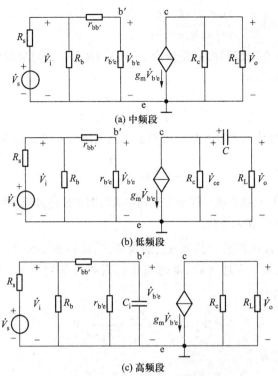

(a) 中频段

(b) 低频段

(c) 高频段

图 1.5.7　共射放大电路的分频段等效电路

$$\dot{A}_{vsm} = \frac{\dot{V}_o}{\dot{V}_s} = \frac{\dot{V}_i}{\dot{V}_s} \cdot \frac{\dot{V}_{b'e}}{\dot{V}_i} \cdot \frac{\dot{V}_o}{\dot{V}_{b'e}} = \frac{R_i}{R_s + R_i} \cdot \frac{r_{b'e}}{r_{be}} \cdot (-g_m R_L') \qquad (1.5.14)$$

式中，$R_L' = R_c /\!/ R_L$。由 g_m 与电流放大倍数 β 之间的关系：$g_m = \dfrac{\beta_0}{r_{b'e}}$，可知中频段电压放大倍数 $\dot{A}_{vsm}$ 与本章 1.2 节所得的在通频带内的电压放大倍数是一致的。

2. 低频段电压放大倍数

由图 1.5.7(b)低频段等效电路可得在低频段源电压放大倍数 $\dot{A}_{vsL}$ 的表达式为

$$\dot{A}_{vsL} = \frac{\dot{V}_o}{\dot{V}_s} = \frac{\dot{V}_i}{\dot{V}_s} \cdot \frac{\dot{V}_{b'e}}{\dot{V}_i} \cdot \frac{\dot{V}_{ce}}{\dot{V}_{b'e}} \cdot \frac{\dot{V}_o}{\dot{V}_{ce}}$$

$$= \frac{R_i}{R_s + R_i} \cdot \frac{r_{b'e}}{r_{be}} \left\{ -g_m \left[R_c /\!/ \left(R_L + \frac{1}{j\omega C} \right) \right] \right\} \cdot \frac{R_L}{R_L + \dfrac{1}{j\omega C}}$$

$$= \frac{R_i}{R_s + R_i} \cdot \frac{r_{b'e}}{r_{be}} \cdot (-g_m R_L') \cdot \frac{j\omega(R_c + R_L)C}{1 + j\omega(R_c + R_L)C}$$

$$= \dot{A}_{vsm} \cdot \frac{j\omega (R_c + R_L) C}{1 + j\omega (R_c + R_L) C} \tag{1.5.15}$$

设电容 C 所在回路的时间常数为 $\tau_L = (R_c + R_L) C$,其对应的频率 f_L 称为低频转折频率,表达式为

$$f_L = \frac{1}{2\pi\tau_L} = \frac{1}{2\pi (R_c + R_L) C} \tag{1.5.16}$$

将式(1.5.16)代入式(1.5.15),可得低频段电压放大倍数的另一种表达形式:

$$\dot{A}_{vsL} = \dot{A}_{vsm} \cdot \frac{jf/f_L}{1 + jf/f_L} \tag{1.5.17}$$

对于式(1.5.17),我们就可以很方便地用波特图来描述其幅频特性和相频特性。

3. 高频段电压放大倍数

为求解高频段电压放大倍数 $\dot{A}_{vsH}$ 的表达式,可将图 1.5.7(c)中电容 C_i 以左的电路部分用戴维宁定理等效,得到简化的高频段等效电路,如图 1.5.8 所示。图中,等效电源 $\dot{V}'_s$ 为

$$\dot{V}'_s = \frac{r_{b'e}}{r_{be}} \dot{V}_i = \frac{r_{b'e}}{r_{be}} \cdot \frac{R_i}{R_s + R_i} \dot{V}_s \tag{1.5.18}$$

等效电源内阻 R'_s 为

$$R'_s = r_{b'e} /\!/ [r_{bb'} + R_s /\!/ R_b] \tag{1.5.19}$$

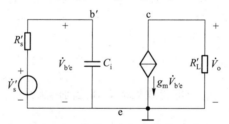

图 1.5.8 简化的高频段等效电路

$$R'_L = R_c /\!/ R_L$$

由图 1.5.8 可得高频段源电压放大倍数的表达式为

$$\dot{A}_{vsH} = \frac{\dot{V}_o}{\dot{V}_s} = \frac{\dot{V}'_s}{\dot{V}_s} \cdot \frac{\dot{V}_{b'e}}{\dot{V}'_s} \cdot \frac{\dot{V}_o}{\dot{V}_{b'e}}$$

$$= \frac{R_i}{R_s + R_i} \cdot \frac{r_{b'e}}{r_{be}} \cdot \frac{\dfrac{1}{j\omega C_i}}{R'_s + \dfrac{1}{j\omega C_i}} (-g_m R'_L)$$

$$= \dot{A}_{vsm} \cdot \frac{1}{1 + j\omega R_s' C_i} \tag{1.5.20}$$

令电容 C_i 所在回路的时间常数为 $\tau_H = R_s' C_i$，即等于电容 C_i 所在回路的等效电阻 R_s' 乘以 C_i。则对应的频率 f_H 称为高频转折频率，即

$$f_H = \frac{1}{2\pi\tau_H} = \frac{1}{2\pi R_s' C_i} \tag{1.5.21}$$

将式(1.5.21)代入式(1.5.20)，得高频段电压放大倍数的另一种表达形式为

$$\dot{A}_{vsH} = \dot{A}_{vsm} \cdot \frac{1}{1 + jf/f_H} \tag{1.5.22}$$

对于式(1.5.22)，我们就可以很方便用地波特图来描述其幅频特性和相频特性。

4. 全频段电压放大倍数

综合共射放大电路在中频段、低频段和高频段的频率响应，可以得到该电路的全频段电压放大倍数表达式近似为

$$\dot{A}_{vs} \approx \dot{A}_{vsm} \cdot \frac{jf/f_L}{1 + jf/f_L} \cdot \frac{1}{1 + jf/f_H} \tag{1.5.23}$$

式(1.5.23)适用于信号频率 f 从零到无穷大变化时的各种情况：在中频段，因 $f_H \gg f \gg f_L$，上式近似为 $\dot{A}_{vs} \approx \dot{A}_{vsm}$；在高频段，因 $f \gg f_L$，上式近似为 $\dot{A}_{vs} \approx \dot{A}_{vsH}$；在低频段，因 $f \ll f_H$，上式近似为 $\dot{A}_{vs} \approx \dot{A}_{vsL}$。

根据单管共射放大电路的频率响应表达式，可以画出其波特图，如图1.5.9所示。

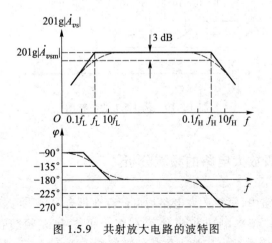

图 1.5.9 共射放大电路的波特图

【例 1.5.1】 已知一单管放大电路的频率响应为

$$\dot{A}_v = -46 \cdot \frac{\mathrm{j}f/50\ \mathrm{Hz}}{1+\mathrm{j}f/50\ \mathrm{Hz}} \cdot \frac{1}{1+\mathrm{j}f/1.5\times10^6\ \mathrm{Hz}}$$

分别写出其对数幅频特性和相频特性表达式,并画出相应的波特图。

解: 该放大电路的对数幅频特性表达式为

$$20\lg|\dot{A}_v| = 20\lg 46 + 20\lg(f/50) - 20\lg\sqrt{1+(f/50)^2} - 20\lg\sqrt{1+(f/1.5\times10^6)^2}$$

对数相频特性表达式为

$$\varphi = -180° + 90° - \arctan(f/50) - \arctan(f/1.5\times10^6)$$

其波特图如图 1.5.10 所示。注意图中低频转折频率 50 Hz 和高频转折频率 1.5 MHz 的位置。

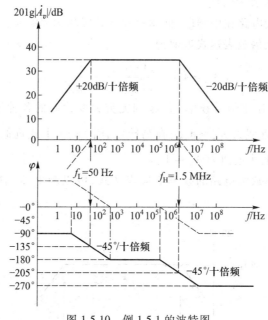

图 1.5.10　例 1.5.1 的波特图

1.5.4　多级放大电路的频域分析

多级放大电路中,每级放大电路均可能存在耦合电容、旁路电容和晶体管的极间电容,因而其频率响应相应地存在多个低频和高频转折频率。参照式 (1.5.23),多级放大电路电压放大倍数的频率响应通常可表示为

$$\dot{A}_v \approx \dot{A}_{vm} \cdot \prod_j \frac{\mathrm{j}f/f_{\mathrm{L}j}}{1 + \mathrm{j}f/f_{\mathrm{L}j}} \prod_k \frac{1}{1 + \mathrm{j}f/f_{\mathrm{H}k}} \tag{1.5.24}$$

式中,$f_{\mathrm{L}j}$表示第 j 个低频转折频率,$f_{\mathrm{H}k}$表示第 k 个高频转折频率。低频转折频率的个数由放大电路中的耦合电容和旁路电容个数决定,高频转折频率的个数由放大电路中的极间电容个数(晶体管器件个数)决定。其数值取决于各电容所在回路的时间常数。

以一个两级放大电路为例,设组成该电路的两个单管放大电路具有相同的频率响应,即它们的中频段电压放大倍数 $A_{vm1} = A_{vm2}$,下限频率 $f_{\mathrm{L}1} = f_{\mathrm{L}2}$,上限频率 $f_{\mathrm{H}1} = f_{\mathrm{H}2}$,带宽 $f_{\mathrm{BW}1} = f_{\mathrm{BW}2}$。则两级放大电路的频率响应为

$$\dot{A}_v = A_{vm1}^2 \left(\frac{\mathrm{j}f/f_{\mathrm{L}1}}{1 + \mathrm{j}f/f_{\mathrm{L}1}} \right)^2 \frac{1}{(1 + \mathrm{j}f/f_{\mathrm{H}1})^2} \tag{1.5.25}$$

单级和两级放大电路的幅频特性如图 1.5.11 所示。由图可见,两级放大电路的中频段电压放大倍数提高到 A_{vm1}^2(即 $40\lg|A_{vm1}|\ \mathrm{dB}$),但两级放大电路的上限频率和下限频率不能再取 $f_{\mathrm{L}1}$ 和 $f_{\mathrm{H}1}$ 了。这是因为在 $f_{\mathrm{L}1}$ 频率处,每个单级放大电路的电压放大倍数都下降了 3 dB,两级放大电路的电压放大倍数就下降了 6 dB。根据下限频率的定义,在幅频特性曲线上找到使电压放大倍数下降 3 dB 的频率才是两级放大电路的下限频率 f_{L}。显然,$f_{\mathrm{L}} > f_{\mathrm{L}1}$;同理可知,$f_{\mathrm{H}} < f_{\mathrm{H}1}$。可见,两级放大电路的通频带变窄了。以上结论可以推广到 n 级放大电路,即多级放大电路的通频带一定比组成它的任何一级都要窄。或者说,多级放大电路的下限频率一定高于任何一级的下限频率;多级放大电路的上限频率一定低于任何一级的上限频率。级数越多,则 f_{L} 越高,f_{H} 越低,通频带越窄。

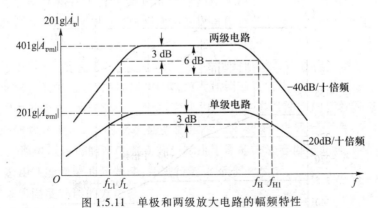

图 1.5.11　单极和两级放大电路的幅频特性

多级放大电路的上限频率和下限频率的估算应根据频率响应表达式得出。但在工程上通常可以认为,当某级的下限频率 f_{L} 远高于其他各级的下限频率

时,则可认为整个多级放大电路的下限频率近似为 f_L。当某级的上限频率 f_H 远低于其他各级的上限频率时,则整个多级放大电路的上限频率近似为 f_H。

【例 1.5.2】　已知一多级放大电路的频率响应为

$$\dot{A}_v = \frac{-100}{(1+jf/100 \text{ kHz})(1+jf/1 \text{ MHz})}$$

试画出它的波特图,并求出它的上限频率 f_H。

解: 将本例中的频率响应写成对数形式,得幅频特性和相频特性表达式分别为

$$20\lg|\dot{A}_v| = 40 - 20\lg\sqrt{1+(f/10^5)^2} - 20\lg\sqrt{1+(f/10^6)^2}$$

$$\varphi = -180° - \arctan(f/10^5) - \arctan(f/10^6)$$

该放大电路的 $f_L = 0$,其波特图如图 1.5.12 所示。图中,因 $f_{H1} = 10^5$ Hz,所以多级放大电路的上限频率 $f_H \approx f_{H1} = 10^5$ Hz。

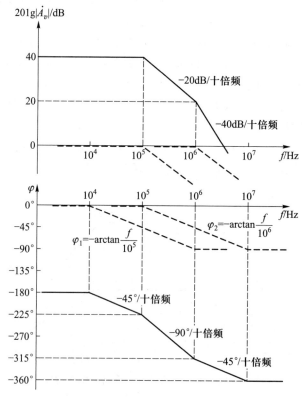

图 1.5.12　例 1.5.2 的波特图

图 1.5.12 中,用虚线分别表示 $\dfrac{1}{1+\mathrm{j}f/10^5\ \mathrm{Hz}}$ 项和 $\dfrac{1}{1+\mathrm{j}f/10^6\ \mathrm{Hz}}$ 项的对数幅频和相频特性曲线;中频段电压放大倍数"–100"的对数幅频特性曲线是数值为 40 dB 的一直线,负号表示相移为-180°。把以上各项代数相加后,得到放大电路的对数幅频和相频特性曲线如图中实线所示。

1.6　差分放大电路

差分放大电路也称差动放大电路(简称差放),其功能是放大两个输入信号之差。利用差分放大电路可以有效地解决直接耦合式放大器的零点漂移问题,以及双端输入时的共模抑制问题,因此这种电路常常作为集成运放的输入级。

1.6.1　差分放大电路基本结构和分析

最基本的差分放大电路是由两个参数和特性完全相同的晶体管组成的对称电路,电路中的其他所有元件参数也完全对称。两个晶体管的发射极连在一起,通过射极公共电阻实现两个电路之间的信号耦合。图 1.6.1 所示为典型的差分放大电路,也称为长尾式差分放大电路。

差分放大电路有两个输入端。输入信号 v_{I1} 和 v_{I2} 可以同时加在两个晶体管 $\mathrm{T_1}$ 和 $\mathrm{T_2}$ 的基极,即双端输入方式;若输入信号中有一个接地 ($v_{\mathrm{I2}}=0$ 或 $v_{\mathrm{I1}}=0$),称为单端输入方式。

差分放大电路有两个输出端。输出信号 v_{O} 可以取自两个晶体管 $\mathrm{T_1}$ 和 $\mathrm{T_2}$ 的集电极之间,即双端输出方式;输出信号也可以取自任意一个集电极对地之间,即 v_{O1} 或 v_{O2},此时称为单端输出方式。

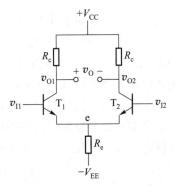

图 1.6.1　基本差分放大电路

理想情况下,差分放大电路的两边完全对称,因此随着温度或时间的变化而引起的两个集电极电位的漂移始终相等。在双端输出情况下,零点漂移为零。如果电路不是完全对称,由于射极公共电阻 R_{e} 的负反馈作用也能减少集电极电位的漂移,因此即使是单端输出时的零点漂移也较小。

为了扩大电路的线性放大范围,差分放大电路通常采用双直流电源供电形式。

设差分放大电路两个输入端的信号电压分别为 Δv_{I1} 和 Δv_{I2},定义差模信号为

$$\Delta v_{Id} = \Delta v_{I1} - \Delta v_{I2} \tag{1.6.1}$$

定义共模信号为

$$\Delta v_{Ic} = \frac{\Delta v_{I1} + \Delta v_{I2}}{2} \tag{1.6.2}$$

即差模信号是两个输入信号电压之差,反映了被测信号的变化,包含有用的信息,需要通过放大电路进一步放大;共模信号是两个输入信号电压的平均值,通常反映测量信号的初始值或外界共模干扰,不包含有用的信息,不但不必放大,而且还需要加以抑制。而差分放大电路正是具有对差模信号进行放大、对共模信号进行抑制的能力。

基于式(1.6.1)和(1.6.2)的定义,可得

$$\Delta v_{I1} = \Delta v_{Ic} + \frac{\Delta v_{Id}}{2} \tag{1.6.3}$$

$$\Delta v_{I2} = \Delta v_{Ic} - \frac{\Delta v_{Id}}{2} \tag{1.6.4}$$

即输入电压信号可表示为差模和共模信号的组合。如果只考虑差模信号,则输入为两个幅度相等、极性相反的信号,此时称为差模输入方式(differential mode);如果只考虑共模信号,则输入为两个幅度相等、极性相同的信号,此时称为共模输入方式(common mode)。

差分放大电路的输出电压信号中也相应地包含两部分,分别是仅对应于输入信号中差模分量的输出差模电压 Δv_{Od} 和仅对应于输入信号中共模分量的输出共模电压 Δv_{Oc}。根据放大电路的线性叠加原理,实际的输出电压信号为

$$\Delta v_O = \Delta v_{Od} + \Delta v_{Oc} = A_{vd} \Delta v_{Id} + A_{vc} \Delta v_{Ic} \tag{1.6.5}$$

式中,A_{vd} 是差模输入方式下的差模电压放大倍数,A_{vc} 是共模输入方式下的共模电压放大倍数。

差分放大电路对差模信号的放大能力强(A_{vd} 很大),对共模信号的放大能力弱(A_{vc} 很小,理想情况下为 0)。所以说,差分放大电路对差模信号有放大作用,对共模信号不但没有放大,反而具有抑制作用。差分放大电路的名称即由此而得。

【例 1.6.1】 已知差分放大电路的输入电压分别为 $\Delta v_{I1} = 5.01$ V、$\Delta v_{I2} = 4.99$ V,

差模电压放大倍数为 $A_{vd}=-80$,共模电压放大倍数为 $A_{vc}=-0.01$,求该电路的输出电压 Δv_0。

解: 输入电压的差模信号和共模信号分别为

$$\Delta v_{Id} = \Delta v_{I1} - \Delta v_{I2} = 5.01 \text{ V} - 4.99 \text{ V} = 0.02 \text{ V}$$

$$\Delta v_{Ic} = \frac{\Delta v_{I1} + \Delta v_{I2}}{2} = \frac{5.01 \text{ V} + 4.99 \text{ V}}{2} = 5.0 \text{ V}$$

所以,输出电压为

$$\begin{aligned}
\Delta v_O &= \Delta v_{Od} + \Delta v_{Oc} = A_{vd}\Delta v_{Id} + A_{vc}\Delta v_{Ic} \\
&= [-80 \times 0.02 + (-0.01) \times 5] \text{ V} \\
&= -1.65 \text{ V}
\end{aligned}$$

式中,差模输出电压为 -1.6 V,共模输出电压为 -0.05 V;而输入信号电压中,差模信号为 0.02 V,共模信号为 5 V。可见差分放大电路具有"放大差模、抑制共模"的功能。

1.6.1.1 差分放大电路静态分析

在没有输入信号(即 $v_{I1}=v_{I2}=0$)时,可以通过放大电路的直流通路求解差分放大电路的静态工作点。

考虑到静态时 T_1、T_2 两管的基极都接地,且电路中的所有元件参数均对称,所以

$$V_{EQ} = -V_{BEQ} = -0.7 \text{ V}$$

$$I_{B1Q} = I_{B2Q} = I_{BQ} = \frac{V_{EQ} - (-V_{EE})}{2(1+\beta)R_e} = \frac{V_{EE} - 0.7}{2(1+\beta)R_e} \tag{1.6.6}$$

$$I_{C1Q} = I_{C2Q} = I_C = \beta I_{BQ}$$

差分放大电路的输出端对地电压为

$$V_{O1Q} = V_{O2Q} = V_{CC} - I_{CQ}R_C \tag{1.6.7}$$

$$V_{OQ} = V_{O1Q} - V_{O2Q} = 0 \tag{1.6.8}$$

由式(1.6.6)~(1.6.8)可知:

(1)差分放大电路的静态偏置电流由 $-V_{EE}$ 提供,调整 R_e 可以方便地改变静态电流的大小;

(2)差分放大电路由于结构对称,因而 T_1、T_2 两管的集电极电流总是相等;当双端输出时,无论外界温度和内部状态如何变化,输出端静态电压始终为 0,有效地抑制了温漂和零漂。

1.6.1.2 差分放大电路动态分析

当输入信号 Δv_{I1}、Δv_{I2} 中的任一信号不等于零时,可以求解差分放大电路的

动态指标。根据之前的结论:输入信号可表示成差模和共模信号的组合,差分放大电路对差模信号有放大能力,对共模信号有抑制作用。以下加以详细分析。

一、差模输入方式分析

差模输入方式下,输入为两个幅度相等、极性相反的信号,即

$$\Delta v_{I1} = +\frac{\Delta v_{Id}}{2}, \quad \Delta v_{I2} = -\frac{\Delta v_{Id}}{2}$$

由于电路对称、参数相同,所以 T_1、T_2 两管的基极电压、电流的变化量是相反的,即 T_1 发射极电流的增加量 Δi_{E1} 等于 T_2 发射极电流的减小量 Δi_{E2}(或反之)。因此,流过射极公共电阻 R_e 的电流保持不变,R_e 上的压降也不变,即 $\Delta v_E = 0$。

因此,在差模输入方式下,R_e 对差模信号可视作交流短路(e 点相当于接地)。由此可得差模交流通路、差模小信号等效电路分别如图 1.6.2(a)(b)所示。

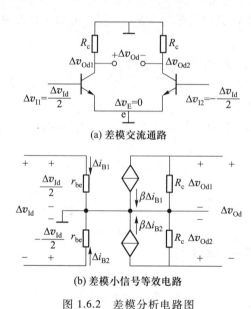

(a) 差模交流通路

(b) 差模小信号等效电路

图 1.6.2 差模分析电路图

由图 1.6.2 可得

$$\Delta v_{I1} = -\Delta v_{I2} = \frac{\Delta v_{Id}}{2}$$

$$\Delta i_{B1} = -\Delta i_{B2} = \frac{\Delta v_{I1}}{r_{be}} = \frac{\Delta v_{Id}}{2r_{be}}$$

$$\Delta v_{Od1} = -\beta \Delta i_{B1} R_e$$

$$\Delta v_{Od2} = +\beta \Delta i_{B1} R_c$$

所以

$$\Delta v_{Od1} = -\Delta v_{Od2}$$

$$\Delta v_{Od} = \Delta v_{Od1} - \Delta v_{Od2} = 2\Delta v_{Od1} = -2\Delta v_{Od2}$$

即差模输入方式下,差分放大电路的两个单端输出电压大小相等而极性相反,双端输出电压是单端输出电压的 2 倍。

差模电压放大倍数是输出电压的差模分量与输入电压的差模分量之比:

$$A_{vd} = \frac{\Delta v_{Od}}{\Delta v_{Id}} = \frac{\Delta v_{Od}}{\Delta v_{I1} - \Delta v_{I2}}$$

针对不同的输出方式,差模电压放大倍数分别为

$$A_{vd1} = \frac{\Delta v_{Od1}}{\Delta v_{Id}} = \frac{-\beta \Delta i_{B1} R_c}{2\Delta i_{B1} r_{be}} = -\frac{\beta R_c}{2 r_{be}} \tag{1.6.9}$$

$$A_{vd2} = \frac{\Delta v_{Od2}}{\Delta v_{Id}} = \frac{-\beta \Delta i_{B2} R_c}{-2\Delta i_{B2} r_{be}} = +\frac{\beta R_c}{2 r_{be}} \tag{1.6.10}$$

$$A_{vd} = \frac{\Delta v_{Od}}{\Delta v_{Id}} = -\frac{\beta R_c}{r_{be}} \tag{1.6.11}$$

差模输入电阻 R_{id} 可定义为差模输入方式下的差模输入电压和差模输入电流之比:

$$R_{id} = \frac{\Delta v_{Id}}{\Delta i_{B1}} = 2 r_{be} \tag{1.6.12}$$

差分放大电路的输出电阻 R_o 通常是指差模输入方式下的输出电阻。双端输出时,输出电阻为

$$R_o = 2 R_c \tag{1.6.13}$$

单端输出时,输出电阻为

$$R_o = R_c \tag{1.6.14}$$

上述针对长尾式差分放大电路的差模分析方法,首先画出差模交流通路和差模小信号等效电路,然后分别求出差模电压放大倍数、差模输入电阻和输出电阻,同样适用于其他形式的差分放大电路。例如,图 1.6.3 所示差分放大电路,其射极公共电阻 R_e 用电流源 I_o 取代,输出为双端输出,接负载 R_L。其差模交流通路、差模小信号等效电路分别如图 1.6.4(a)(b)所示。

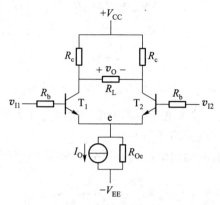

图 1.6.3　含电流源的差分放大电路

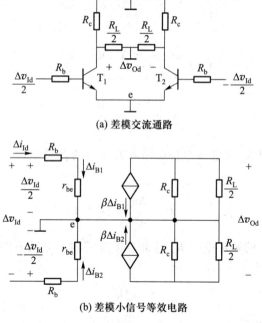

(a) 差模交流通路

(b) 差模小信号等效电路

图 1.6.4　含电流源的差分放大电路分析图

　　图中,e 点仍可当作交流接地(原理同前);由于 T_1、T_2 两管集电极上的差模电压大小相等而极性相反,所以负载 R_L 中点的差模信号电压为零,相当于差模信号交流接地,因此对于每个晶体管,其等效负载为 $R_L/2$。

　　由图可得双端输出时的差模电压放大倍数 A_{ed}、差模输入电阻 R_{id} 和输出电阻 R_o 分别为

$$A_{vd} = \frac{\Delta v_{Od}}{\Delta v_{Id}} = -\frac{2\beta\Delta i_{B1}\left(R_c /\!/ \frac{R_L}{2}\right)}{2\Delta i_{B1}(R_b + r_{be})} = -\frac{\beta\left(R_c /\!/ \frac{R_L}{2}\right)}{R_b + r_{be}}$$

$$R_{id} = \frac{\Delta v_{Id}}{\Delta i_{id}} = 2(R_b + r_{be})$$

$$R_o = 2R_c$$

若图 1.6.3 中改成单端输出,则有

$$A_{vd1} = \frac{\Delta v_{Od1}}{\Delta v_{Id}} = \frac{-\beta\Delta i_{B1}(R_c /\!/ R_L)}{2\Delta i_{B1}(R_b + r_{be})} = -\frac{\beta(R_c /\!/ R_L)}{2(R_b + r_{be})}$$

$$A_{vd2} = \frac{\Delta v_{Od2}}{\Delta v_{Id}} = \frac{-\beta\Delta i_{B1}(R_c /\!/ R_L)}{-2\Delta i_{B1}(R_b + r_{be})} = +\frac{\beta(R_c /\!/ R_L)}{2(R_b + r_{be})}$$

$$R_{id} = \frac{\Delta v_{Id}}{\Delta i_{id}} = 2(R_b + r_{be})$$

$$R_o = R_c$$

【例 1.6.2】 差分放大电路如图 1.6.5(a)所示,已知晶体管的 $\beta = 80$, $r_{be} = 2\ \text{k}\Omega$。求该电路的差模电压放大倍数 A_{vd}、差模输入电阻 R_{id} 和输出电阻 R_o。

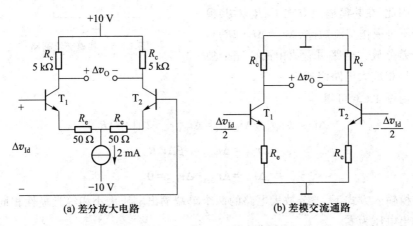

(a) 差分放大电路   (b) 差模交流通路

图 1.6.5 例 1.6.2 的电路图

解:根据差模输入方式下的电路特点,画出其差模交流通路如图 1.6.5(b)所示。因此有

$$A_{vd} = \frac{\Delta v_{0d}}{\Delta v_{Id}} = \frac{-2\beta \Delta i_{B1} R_e}{2\Delta i_{B1}\left[r_{be}+(1+\beta)R_e\right]} = -\frac{\beta R_c}{r_{be}+(1+\beta)R_e}$$

$$= -\frac{80\times 5}{2+81\times 0.05} = -66.1$$

$$R_{id} = \frac{\Delta v_{Id}}{\Delta i_{id}} = 2\left[r_{be}+(1+\beta)R_e\right] = 2\times(2+81\times 0.05)\,k\Omega = 12.1\ k\Omega$$

$$R_o = 2R_c = 10\ k\Omega$$

以上各式的得出,希望读者能通过对差分放大电路的基本特性分析进行理解,而无须再通过小信号等效电路求解。

二、共模输入方式分析

共模输入方式下,输入为两个幅度相等、极性相同的信号,即

$$\Delta v_{I1} = \Delta v_{I2} = \Delta v_{Ic}$$

由于电路对称、参数相同,所以 T_1、T_2 两管的基极电压、电流的变化量是相同的,即 $\Delta v_{E1} = \Delta v_{E2}$,$\Delta i_{E1} = \Delta i_{E2} = \Delta i_E$,此时对 T_1 或 T_2 的发射极来说,射极公共电阻 R_e 可等效为两个阻值均为 $2R_e$ 的电阻并联(如图 1.6.6 所示,e1、e2 之间实际上没有电流流过)。

因此,在共模输入方式下,R_e 对共模信号不可视作交流短路,$\Delta v_E = \Delta i_E(2R_e)$。整个差分放大电路可看成由两个完全独立的反相放大电路组成。

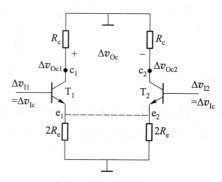

图 1.6.6　共模交流通路

由图 1.6.6 可得

$$\Delta v_{Ic} = \Delta i_B r_{be} + \Delta i_E 2R_e = \Delta i_B\left[r_{be}+2(1+\beta)R_e\right]$$

$$\Delta v_{0c1} = \Delta v_{0c2} = -\beta \Delta i_B R_c$$

$$\Delta v_{0c} = \Delta v_{0c1} - \Delta v_{0c2} = 0$$

即共模输入方式下,差分放大电路的两个单端输出电压大小相等且极性相同,双端输出电压为零。

共模电压放大倍数是输出电压的共模分量与输入电压的共模分量之比,即

$$A_{vc1} = \frac{\Delta v_{0c1}}{\Delta v_{Ic}} = -\frac{\beta R_c}{r_{be}+2(1+\beta)R_e} \tag{1.6.15}$$

$$A_{vc2} = \frac{\Delta v_{Oc2}}{\Delta v_{Ic}} = -\frac{\beta R_c}{r_{be} + 2(1+\beta) R_e} \qquad (1.6.16)$$

$$A_{vc} = \frac{\Delta v_{Oc}}{\Delta v_{Ic}} = 0 \qquad (1.6.17)$$

共模输入电阻 R_{ic} 通常定义为共模输入方式下的共模输入电压和共模输入电流之比：

$$R_{ic} = \frac{\Delta v_{Ic}}{\Delta i_{B1}} = r_{be} + 2(1+\beta) R_e \qquad (1.6.18)$$

三、共模抑制比

差模信号反映被测信号的有效变化，共模信号则通常反映测量信号的初始值或外界共模干扰，如电源电压波动、环境温度变化等。

由式(1.6.15)~(1.6.17)可见，共模输入方式下，理想差分放大电路双端输出时的共模电压放大倍数为零，单端输出时的共模电压放大倍数也远小于1，而且射极电阻越大，共模电压放大倍数就越小。所以，差分放大电路对共模信号有很强的抑制作用。

由式(1.6.9)~(1.6.11)可见，差模输入方式下，差分放大电路单端输出时的差模电压放大倍数是双端输出时的一半，而双端输出时虽然用了两只晶体管，但电压放大倍数仍相当于单管共射放大电路。所以，差分放大电路是以牺牲差模电压放大能力来换取对共模信号的抑制能力。

在实际应用中，虽然共模电压放大倍数 A_{vc} 在一定程度上反映了差分放大电路抑制共模干扰和零漂的能力，A_{vc} 越小，其抗干扰能力和抑制零漂的能力就越强。但是，更为客观地评价差分放大电路性能指标的是共模抑制比 K_{CMR}，它定义为差模电压放大倍数与共模电压放大倍数之比的绝对值，即

$$K_{CMR} = \left| \frac{A_{vd}}{A_{vc}} \right| \qquad (1.6.19)$$

或用分贝数表示为

$$K_{CMR} = 20 \lg \left| \frac{A_{vd}}{A_{vc}} \right| (dB) \qquad (1.6.20)$$

共模抑制比是差分放大电路一项十分重要的技术指标，反映了放大电路对差模信号的放大能力与对共模信号的抑制能力的比值。其值越大，说明在相同的差模放大能力下，其抑制共模干扰的能力越强。在理想情况（电路完全对称）下，由于差分放大电路双端输出时的共模电压放大倍数为零（$A_{vc}=0$），则共模抑制比为无穷大（$K_{CMR} \to \infty$）。

通过以上分析,请读者自行理解图 1.6.3 所示的以电流源来替代电阻 R_e 的差分放大电路的优越性能。

1.6.2　差分放大电路在单端输入方式下的电路分析

前面关于差分放大电路各项性能指标的分析和计算,都是基于双端输入方式(输出为双端或单端方式)。事实上,差分放大电路的输入也可采用单端输入方式(输出仍然可为双端或单端方式),即输入信号中有一个接地($v_{I2} = 0$ 或 $v_{I1} = 0$)。图 1.6.7 是单端输入方式的差分放大电路,信号 v_I 从输入端①输入,另一个输入端②接地。

按式(1.6.1)~(1.6.4),可得输入信号与其差模分量 Δv_{Id}、共模分量 Δv_{Ic} 之间的关系式:

$$\Delta v_{Id} = \Delta v_{I1} - \Delta v_{I2} = \Delta v_I$$

$$\Delta v_{Ic} = \frac{\Delta v_{I1} + \Delta v_{I2}}{2} = \frac{\Delta v_I}{2}$$

$$\Delta v_{I1} = \Delta v_{Ic} + \frac{\Delta v_{Id}}{2}$$

$$\Delta v_{I2} = \Delta v_{Ic} - \frac{\Delta v_{Id}}{2}$$

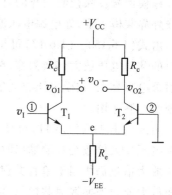

图 1.6.7　单端输入方式的差分放大电路

因此可以看到:任一单端信号都仍然可以表述为一个差模信号和一个共模信号的组合,所以单端输入和双端输入的效果是完全一样的,单端输入方式可以看成是双端输入方式的一个特例。前面所有的分析和计算,以及所得的所有公式,对于单端输入时都适用。

根据之前的计算,差分放大电路的共模电压放大倍数很小,共模抑制比很大;由于单端输入时共模输入电压是差模输入电压的一半,因此在单端输入时,通常可忽略输出电压中的共模成分。即

$$\Delta v_O = A_{vd} \Delta v_{Id} + A_{vc} \Delta v_{Ic} = A_{vd} \Delta v_I + A_{vc} \frac{\Delta v_I}{2} \approx A_{vd} \Delta v_I$$

由上可见,单端输入时的电压放大倍数与差模输入时的电压放大倍数 A_{vd} 几乎相同。

【**例 1.6.3**】　差分放大电路如图 1.6.8(a)所示。已知 T_1、T_2 两管的 $\beta = 80$,$r_{bb'} = 100\ \Omega$,$R_w = 200\ \Omega$,$R_L = 50\ k\Omega$,其余参数如图中所示。设输出端取自 T_1 的

集电极,电位器 R_w 的滑动端置于中间位置。求:

(1) 该差分放大电路的静态工作点 I_{CQ}、V_{OQ};

(2) 差模电压放大倍数 A_{vd}、差模输入电阻 R_{id} 和输出电阻 R_o;

(3) 共模抑制比 K_{CMR};

(4) 若输入电压为 $\Delta v_{I1} = 16$ mV、$\Delta v_{I2} = 10$ mV,求输出电压 Δv_O。

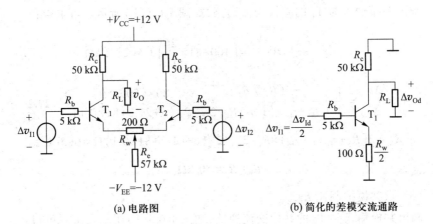

           (a) 电路图   (b) 简化的差模交流通路

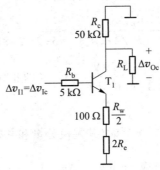

(c) 简化的共模交流通路

图 1.6.8 例 1.6.3 电路图

解:(1) 计算静态工作点。

静态时,$\Delta v_{I1} = \Delta v_{I2} = 0$,$R_e$ 上的电流是 $2I_{EQ}$,因此根据 T_1 的输入回路可列出:

$$I_{BQ}R_b + V_{BE} + I_{EQ}\frac{R_w}{2} + 2I_{EQ}R_e - V_{EE} = 0$$

$$I_{CQ} \approx I_{EQ} = \frac{V_{EE} - V_{BE}}{\dfrac{R_b}{1+\beta} + \dfrac{R_w}{2} + 2R_e} = \frac{12 - 0.6}{\dfrac{5}{81} + 0.1 + 2 \times 57}\text{mA} = 0.1 \text{ mA}$$

63

利用戴维宁等效定理,等效图中包含 R_c、R_L、V_{CC} 的单元,可求出输出电压静态值 V_{OQ}:

$$V_{OQ} = \frac{R_L}{R_c+R_L}V_{CC} - I_{CQ}(R_c /\!/ R_L) = \left(\frac{50}{50+50}\times12 - 0.1\times25\right)V = 3.5\ V$$

(2)计算动态参数。

画出差模输入时 T_1 的差模交流通路,如图 1.6.8(b)所示。可求得:

$$r_{be} = r_{bb'} + (1+\beta)\frac{V_T}{I_{EQ}} = \left(100+81\times\frac{26}{0.1}\right)\Omega \approx 21.2\ k\Omega$$

$$A_{vd} = \frac{\Delta v_{Od}}{\Delta v_{Id}} = \frac{1}{2}\cdot\frac{-\beta(R_c /\!/ R_L)}{R_b+r_{be}+(1+\beta)R_w/2} = -\frac{80\times(50/\!/50)}{2\times(5+21.2+81\times0.1)} = -29.2$$

$$R_{id} = 2\left[R_b+r_{be}+(1+\beta)\times R_w/2\right] = 2\times(5+21.2+81\times0.1)\Omega = 68.6\ k\Omega$$

$$R_o = R_c = 50\ k\Omega$$

(3)求共模抑制比 K_{CMR}。

画出共模输入时 T_1 的共模交流通路,如图 1.6.8(c)所示。由图可得:

$$A_{vc} = \frac{\Delta v_{Oc}}{\Delta v_{Ic}} = -\frac{\beta(R_c /\!/ R_L)}{R_b+r_{be}+(1+\beta)(R_w/2+2R_e)} = -\frac{80\times25}{5+21.2+81\times(2\times57+0.1)} \approx -0.216$$

$$K_{CMR} = \left|\frac{A_{vd}}{A_{vc}}\right| = \frac{29.2}{0.216} = 135 \quad (即\ 42.6\ dB)$$

(4)求输出电压 Δv_O。

当 $\Delta v_{I1} = 16\ mV$、$\Delta v_{I2} = 10\ mV$ 时,其差模分量和共模分量为

$$\Delta v_{Id} = (16-10)\ mV = 6\ mV, \quad \Delta v_{Ic} = \left(\frac{16+10}{2}\right)mV = 13\ mV$$

由此可得:

$$\Delta v_O = A_{vd}\cdot\Delta v_{Id} + A_{vc}\cdot\Delta v_{Ic} = \left[-29.2\times6+(-0.216)\times13\right]mV \approx -178\ mV$$

1.6.3　集成运算放大器输入级的电路形式

集成运算放大器(简称运放)输入级通常采用差分放大电路结构,除了晶体管形式外,常用的还有场效应管或场效应管-晶体管混合型。另外,由于射极公共电阻 R_e 越大,差分放大电路的共模抑制比就越大,因此通常采用一个具有很大交流等效电阻的恒流源来代替 R_e。

由于场效应管的输入电阻很高,所以场效应管差分放大电路不仅具有很强的共模抑制能力,还具有更高的差模输入电阻、更小的输入偏置电流。例如,由结型场效应管组成的差分放大电路的输入电阻可达 10^{12} Ω,输入偏置电流约为 100 pA;而 MOS 场效应管组成的差分放大电路的输入电阻可达 10^{15} Ω,输入偏置电流则在 10 pA 以下。

场效应管差分放大电路的电路结构、工作原理以及分析方法等都与晶体管的相似,分析计算时采用场效应管的小信号模型即可。图 1.6.9(a)(b)分别是典型场效应管差分放大电路原理图和差模小信号等效电路,T_1、T_2 和 T_3 均为 N 沟道增强型 MOS 场效应管。T_3 和 R_{g1}、R_{g2}、R_{s3} 组成的恒流源作为源极负载,整体电路采用双端输入、双端输出方式。

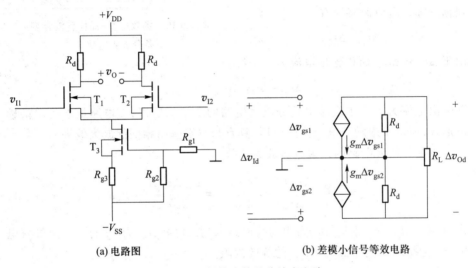

(a) 电路图　　　　　　　　　(b) 差模小信号等效电路

图 1.6.9　场效应管差分放大电路

由图可得差模电压放大倍数 A_{vd}、差模输入电阻 R_{id} 和输出电阻 R_o 分别为

$$A_{vd} = \frac{\Delta v_{od}}{\Delta v_{Id}} = -\frac{2g_m \Delta v_{gs1}\left(R_d // \dfrac{R_L}{2}\right)}{2\Delta v_{gs1}} = -g_m\left(R_d // \frac{R_L}{2}\right) \tag{1.6.21}$$

$$R_{id} = \frac{\Delta v_{Id}}{\Delta i_{Id}} \to \infty \tag{1.6.22}$$

$$R_o = 2R_d \tag{1.6.23}$$

图 1.6.10 为场效应管-晶体管混合型差分放大电路,是较典型的通用型集

成运放的输入级电路形式。电路中，T_1、T_2 和 T_3 均为 P 沟道结型场效应管；T_3 和 R_3 组成电流源，向源极提供偏置电流；T_4、T_5 和 T_6 均为晶体管，组成跟随型电流源（相关原理见 1.8.3 节），作为 T_1、T_2 两个差分放大管的漏极有源负载。为保证电路结构的对称性，要求 T_1 与 T_2、T_5 与 T_6 的参数和特性相同。

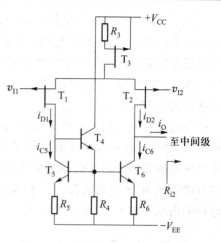

图 1.6.10　场效应管-晶体管混合型
差分放大电路

由图，在差模输入方式下：

$$\Delta v_{I1} = -\Delta v_{I2}, \qquad \Delta i_{D1} = -\Delta i_{D2}$$

根据跟随型电流源特性有

$$\Delta i_{C6} = \Delta i_{C5}$$

由于 $\Delta i_{D1} \approx \Delta i_{C5}$，所以输出电流为

$$\Delta i_{Od} = \Delta i_{D2} - \Delta i_{C6} \approx 2\Delta i_{D2}$$

即输出电流为标准单端输出差分放大电路的 2 倍。所以，该电路虽然为单端输出形式，但由于跟随型电流源的作用，具有与双端输出相同的放大效果。

该差分放大电路的差模电压放大倍数为

$$A_{vd} = \frac{\Delta v_{Od}}{\Delta v_{Id}} = \frac{\Delta i_{Od} R'_{i2}}{\Delta v_{Id}} = \frac{2\Delta i_{D2} R'_{i2}}{2\Delta v_{GS}} = \frac{2g_m \Delta v_{GS} R_{i2}}{2\Delta v_{GS}} = g_m R_{i2}$$

式中，$R_{i2} = R_{i2} \mathbin{/\mkern-5mu/} r_{ds2} \mathbin{/\mkern-5mu/} R_{o6}$，$R_{i2}$ 为中间级电路的输入电阻，r_{ds2} 为 T_2 的 d-s 间等效电阻，R_{o6} 为跟随型电流源（T_6、R_6）的等效内阻。

仿照前面的分析，在共模输入方式下，由于 $\Delta i_{D1} = \Delta i_{D2}$，$\Delta i_{C6} = \Delta i_{C5}$，$\Delta i_{D1} \approx \Delta i_{C5}$，所以 $\Delta i_{C6} \approx \Delta i_{D2}$，则输出电流为

$$\Delta i_{Oc} = \Delta i_{D2} - \Delta i_{C6} \approx 0$$

因此，由于跟随型电流源的作用，共模输出电流得到了很强的抑制，该电路具有很强的抑制共模干扰的能力。

综上所述，通用型集成运放的具体电路多种多样，但其输入级电路的组成原理基本相似，均以差分放大电路为基础，通常采用双端输入、单端输出方式，并由电流源提供偏置电流及作为有源负载，从而可以达到有效地抑制共模信号、放大差模信号的目的。

1.7 互补对称共集电路

集成运放的输出级电路通常需要具有一定的驱动能力,这不仅包括电压信号的放大输出,也包括电流信号的放大输出,即要求能输出一定的功率。在本节主要介绍可以实现放大电压信号的电路。

作为电压源输出时,要求输出电阻小,并且动态输出范围(即最大不失真输出电压幅度)要尽可能大。另外,由于输出级相当于前一级放大电路的负载,因此它的输入电阻也应尽量大,以减小对中间级电压放大倍数的影响。

共集放大电路具有输入电阻高、输出电阻小、带负载能力强的特点,结合前述关于输出级的特殊要求,集成运放输出级一般采用互补对称式共集放大电路。该电路在共集电路的基础上,采用对称结构和正负电源供电。

1.7.1 互补对称式共集电路的基本形式

图 1.7.1 所示为互补对称式共集输出级的基本电路,T_1(NPN 型)、T_2(PNP型)是一对特性相同的互补对称晶体管。

定义输入信号 v_1 为正弦波,且动态时忽略各晶体管发射结的开启电压。

静态时,输入信号为零($v_1 = 0$),T_1、T_2 两管均截止,输出为零($v_0 = 0$)。

动态时,在输入信号的正半周($v_1 > 0$),由于 T_1 导通,T_2 截止,所以 T_1 以射极跟随器形式将输入信号传递至负载。此时,电源$+V_{CC}$作为供电电源,使负载 R_L 获得与输入信号变化一致(同为正半周)的输出信号,其电流方向为

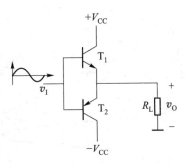

图 1.7.1 互补对称式共集输出级

$$+V_{CC} \rightarrow T_1 \rightarrow R_L \rightarrow GND$$

在输入信号的负半周($v_1 < 0$),由于 T_1 截止,T_2 导通,所以 T_2 以射极跟随器形式将输入信号传递至负载。此时,电源$-V_{CC}$作为供电电源,使负载 R_L 获得与输入信号变化一致(同为负半周)的输出信号,其电流方向为

$$GND \rightarrow R_L \rightarrow T_2 \rightarrow -V_{CC}$$

在互补对称式共集输出级电路中,信号总是从基极输入、从发射极输出,因

此在正负两个半周内均属于共集放大电路,其输出电压近似等于输入电压(电压放大倍数近似为 1),且最大输出电压幅度 V_{om} 取决于电源电压($\pm V_{CC}$)的大小。当输入信号足够大时,T_1(或 T_2)趋于饱和,最大不失真输出幅度接近于电源电压($V_{om} = \pm(V_{CC} - V_{CES}) \approx \pm V_{CC}$),如图 1.7.2 所示。对于双电源供电的集成运放,其动态输出范围将接近电源电压的两倍。例如,当电源电压为 ± 15 V 时,集成运放的最大不失真输出电压幅度一般为 $V_{om} = \pm(12 \sim 14)$ V,即 T_1、T_2 两管上存在着 $1 \sim 3$ V 的饱和压降。

互补对称式共集输出级电路具有较高的输入电阻(以图 1.7.1 为例):

$$R_i = r_{be} + (1 + \beta) R_L$$

在图 1.7.1 所示电路中,静态时输出为零,即无静态功耗。但是,由于静态工作点位于坐标原点,且实际工作状态下不能忽略各晶体管发射结的开启电压,因此当输入信号较小(小于开启电压)时,T_1、T_2 两管处于截止状态,输出信号为零;而当输入信号稍大于开启电压时,T_1、T_2 两管虽然能导通,但输出信号将存在明显的失真。所以,在输入信号正负半周交替过零区附近,输出信号将产生因晶体管存在开启电压而引起的非线性失真,称为交越失真,如图 1.7.3 所示。

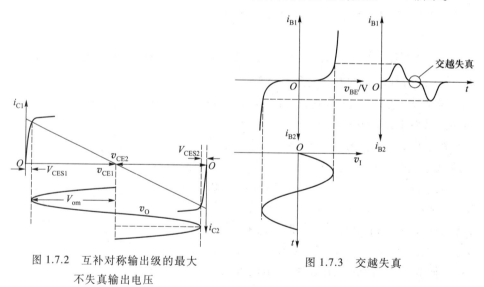

图 1.7.2 互补对称输出级的最大   图 1.7.3 交越失真
不失真输出电压

1.7.2 甲乙类互补对称式共集电路的分析

前面各章节中所讲述的放大电路(以晶体管的共射、共基、共集为例),在一个输入信号周期内,晶体管均处于工作状态,即导通角 $\theta = 2\pi$,这种工作方式称为甲类工作方式。而互补对称式共集输出级电路,在一个输入信号周期内,T_1、T_2 两管是正负半周交替工作,每个晶体管的导通角 $\theta = \pi$,此时称为乙类工作方式。

乙类工作方式虽然存在着输出信号幅度大、无静态功耗等优点,但交越失真却是其固有现象。为消除交越失真,就要使晶体管的导通角 $\theta > \pi$,称为甲乙类工作方式。即给 T_1、T_2 两管设置微小的静态工作电流,使其在小的输入信号下也能进入放大区。偏置电路通常有二极管偏置和恒压源偏置等。

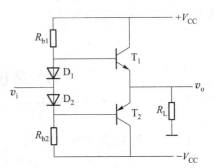

图 1.7.4 互补对称输出级采用
二极管偏置电路

图 1.7.4 所示二极管偏置电路中,T_1、T_2 两管的静态偏置电压由二极管 D_1、D_2 提供。

静态时 ($v_i = 0$),电源 $\pm V_{CC}$ 通过 R_{b1}、D_1、D_2、R_{b2} 回路提供电流,使 $V_{B1} \approx +0.6\text{ V}$,$V_{B2} \approx -0.6\text{ V}$,即 T_1、T_2 两管处于微导通状态。由于 T_1、T_2 两管特性对称,所以负载 R_L 上没有电流,静态输出为零($v_{OQ} = 0$)。

动态时,由于二极管的动态电阻很小,可以认为 T_1、T_2 两管的基极动态电位与输入电压 v_i 近似相等。当输入信号为正半周时,T_1 管工作在线性跟随状态,T_2 管截止;当输入信号为负半周时,T_1 管截止,T_2 管工作在线性跟随状态。由于在输入电压较小时两管之中总有一个管子进入放大区,因此这种偏置电路能较好地克服交越失真。

图 1.7.5 所示恒压源偏置电路中,T_1、T_2 两管的静态偏置电压由晶体管 T_3 和 R_1、R_2 组成的恒压源提供(静态时,要求 T_3 上的电压 $V_{CE3} \approx 1.2\text{ V}$)。

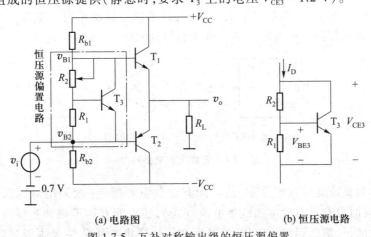

(a) 电路图   (b) 恒压源电路

图 1.7.5 互补对称输出级的恒压源偏置

由图可得

$$V_{CE3} \approx \left(1+\frac{R_2}{R_1}\right) V_{BE3}$$

式中，$V_{BE3} \approx 0.6$ V。因此，只要选择合适的 R_1、R_2 阻值，就可以满足静态偏置电压的要求，即 T_1、T_2 两管在静态时处于微导通状态。另外，由于此恒压源电路的动态电阻很小，可以使 T_1、T_2 两基极之间的动态电位近似相同，从而保证输出级有对称的动态输出电压和电流。

1.8　集成运算放大器

1.8.1　集成运放基本特性

集成运放的种类很多，某些参数与差分放大器的类似。通用集成运放能满足一般应用的需要，各类参数适中。特殊用途运放则在前者的基础上，在某些方面采取了特殊措施，某些技术指标很高。

对于集成运放的使用者，一般以能合理选择、正确使用为主。下面以通用运放为基础，介绍集成运放在使用过程中的一些注意事项。

一、集成运放的基本符号

集成运放的电路符号如图 1.8.1 所示，它有两个输入端和一个输出端。标有符号（+）的输入端（P 端）称为同相输入端，其含义是：如果信号从同相输入端输入，则输出端获得的输出信号电压与输入信号电压的相位相同；标有符号（-）的输入端（N 端）称为反相输入端，其含义是：如果信号从反相输入端输入，则输出端获得的输出信号电压与输入信号电压的相位相反。

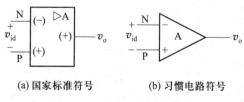

(a) 国家标准符号　　　　(b) 习惯电路符号

图 1.8.1　集成运放电路符号

实际的集成运放在使用中，还必须有正负电源端（一般采用对称双电源供电模式，有时也有不对称电源或单电源方式），还可能有调零端和补偿端。另外需要注意的是，集成运放在工作时，必须有一个公共接地端，它是电源和输入、输出信号的参考零电位。上述这些端口在图中一般未画出(需参考相关集成运放器件手册中给出的管脚图)。

二、集成运放的电压传输特性

集成运放的电压传输特性曲线反映了运放在直流或低频条件下的输入输出关系,即 $v_O = f(v_{Id})$。若同相传输,$v_{Id} = v_P - v_N$,特性曲线通过第一、三象限;若反向传输,$v_{Id} = v_N - v_P$,特性曲线通过第二、四象限。图 1.8.2 所示为同相传输时的输入输出关系。

理想条件下,集成运放的电压传输特性曲线通过坐标原点,即若 $v_{Id} = 0$,则 $v_o = 0$。此时,运放的输入、输出电压既可以用增量(或交流量)表示,也可以用直流量来表示。如 $\Delta v_{Id} = v_{Id} - 0 = V_{Id}$,$\Delta v_o = v_o - 0 = V_O$。

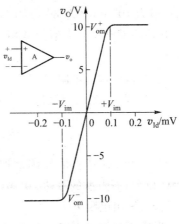

图 1.8.2　集成运放的电压传输特性

由电压传输特性曲线可以看出,当差模输入电压 v_{Id} 在 $-V_{im} \sim +V_{im}$ 范围内变化时,输出电压 v_o 与输入电压 v_{Id} 近似为线性关系,其斜率 $\Delta v_o / \Delta v_{Id}$ 即为差模电压放大倍数 A_{vd}。超出这个范围后,集成运放进入饱和状态,最大输出电压分别为 V_{om}^+、V_{om}^-(具体数值与电源电压 $+V_{CC}$ 和 $-V_{EE}$ 有关)。实际运放的 V_{om}^+、V_{om}^- 在数值上往往并不相等,但为了讨论方便,常认为 $V_{om}^+ = |V_{om}^-| = V_{om}$。

由于集成运放的差模电压放大倍数 A_{vd} 很大,因此其线性放大区所对应的差模输入信号范围实际上很小。例如,设 $A_{vd} = 10^5$,$V_{om} = \pm 10$ V,则 $V_{im} = V_{om}/A_{vd} = \pm 0.1$ mV。

1.8.2　集成运放的基本参数

一、运放三项基本参数

集成运放可以看成是一个电压控制电压源(VCVS),其低频小信号模型与基本放大电路相似,如图 1.8.3 所示。在线性工作区内,有以下三个重要的参数:

(1) 开环差模电压放大倍数 A_{vd}。

A_{vd} 定义为:在规定负载,且没有任何反馈元件接入(开环)时,集成运放的中频差模电压放大倍数。

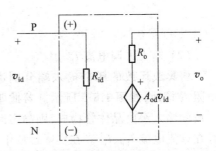

图 1.8.3　集成运放的低频小信号模型

71

$$A_{vd} = \frac{\Delta v_O}{\Delta v_{Id}} = \frac{\Delta v_O}{\Delta v_P - \Delta v_N}$$

A_{vd} 一般为 $10^4 \sim 10^6$（即 $80 \sim 120$ dB），不同类型运放的 A_{vd} 相差较大。在器件手册中，开环差模电压放大倍数常用 A_{od} 表示，并以 V/mV 作为单位，如 100V/mV 即为 10^5。

（2）差模输入电阻 R_{id}。

R_{id} 定义为：输入差模信号时的输入电阻。

$$R_{id} = \frac{\Delta v_{Id}}{\Delta i_{Id}} = \frac{\Delta v_P - \Delta v_N}{\Delta i_{Id}}$$

R_{id} 越大，集成运放从信号源索取的电流越小。通用型集成运放的 R_{id} 一般在 1 MΩ 以上，高阻型的可达 10^4 MΩ 以上。

（3）输出电阻 R_o。

集成运放的输出级一般采用互补对称式共集电路，因而有较小的输出电阻。通常 R_o 在 100 Ω ~ 1 kΩ 之间。

在理想条件下，集成运发的增益 $A_{od} \to \infty$，输入电阻 $R_{id} \to \infty$，输出电阻 $R_o \to 0$。

二、集成运放的失调参数

实际集成运放的电压传输特性曲线不通过坐标原点，即 $V_I = 0$ 时，$V_O \neq 0$。此时相当于运放的静态工作点发生了偏移，导致曲线左移或右移（如图 1.8.4 所示），这称为输出失调；将此失调量折算到输入端，即称为输入失调。

（1）输入失调电压 V_{IO}。

对地短接集成运放的输入端使 $V_I = 0$，此时的输出电压称为运放的输出失调电压，记作 V_{OO}。若 $V_{OO} \neq 0$，则需要在输入端加上反向补偿电压，该补偿电压称为输入失调电压 V_{IO}。

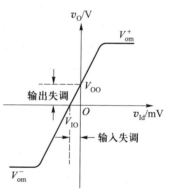

图 1.8.4　失调在电压传输特性中的反映

$$V_{IO} = \left| \frac{V_{OO}}{A_{vd}} \right|$$

（2）输入失调电流 I_{IO}。

将集成运放的两个输入端分别通过电阻 R 接地，如图 1.8.5 所示。若此集成运放的输入级由晶体管构成，则静态时会存在直流电流 I_{BP}、I_{BN}。在实际运放中，由于 $I_{BP} \neq I_{BN}$，那么输入失调电流 I_{IO} 定义为

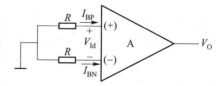

图 1.8.5　输入失调电流

$$I_{IO} = \left| I_{BP} - I_{BN} \right| \tag{1.8.1}$$

若集成运放的输入级由场效应管构成,由于输入端没有电流,则没有 I_{IO} 这一参数。

V_{IO}、I_{IO} 分别反映了集成运放输入级的不对称程度和两个输入端上静态电流的不平衡程度,其数值越小,表明输入级的对称性和平衡度越好。集成运放在实际使用中,通常可以通过外接的调零电位器,使失调量调整到零。通用型集成运放的 V_{IO} 为 2~20 mV,低漂移的约为 1~20 μV,甚至可小于 1 μV;I_{IO} 大约为 100~300 nA。

(3) 输入偏置电流 I_{IB}。

仍以图 1.8.5 电路为例,偏置电流 I_{IB} 的定义为

$$I_{IB} = \frac{I_{BP} + I_{BN}}{2} \tag{1.8.2}$$

I_{IB} 越小,信号源内阻变化引起的输出电压变化也越小,通用型集成运放的 I_{IB} 为 1 nA~0.1 μA。

由式(1.8.1)和(1.8.2)可见:输入失调电流 I_{IO} 相当于 I_{BP}、I_{BN} 的差模分量,而偏置电流 I_{IB} 则是两者的共模分量。因此,I_{BP}、I_{BN} 又可表示为(设 $I_{BP} > I_{BN}$)

$$I_{BP} = I_{IB} + \frac{I_{IO}}{2}, \quad I_{BN} = I_{IB} - \frac{I_{IO}}{2}$$

(4) 温度漂移。

虽然集成运放的失调可以通过外接的调零电路来补偿,但是由于集成运放输入级差分管的特性和参数会受到温度(还有电源电压及其他外界条件)变化的影响,因此失调参数也将随之变化,即与温度有关,此时称为温度漂移(简称温漂)。

温漂分为输入失调电压温漂 $\mathrm{d}V_{IO}/\mathrm{d}T$、输入失调电流温漂 $\mathrm{d}I_{IO}/\mathrm{d}T$,分别是输入失调电压 V_{IO}、输入失调电流 I_{IO} 随温度而变化的程度(或称为温度系数)。通用型集成运放的 $\mathrm{d}V_{IO}/\mathrm{d}T$ 在 $\pm(1\sim20)$ μV/℃,$\mathrm{d}I_{IO}/\mathrm{d}T$ 为几个皮安培每摄氏度(pA/℃)。

失调温漂特性难以补偿,因此这一参数的大小对于测试系统而言非常关键。

综合上述失调参数,可得如图 1.8.6 所示的失调电路模型。图中 R_1、R_2 分别是接在同相端和反相输入端的平衡电阻,V_{IO} 为输入失调电压,V_{OO} 为输出失调电压。

由图可得输入差模电压 V_{Id} 为

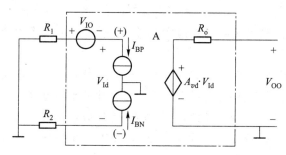

图 1.8.6　分析输出失调的模型

$$V_{Id} = I_{BN}R_2 + I_{BP}R_1 - V_{IO}$$

$$= -V_{IO} - \left[(R_1 - R_2)I_{1B} + (R_1 + R_2)\frac{I_{IO}}{2} \right]$$

输出失调电压 V_{OO} 为

$$V_{OO} = A_{vd} \cdot V_{Id}$$

$$= -A_{vd}V_{IO} - A_{vd}\left[(R_1 - R_2)I_{1B} + (R_1 + R_2)\frac{I_{IO}}{2} \right]$$

由此,可以得到以下结论:

① 为了消除输入偏置电流 I_{1B} 对集成运放输出失调电压 V_{OO} 的影响,应选择 $R_1 = R_2$。如图 1.8.7 所示电路中,反相输入端上的外接电阻为 $R_1 /\!/ R_f$。（因为 $v_1 = 0$ 时,$v_o = 0$,所以 R_1 可看成与 R_f 并联）, 所以在运放同相输入端上应配接一只平衡补偿电阻,其阻值也为 $R_1 /\!/ R_f$。

② 输入平衡电阻 R_1、R_2 越小,则输入失调电流 I_{IO} 对输出失调电压 V_{OO} 的影响也越小。因而在实际使用时,要求集成运放两个输入端上的外接电阻值不能过大（一般选几十千欧以下）。

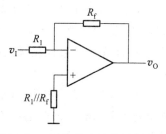

图 1.8.7　运放输入端接平衡电阻

③ 实际运放的输入失调电压 V_{IO} 一般为毫伏级,但由于其开环电压放大倍数 A_{vd} 很大,所以即使集成运放的输入端短路,输出电压 V_o 也会因输入失调电压而进入饱和状态。如设 $A_{od} = 10^4$,$V_{IO} = 1.5 \text{ mV}$,则 $V_{OO} = 1.5 \times 10^{-3} \times 10^4 = 15 \text{ V}$。可见,$V_{OO}$ 已超过其最大不失真输出电压幅度。因此,当集成运放用作线性放大时,必须接成闭环方式,使电路工作在负反馈条件下才能正常工作（具体参见下一章）。

三、集成运放的共模参数

（1）共模抑制比 K_{CMR}。

K_{CMR} 定义为：开环时差模电压放大倍数 A_{vd} 与共模电压放大倍数 A_{vc} 之比的绝对值，即

$$K_{CMR} = \left| \frac{A_{vd}}{A_{vc}} \right|$$

K_{CMR} 通常用分贝来表示。集成运放的 K_{CMR} 一般在 60 dB 以上，性能较好的在 100 dB 以上。

（2）最大共模输入电压 $v_{Ic(max)}$。

当共模输入电压较小时，其对集成运放的影响与共模电压放大倍数 A_{vc} 有关；当共模输入电压增大到超出最大共模输入电压 $v_{Ic(max)}$ 时，将影响运放电路中相关晶体管的工作状态，从而导致运放失去正常的差模放大能力，即 K_{CMR} 会下降。

由此可见，当运放的输入信号中含有共模成分时，不仅需要考虑运放的共模抑制比 K_{CMR}，而且还需避免共模输入电压超出 $v_{Ic(max)}$。

（3）共模输入电阻 R_{ic}。

R_{ic} 定义为：输入共模信号时的输入电阻。

$$R_{ic} = \frac{\Delta v_{Ic}}{\Delta i_{Ic}}$$

集成运放的共模输入电阻 R_{ic} 通常比差模输入电阻 R_{id} 大得多。

四、集成运放的频域和时域参数

集成运放工作在低频或直流条件下的电压传输特性如前所述，但当信号频率升高时，由于运放中晶体管（或场效应管）的结电容和极间电容等的影响，运放的电压放大倍数将随着信号频率的升高而降低（如图 1.8.8 所示），输出电压与输入电压之间也将产生相移，不再是简单的同相或反相关系。此时必须进一步分析集成运放的频域响应特性。

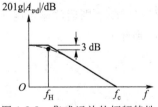

图 1.8.8 集成运放的幅频特性

从时域响应的角度分析，当集成运放的输入端加上阶跃信号或其他动态信号时，由于上述分布电容的影响，集成运放输出电压的变化速度将会产生滞后，从而影响了运放的快速响应（如图 1.8.9 所示）。

（1）-3 dB 带宽 f_H。

图 1.8.8 为集成运放开环差模电压放大倍数 A_{vd} 的幅频特性。当 A_{vd} 下降至低频时的 0.707（$1/\sqrt{2}$）倍时所对应的频率称为上限频率 f_H。由于集成运放为直接

耦合式放大电路,下限频率 $f_{L}=0$,带宽 $f_{BW}=f_{H}-f_{L}=f_{H}$。所以 f_{H} 又称为-3 dB 带宽。

通用型集成运放的带宽 f_{H} 仅为几至十几赫兹,如 CF741 的 f_{H} 约为 10 Hz。实际运放电路中,由于引入了负反馈,可大大扩展闭环放大电路的带宽,使带宽达到几万赫兹以上(具体参见下一章)。

（2）单位增益带宽 f_{c}。

类似于晶体管的特征频率 f_{T}, f_{c} 是集成运放开环差模电压放大倍数 A_{vd} 下降至 1(即 0dB)时的频率(参考图 1.8.8),反映了集成运放在深度负反馈(具体参考后续章节)情况下的最高带宽。根据放大器的增益带宽积为一常数的原理(即 $A_{vd}\cdot f_{H}\approx 1\times f_{c}$),可得

$$f_{c}\approx A_{vd}\cdot f_{H}$$

通用型集成运放的 f_{c} 为几兆赫兹,宽带运放的指标可达 1 GHz 以上。

（3）转换速率 SR。

SR 也称压摆率,定义为集成运放输出电压 v_{o} 在规定输入大信号阶跃脉冲时的最大变化率。

$$SR = \left| \frac{\mathrm{d}v_{o}}{\mathrm{d}t} \right|_{\max}$$

SR 反映了集成运放对高速变化的输入信号的响应能力,是运放工作在大幅度(如阶跃)信号和高频工作时的一项重要指标。影响 SR 的主要因素是集成运放的补偿电容和晶体管的结电容。在手册中,SR 常用输出电压每微秒变化多少伏(V/μs)来表示。通用型集成运放的 SR 一般在 1~10 V/μs,而高速型集成运放的 SR 可达每微秒几百至上千伏。

图 1.8.9(a)所示集成运放接成的电压跟随器电路,定义输入为方波信号,且幅度足够大,则运放输出电压 v_{o} 的变化将跟不上输入电压 v_{I} 的变化(如图 1.8.9(b)所示)。

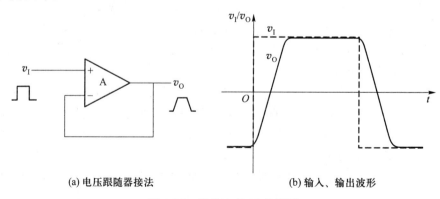

(a) 电压跟随器接法　　　　　　　　　(b) 输入、输出波形

图 1.8.9　转换速率 SR 的测量

若定义输入为正弦波信号 $v_i(t) = V_{im}\sin\omega t$，输出电压 $v_o(t) = V_{om}\sin\omega t$，则输出信号的变化率为

$$\frac{\mathrm{d}v_o}{\mathrm{d}t} = \omega V_{om}\cos\omega t$$

当 $\cos\omega t = 1$ 时，可获得最大变化率为

$$SR = \left|\frac{\mathrm{d}v_o}{\mathrm{d}t}\right|_{\max} = \omega V_{om} = 2\pi f V_{om}$$

因此，输出电压的幅度 V_{om} 越大或信号频率 f 越高，输出电压的变化率越大，此时要求运放的转换速率也大。若运放的转换速率不能满足要求时，则输出正弦波将发生畸变(表示输出电压跟不上输入信号的变化)。由此可求出受集成运放转换速率限制的最大不失真输出幅度 V_{om}、工作频率 $f_{\max}$ 分别为

$$V_{om} = \frac{SR}{2\pi f_{\max}}, \quad f_{\max} = \frac{SR}{2\pi V_{om}}$$

(4) 全功率带宽 f_P。

f_P 定义为：当集成运放输入幅度较大的正弦电压时，为保证输出波形不产生因 SR 为有限值而引起的波形失真，运放所能正常工作的最高频率。其值远小于小信号工作时的 -3 dB 带宽。

1.8.3 集成运放中电流源电路

集成运放是一种高增益的直接耦合式多级放大器。虽然种类繁多，性能各异，但其内部电路的结构基本相似，通常由输入级、中间级、输出级和偏置电路四部分组成，通过对各级电路形式的选择和技术指标的互相配合，实现了较为全面的指标要求。图 1.8.10 所示为集成运放的典型结构。

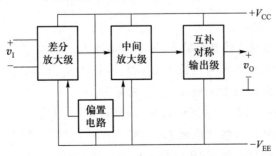

图 1.8.10 集成运放的典型结构

集成运放的输入级采用具有电路对称特点的差分放大电路,其特点是具有两个输入端、高输入电阻、高抑制干扰和低温度漂移、低零点漂移等;中间级主要保障整体的高电压增益,因此一般采用共射或共源放大结构;输出级采用互补对称式射极跟随器结构,可获得正、负两个极性的输出电压或电流,具有低输出电阻特点和较强的负载驱动能力;另外,为保证各级电路有合适而稳定的静态工作点,以及降低整体的功耗,集成运放中还采用了各种形式的电流源作为偏置电路。

电流源电路具有输出电流稳定、交流等效电阻大的特性,所以在集成运放中作为静态偏置电路或有源高阻负载。电流源电路的种类很多,下面介绍几种常用电路的结构和特性。

一、基本镜像电流源

基本镜像电流源电路如图 1.8.11 所示,其中 T_1、T_2 是两个参数和特性完全一致的晶体管,且电流放大倍数均为 β。

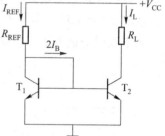

图 1.8.11 基本镜像电流源

由图可知,T_1、T_2 两管均可导通。由于 T_1、T_2 两管的 V_{BE} 相同($V_{BE1} = V_{BE2}$),所以两管的发射极电流相同,即 $I_E = I_{E1} = I_{E2}$。同时

$$I_B = I_{B1} = I_{B2} = \frac{1}{1+\beta}I_E$$

$$I_C = I_{C1} = I_{C2} = \frac{\beta}{1+\beta}I_E$$

$$I_{REF} = \frac{V_{CC} - V_{BE}}{R_{REF}} = I_C + 2I_B = \frac{\beta+2}{1+\beta}I_E$$

$$I_L = I_{C2} = I_{C1} = I_{REF} - 2I_B = \frac{1}{1+2/\beta}I_{REF}$$

由上述式子可知:

(1)只要电源及器件参数稳定,则参考电流 I_{REF} 恒定;

(2)输出电流 I_L 与参考电流 I_{REF} 有关,与负载 R_L 无关;

(3)输出电流 I_L 与参考电流 I_{REF} 的偏差为 $2I_B$;

(4)当 β 不太小时(如 $\beta \geqslant 50$),偏差 <5%,即 $I_L \approx I_{REF}$。

由于输出电流 I_L 与参考电流 I_{REF} 之间存在着近似的"镜像"关系,所以输出电流 I_L 也被称为镜像电流,而该电路被称为镜像电流源或电流镜电路。

该电流源的输出电阻取决于 T_2 管集-射间等效电阻 r_{ce2}。因 r_{ce2} 的阻值较大

（一般在几十千欧以上），因而它可以用作放大电路的有源高阻负载。

当温度变化时，由于 T_1、T_2 两管的基极连在一起，它们的基极偏置电压都同时变化，使输出电流 I_L 与参考电流 I_{REF} 的跟随关系不受影响。因此镜像电流源还具有温度补偿作用。

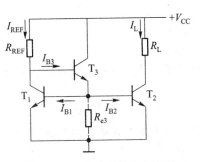

图 1.8.12　跟随型镜像电流源

二、跟随型镜像电流源

跟随型镜像电流源电路如图 1.8.12 所示，它在基本镜像电流源的基础上，增加了 T_3。

仿照之前的基本镜像电流源分析过程，可得

$$I_{REF} = \frac{V_{CC} - 2V_{BE}}{R_{REF}} = I_C + I_{B3} = I_C + \frac{2I_B}{1 + \beta_3}$$

$$I_L = I_{C2} = I_{C1} = I_{REF} - \frac{2I_B}{1 + \beta_3}$$

由上述等式可知：由于增加了 T_3 作为射极跟随器，使输出电流 I_L 与参考电流 I_{REF} 的偏差减小了（$1 + \beta_3$）倍，当 $\beta \geq 50$ 时，偏差将 $<0.08\%$；而且，当晶体管的 β 变化时，电流源的电流变化较小。

在实际电路中，有时在 T_1、T_2 两管的基极与地之间加上电阻 R_{e3}（如图 1.8.12 中虚线所示）。当接入 R_{e3} 后，T_3 的射极电流除了 I_{B1}、I_{B2} 外，还要加上流过 R_{e3} 的电流，所以 T_3 的工作电流增大。由于晶体管的电流放大倍数 β 是非线性的，当工作点电流增大时，β 也增大，因此 R_{e3} 的接入可有效避免 T_3 由于发射极电流过小而引起的 β 下降，并进一步提高该电流源的跟随精度。

三、多路电流源

集成运放是一个多级放大电路，有时需要多路不同大小的电流源。多路电流源电路如图 1.8.13 所示。

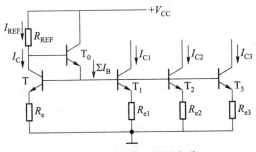

图 1.8.13　多路电流源电路

由图可得参考电流 I_{REF} 为

$$I_{REF} = \frac{V_{CC} - 2V_{BE}}{R_{REF} + R_e}$$

由于所有晶体管的基极都连在一起,所以有

$$V_{BE} + I_E R_e = V_{BE1} + I_{E1} R_{e1} = V_{BE2} + I_{E2} R_{e2} = V_{BE3} + I_{E3} R_{e3}$$

而各个晶体管的基极偏置电压 V_{BE} 差别很小,于是可得

$$I_E R_e \approx I_{E1} R_{e1} \approx I_{E2} R_{e2} \approx I_{E3} R_{e3}$$

即

$$I_{REF} R_e \approx I_{C1} R_{e1} \approx I_{C2} R_{e2} \approx I_{C3} R_{e3}$$

可见,当参考电流 I_{REF} 确定后,各支路可通过串入不同阻值的射极电阻,获得多个不同大小的输出电流,满足了集成运放各级放大电路对偏置电流大小的不同要求。

此电路中,由于各输出电流分别与参考电流 I_{REF} 成比例(比例系数取决于 R_e 和 R_{ex}),所以有时也称其为比例电流源电路;当 R_e 较小时,能够满足小输出电流的要求,此时可称其为微电流源电路。

此外,由于射极电路的接入,该电流源的输出电阻也得到提高。以 T_1 输出为例,当 $R_{e1} \gg r_{be1}$ 时,T_1 的电流源的输出电阻近似为 $\beta_1 r_{ce1}$。

1.8.4　集成运放的频率响应特性

集成运放是直接耦合式多级放大电路,因此它的下限频率 $f_L = 0$,各级电路中的晶体管极间电容影响它的高频特性。由于集成运放的增益很大,而增益带宽积为常数,所以集成运放的带宽很窄,即上限频率很低。设某集成运放开环电压放大倍数为 100 dB,各级放大电路的上限频率分别为 10 Hz、100 Hz 和 1 000 Hz,其频率响应特性如图 1.8.14 所示(未加外电路频率补偿电容时)。

集成运放的开环电压放大倍数 A_{vd} 下降 3 dB(即 0.707 倍)所对应的频率 f_H,常称为 -3 dB 带宽。通用型运放的 -3 dB 带宽 f_H 仅为几至十几赫兹。在实际电路中,集成运放通常引入了负反馈,使闭环放大电路的带宽扩展到几万赫兹以上。开环电压放大倍数 A_{vd} 下降至 0 dB(即 $A_{vd} = 1$)时的频率 f_c 称为单位增益带宽,$f_c \approx A_{vd} \cdot f_H$。

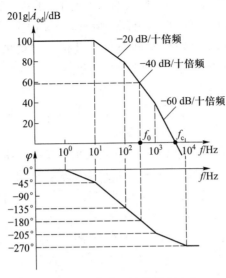

图 1.8.14　集成运放的频率响应

1.8.5　集成运放应用时的注意事项

为适应用户的需要,集成运放品种繁多,规格各异,因为要生产出各项参数均很理想的集成运放不但没有可能,而且也没有必要。按集成运放的用途不同有以下几种类型。

① 通用型:其性能指标适合于一般场合,产品量大面广。

② 低功耗型:静态功耗在 1 mW 左右,可用于便携式设备。

③ 高精度型:如失调电压温度系数在 1 μV 以下,用于对放大精度和稳定性要求较高的场合。

④ 高速型:如转换速率在 10 V/μs 以上,用于输入信号变化快且输出幅度大的场合。

⑤ 高阻型:如输入电阻在 10^{12} Ω 以上,用于对输入电阻要求很高的场合。

⑥ 宽带型:如单位增益带宽在 10 MHz 以上,用于放大高频信号。

⑦ 高压型:双电源集成运放的供电电压通常在 ±15 V 以内。如对输出电压要求较高的场合(供电电压在 ±30 V 以上),应选用高压型集成运放。

⑧ 功率型:供电电压较高(例如大于 15 V),输出电流较大(例如大于 1 A),可用作功率放大器。

⑨ 跨导型:输入为电压,输出为电流,可用作电压/电流转换器。

⑩ 差分电流型:输入为差分电流,输出为电压,可用作电流/电压转换器。

⑪ 轨对轨型:普通运放的输入电压一般不超过±10 V(电源为±15 V 时),输出电压一般不超过±(12 ~14)V,而轨对轨(rail to rail)型集成运放的输入、输出电压范围可以达到电源电压值。但轨对轨型集成运放通常都用低压供电(±5 V 双电源或 5 V 单电源供电),即使在输入、输出信号的幅值接近电源电压时,信号也不会发生截止失真或饱和失真,从而有效地增加了运放的动态范围。

⑫ 其他:如程控型、电压跟随型集成运放等。

在选用集成运放时,首先应充分了解电路的性质和要求,并综合考虑输入信号、负载及工作环境条件等因素对集成运放的要求。从输入信号的角度考虑,信号源有的可等效为电压源,有的可等效为电流源;信号的幅度有的为伏级,有的为毫伏级甚至微伏级;信号的变化速率有慢变信号、工频信号、音频信号以及快速变化的脉冲信号等;此外,信号含有共模分量时应考虑共模电压的大小。从负载的角度考虑,负载在特性上分为纯电阻负载、感性负载和容性负载;有的负载只要求一定的输出电压即可,有的负载则要求一定的输出电流或功率;此外,负载是否有一端接地等也应考虑。至于工作环境条件,应考虑环境的干扰情况,并分析集成运放允许的工作温度范围、工作电压范围、能耗和体积等因素是否满足要求。

针对上述情况,综合分析对集成运放的精度、失调参数、频域时域参数及噪声系数等的要求,从而正确选择适用的集成运放。例如,对于内阻很高的电流源型信号,应考虑高阻型集成运放;对于低频微弱信号的高精度测量,需要选用高精度型集成运放(如 CF7650 或 ICL7650);对耗电有严格限制的手提式仪器,可考虑低功耗型集成运放(如 CF3078 或 CA3078);当应用于快速 A/D 和 D/A 转换器时,可考虑高速型集成运放(如 LM318 或 AD8137);当要求输出电压超过±15 V 时,应选用高压型运放或在普通运放的基础上增加电压扩展电路;普通运放的输出电流通常为几至几十毫安,当要求直接驱动执行机构时,可考虑功率型集成运放或采用运放扩流电路。

在选择集成运放时,还应注意以下几个问题:

① 不要盲目追求指标先进。事实上,一个尽善尽美的运放是不现实的。例如,低功耗的运放,其转换速率必然低;利用斩波稳零方法达到低温度系数的运放,其带宽必然窄;场效应管作输入级的运放,输入电阻虽然高,但失调电压也较大。

② 如果没有特殊的要求,应尽量选择通用型运放。这样既可降低设备费成本,又易保证货源。当一个系统中有多个运放时,应选择一个器件内包含多个运放的型号,例如 CF324 或 CF14573 都是将四个运放封装在同一块芯片内的集成

电路。

③ 当工作环境中常出现冲击电压和电流时,应尽量选用带有过压、过流、过热保护的型号,以避免意外事故造成器件的损坏。如果运放内部不具备保护电路,则应采取外接保护措施。

④ 要注意在系统中各单元之间的输出电平配合问题。在运放的输出需连接数字电路时,应按后者的输入逻辑电平选择供电电压,否则它们之间应加电平转换电路。

⑤ 要注意手册中给出的性能指标是在规定条件下测出的,如果使用条件与所规定的不一致,则将影响指标的正确性。例如共模输入电压较高时,失调电压和失调电流的指标将显著恶化。

⑥ 在弱信号条件下使用时,除了应注意温漂、失调等指标外,还要注意运放的噪声系数不能太大,否则难以达到预期效果。

几种常用集成运放的主要参数如表 1.8.1 所示。

表 1.8.1　部分集成运放参数选编(括号内为国外同类型产品型号)

品种类型			通用型	高阻型	高精度型	高速型	宽带型	低功耗型	高压型	功率型
参数名称	国内符号及单位		CF741 (μA741)	5G28	CF7650 (ICL7650)	CF715 (μA715)	CF507	CF3078 (CA3078)	CF143 (LM143)	CF0021 (LH0021)
输入失调电压	V_{IO}	mV	2	10	5×10^{-3}	2	1.5	0.7	2	1
输入失调电流	I_{IO}	nA	20		5×10^{-3}	70	15	0.5	1	30
输入偏置电流	I_{IB}	nA	80	≤10	1×10^{-2}	400	15	7	8	100
V_{IO} 温漂	dV_{IO}/dT	μV/℃	20	20	1×10^{-2}		8	6		3
I_{IO} 温漂	dI_{IO}/dT	nA/℃	1	0.1			0.2	0.07		0.1
开环差模增益	$A_{vd/(max)}$	dB	100	80	120	90	100	100	100	100
共模抑制比	K_{CMR}	dB	90	70	120	90	100	110	90	90

续表

品种类型			通用型	高阻型	高精度型	高速型	宽带型	低功耗型	高压型	功率型
参数名称	国内符号及单位		CF741 (μA741)	5G28	CF7650 (ICL7650)	CF715 (μA715)	CF507	CF3078 (CA3078)	CF143 (LM143)	CF0021 (LH0021)
输入共模电压	$v_{Ic(max)}$	V	±13	±10 以上		±13	±11	±5.5	±26	
输入差模电压	$v_{Id(max)}$	V	±30	±15		±15	±12	±6	±80	
差模输入电阻	R_{id}	MΩ	2	10^4	10^6	1	300	0.87		1
最大输出电压	$\pm V_{om}$	V	±13	±12	±4.8	±13	±12	±5.3	±25	±12 V/ 1.2 A
单位增益带宽	f_c	MHz	1	5	2		35		1	
全功率带宽	f_P	kHz							20	
转换速率	SR	V/μs	0.5	20	2.5	100	35	1.5		
静态功耗	P_Q	mW	50	150		165		0.24	2.5	75
电源电压	$\pm V_{CC}$	V	±15	±15	±5	±15	±15	±6	±28	+12/−10

注:不同测试条件和不同温度下,以上参数会有差异,使用时必须注意。因表格太小,不能一一指出,详见集成运放手册。

1.9　应用案例解析

【案例 1】　图 1.9.1(a) 为一组合放大电路,设 T_1、T_2、T_3 均为硅晶体管,β = 100,$r_{bb'}$ = 200 Ω,且 T_1、T_2 特性对称。R_{e3} = 12 kΩ,R_L = 10 kΩ。试分析:

（1）为使静态时，负载 R_L 中无直流电流通过，R_{c2} 应选多大？

（2）理论计算该多级放大电路 $\dot{A}_v = ?$

（3）采用 OrCAD PSpice 仿真软件对图 1.9.1(a) 放大电路进行仿真，分析各级静态工作电压电流，放大电路增益以及输入、输出电阻等性能指标。

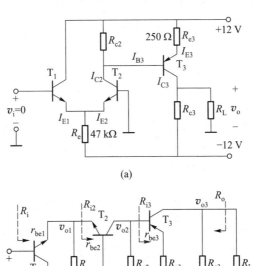

图 1.9.1 案例 1 电路图

分析：（1）为使静态时 $V_0 = 0$，要求

$$V_0 = I_{C3} R_{c3} - 12 \text{ V} = 0$$

已知 $R_{c3} = 12$ kΩ，所以要求 $I_{C3} = 1$ mA，由此可推断 $I_{B3} = 1$ mA/100 = 0.01 mA，$I_{E3} = I_{C3} + I_{B3} = 1.01$ mA。而 $V_{EB3} \approx 0.7$ V，所以 R_{c2} 上的电压为

$$(I_{C2} - I_{B3}) R_{c2} = I_{E3} R_{e3} + V_{EB3} = (1.01 \times 0.25 + 0.7) \text{ V} = 0.95 \text{ V}$$

式中的 I_{C2} 可以由 T_1、T_2 的基极回路求出。因为当 $v_i = 0$ 时，由 T_1、T_2 的基极回路可知，R_e 上的压降为

$$R_e(I_{E1} + I_{E2}) = -V_{BE1} + 12 \text{ V} \approx 11.3 \text{ V}$$

由于 T_1 与 T_2 特性对称，故 $I_{E1} = I_{E2}$，由上式可得

$$2I_{E2} = 11.3/R_e = 11.3/47 \text{ mA} = 0.24 \text{ mA}$$

$$I_{E2} = 0.12 \text{ mA}$$

由此可得

$$I_{C2}=\frac{\beta}{1+\beta}I_{E2}=\left(\frac{100}{1+100}\times0.12\right)\text{mA}=0.119\ \text{mA}$$

$$(I_{C2}-I_{B3})R_{c2}=(0.119-0.01)R_{c2}=0.95\ \text{V}$$

$$R_{c2}\approx8.7\ \text{k}\Omega$$

（2）为计算 $\dot{A}_v$、R_i 和 R_o，首先要求出各管的 r_{be}，已知

$$r_{be}=r_{bb'}+(1+\beta)\frac{26\ \text{mV}}{I_{EQ}}$$

$$r_{be1}=r_{be2}=r_{bb'}+(1+\beta_1)\frac{26\ \text{mV}}{I_{E1}}\approx\left[200+(1+100)\frac{26}{0.12}\right]\Omega\approx22\ \text{k}\Omega$$

$$r_{be3}=r_{bb'}+(1+\beta_3)\frac{26\ \text{mV}}{I_{E3}}\approx\left[200+(1+100)\frac{26}{1}\right]\Omega\approx2.8\ \text{k}\Omega$$

将图 1.9.1（a）画成交流通路后，可得图 1.9.1（b）。本放大电路由 CC（T_1）、CB（T_2）和 CE（T_3）三种组态构成。（注：也可以把该电路看成由一级差分电路与一级共射电路构成。）

$$R_i=R_{i1}=r_{be1}+r_{be2}=2r_{be1}=44\ \text{k}\Omega$$

$$R_{i2}=r_{be2}/(1+\beta_2)=22/101\ \text{k}\Omega=0.22\ \text{k}\Omega$$

$$R_{i3}=r_{be3}+(1+\beta_3)R_{e3}\approx28\ \text{k}\Omega$$

$$R_o=R_{c3}\approx12\ \text{k}\Omega$$

$$\dot{A}_{v1}=\frac{\dot{V}_{o1}}{\dot{V}_i}=\frac{(1+\beta_1)(R_e//R_{i2})}{r_{be1}+(1+\beta_1)(R_e//R_{i2})}\approx\frac{22}{22+22}=0.5$$

$$\dot{A}_{v2}=\frac{\dot{V}_{o2}}{\dot{V}_{o1}}=\frac{\beta_2(R_{c2}//R_{i3})}{r_{be2}}=\frac{657}{22}\approx30$$

$$\dot{A}_{v3}=\frac{\dot{V}_o}{\dot{V}_{o2}}=\frac{-\beta_3(R_{e3}//R_L)}{R_{i3}}\approx\frac{-545}{28}\approx-19.5$$

$$\dot{A}_v=\dot{A}_{v1}\cdot\dot{A}_{v2}\cdot\dot{A}_{v3}=-292.5$$

（3）利用 OrCAD PSpice 仿真软件设计完成的原理图如图 1.9.2 所示。

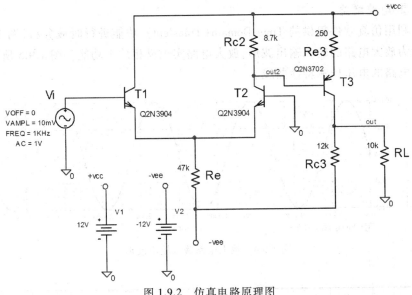

图 1.9.2   仿真电路原理图

① 静态工作点分析。

利用 OrCAD PSpice 仿真软件提供的 Bias Point 静态工作点的分析方法，通过调整电阻 R_{c2} 的阻值，改变电路静态偏置，满足 $V_0 = 0$ V 设计要求。图 1.9.3 给出电路静态工作点分析各节点电压和支路电流。更详细的信息也可通过显示 bias.out 文本输出文件获取。

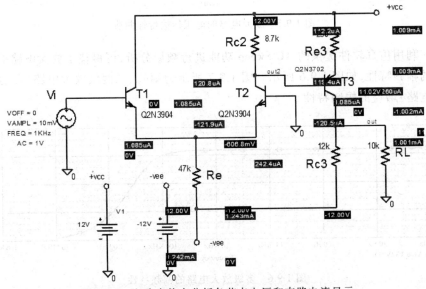

图 1.9.3   电路中静态分析各节点电压和支路电流显示

87

② 电路增益。

利用仿真软件提供的 Time Domain(Transient) 功能进行时域分析,图 1.9.4 所示为放大电路的输入输出波形,放大电路实现反相放大功能。图 1.9.5 所示为放大电路的电压传输特性曲线。

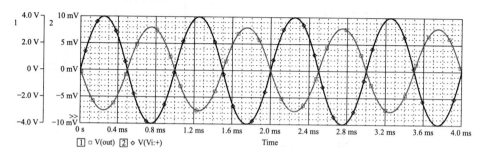

图 1.9.4　放大电路输入输出波形

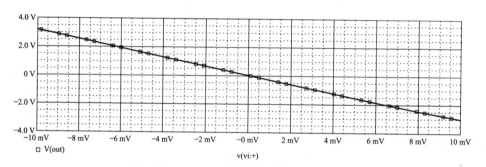

图 1.9.5　放大电路的电压传输特性曲线

利用仿真软件提供的 AC Sweep 功能进行频域分析,可得整个放大电路的增益的幅频特性,如图 1.9.6 所示。图 1.9.7 所示为第一、二两级放大电路(差分放大电路)增益的幅频特性。

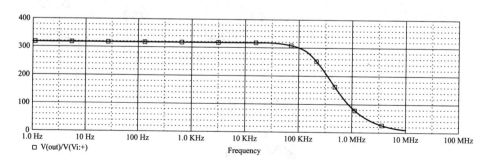

图 1.9.6　多级放大电路的幅频特性

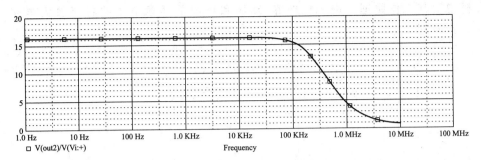

图 1.9.7　差分级放大电路的幅频特性

③ 输入电阻和输出电阻。

利用仿真软件提供的 AC Sweep 分析,可得整个放大电路的输入、输出电阻,分别如图 1.9.8、图 1.9.9 所示。

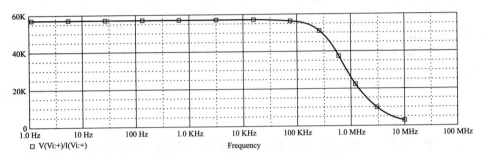

图 1.9.8　多级放大电路的输入电阻特性

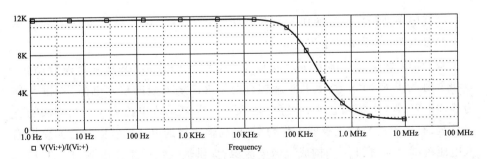

图 1.9.9　多级放大电路的输出电阻特性

利用 OrCAD PSpice 软件,读者可以对设计的电路进行仿真验证,并分析产生误差的原因。通过以上各仿真波形,可以进一步理解基本放大电路的频率特性。

【案例2】　图 1.9.10 所示为集成运放 uA741 的内部结构示意图,试分析说明其工作原理。进一步理解、掌握和巩固前述章节中的各级放大电路基本原理。

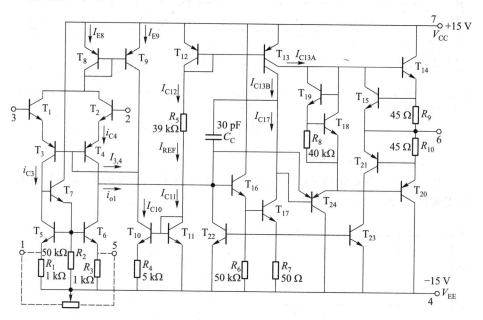

图 1.9.10 集成运放 uA741 内部结构图

分析:由图 1.9.10,为了分析方便,可把此运放分成三级放大电路:差分输入级($T_1 \sim T_{11}$)、中间放大级(T_{12}、T_{13}、T_{16}、T_{17})和互补对称输出级(T_{14}、T_{15}、$T_{18} \sim T_{21}$)。

电路中多处采用电流源作为偏置电路。图中 $+V_{CC} \rightarrow T_{12} \rightarrow R_5 \rightarrow T_{11} \rightarrow -V_{EE}$ 构成主偏置电路,提供基准电流 I_{REF}。

差分输入级的主体部分是差放管 $T_1 \sim T_4$ 组成的共集-共基复合差分结构。T_1 和 T_2 称为纵向 NPN 管,其共集结构有助于提高输入级的输入电阻;T_3 和 T_4 称为横向 PNP 管(电流增益小,击穿电压大),其共基结构电路和 $T_5 \sim T_7$ 构成的有源负载,有助于提高输入级的工作频率,提高输入级的电压增益以及最大差模输入电压范围。同时,$T_8 \sim T_9$ 构成镜像电流源,提供输入级的工作电流;$T_5 \sim T_7$ 构成跟随型电流源。

静态时($T_5 \sim T_8$ 的基极电流可忽略),由于 $I_{C3} = I_{C5} = I_{C4} = I_{C6}$,所以 $I_{01} = 0$;差模输入时,由于 $\Delta i_{C3} = -\Delta i_{C4}$,$\Delta i_{C3} \approx \Delta i_{C5}$,所以 $\Delta i_{C6} = \Delta i_{C5} \approx -\Delta i_{C4}$,$\Delta i_{01} \approx 2\Delta i_{C4}$;共模输入时,由于 $\Delta i_{C3} = \Delta i_{C4}$,$\Delta i_{C3} \approx \Delta i_{C5}$,所以 $\Delta i_{C6} = \Delta i_{C5} \approx \Delta i_{C4}$,$\Delta i_{01} \approx 0$;因此输入级虽然是双端输入单端输出结构,但却具有双端输出的共模抑制效果。另外,由于

输入级不可能做到完全对称,通过跨接在 1、5 脚之间的电位器,可用于输出失调电压的调整。

中间级的主体部分是 T_{16} 构成的射极跟随器(用于阻抗变换,提高输入级增益)和 T_{17} 构成的共射放大电路(实现高增益)。同时,$T_{12} \sim T_{13}$ 构成镜像电流源,作为共射极电路的集电极负载(T_{12} 的集电极电流 I_{C12},即 I_{REF},是众多电流源和有源负载的公共参考电流),使中间级具有很高的电压增益;外接电容 C_C(小容量,但大于晶体管的内部结电容)跨接在输入级和输出级之间,用于消除高频振荡;另外,T_{24} 的发射极和基极也跨接在输入级和输出级之间,有利于大信号输入时保护中间级,以及改善大信号输入时集成运放的开关速度。

输出级的主体部分是 T_{14} 和 T_{20} 构成的互补对称共集电路。同时,T_{24} 也构成射极跟随器(用于阻抗变换,提高中间级增益);T_{18} 和 T_{19} 用于向输出级提供所需的静态基极偏置电压(消除交越失真),T_{19} 的 V_{BE} 接在 T_{18} 的基极和集电极之间,形成负反馈偏置,有助于静态基极偏置电压的稳定;T_{15} 和 T_{21} 是限流管,作为过流保护,当输出电流过大,使 R_9 和 R_{10} 上的压降超过 0.5 V 后,T_{15} 和 T_{21} 导通,从而防止 T_{14} 和 T_{20} 基极信号电流的进一步增大;同时,T_{22} 和 T_{23} 也会进入导通模式,从而降低 T_{16} 和 T_{17} 的基极电压,提升 T_{17} 的集电极和 T_{24} 的发射极电压,即限制了 T_{20} 基极电流。

从整体电路看,若 3 脚的瞬时极性为(+),T_{16} 基极的瞬时极性为(−),T_{17} 集电极的瞬时极性为(+),T_{24} 发射极的瞬时极性为(+),输出 6 脚的瞬时极性为(+),因此 3 脚为同相输入端。对应地,2 脚为反相输入端。

根据芯片的数据手册,此电路的一些常用参数典型值分别为:差模增益 200 V/mV,共模抑制比 90 dB,输入电阻 2 MΩ,输出电阻 75 Ω,输入失调电压 1 mV,输入失调电流 20 nA,输入偏置电流 80 nA,转换速率 0.5 V/us。

习　题　1

1.1 在题图 1.1(a) 所示的共发射极放大电路中,晶体管的输出和输入特性曲线如图(b)(c)所示。

(1) 用图解法分析静态工作点 $Q(I_{BQ}、V_{BEQ}、I_{CQ}、V_{CEQ})$;

(2) 设 $v_i = 0.2\sin\omega t$ V,画出 i_B、i_C 和 v_{CE} 的波形,并从图中估算电压放大倍数。(提示:为方便分析,可将图(a)中的输入回路用戴维宁定理化简)

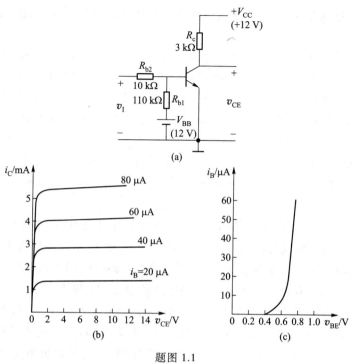

题图 1.1

1.2　在题图 1.2（a）所示的放大电路中，设输入信号 v_S 的波形和幅值如图中所示，JFET 的特性如题图 1.2(b)所示，试用图解分析法分析：

（1）静态工作点 V_{GSQ}、I_{DQ}、V_{DSQ}；

（2）在同一个坐标下，画出 v_S、i_D 和 v_{DS} 的波形，并在波形图上标明它们的幅值；

（3）若 V_{GG} 改为-0.5 V，其他条件不变，重画 i_D、v_{DS} 波形；

（4）为使 V_{GG} =-0.5 V 时，i_D、v_{DS} 波形不失真，重新选择 R_d 的数值和静态时的 V_{DSQ}。

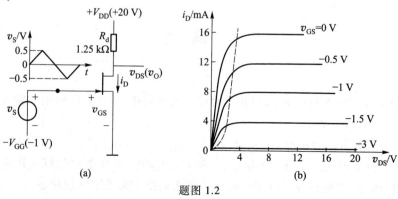

题图 1.2

1.3 一组同学做基本 CE 放大电路实验,出现了五种不同的接线方式,如题图 1.3 所示。若从正确合理、方便实用的角度去考虑,哪一种最为可取?

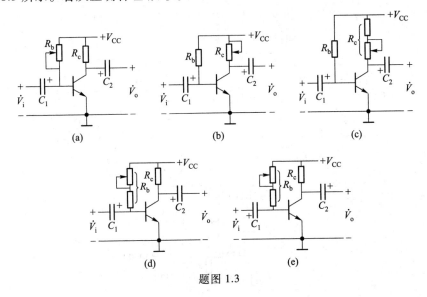

题图 1.3

1.4 放大电路如题图 1.4(a) 所示。试按照给定参数,在题图 1.4(b) 中:

(1) 画出直流负载线;

(2) 定出 Q 点(设 $V_{BEQ}=0.7$ V);

(3) 画出交流负载线;

(4) 给出对应于 i_B 由 0~100 μA 变化时,v_{CE} 的变化范围,并由此计算不失真输出电压 V_o(正弦电压有效值)。

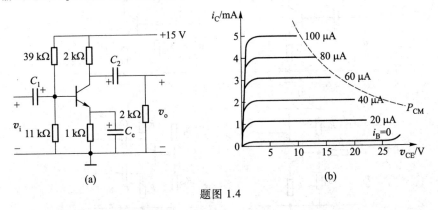

题图 1.4

1.5 在题图 1.5 所示的 FET 基本放大电路中,设耗尽型 FET 的 $I_{DSS}=2$ mA,$V_P=-4$ V;增强型 FET 的 $V_T=2$ V,$I_{DO}=2$ mA。

（1）计算各电路的静态工作点；

（2）画出交流通路并说明各放大电路的组态。

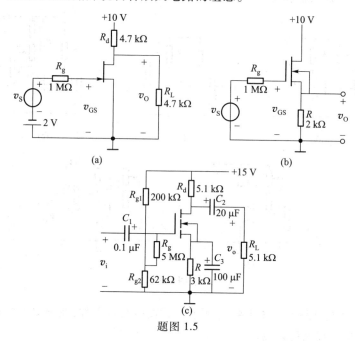

题图 1.5

1.6 试分析题图 1.6 所示各个电路的静态和动态设置对正弦交流信号有无放大作用？如有正常的放大作用，判断是同相放大还是反相放大。

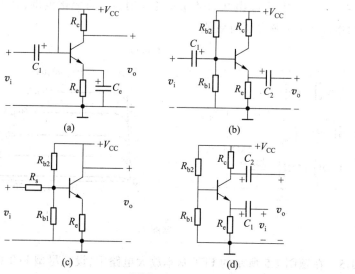

题图 1.6

1.7 题图 1.7（a）~（c）所示均为基本放大电路,设各晶体管的 $\beta = 50$, $V_{BE} = 0.7$ V。

（1）计算各电路的静态工作点;

（2）画出交流通路,说明各种放大电路的组态。

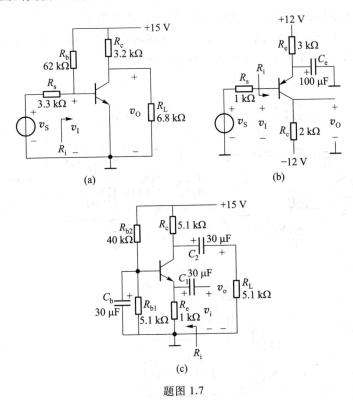

(a)   (b)

(c)

题图 1.7

1.8 有一 CE 放大电路如题图 1.8 所示。试回答下列问题:

（1）写出该电路电压放大倍数 $\dot{A}_v$、输入电阻 R_i 和输出电阻 R_o 的表达式;

（2）若换用 β 值较小的晶体管,则静态工作点 I_{BQ}、V_{CEQ} 将如何变化? 电压放大倍数 $|\dot{A}_v|$、输入电阻 R_i 和输出电阻 R_o 将如何变化?

（3）若该电路在室温下工作正常,但将它放入 60 ℃ 的恒温箱中,发现输出波形失真,且幅度增大,这时电路产生了饱和失真还是截止失真? 其主要原因是什么?

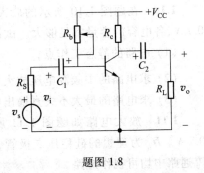

题图 1.8

1.9　双极型晶体管组成的基本放大电路如题图 1.9(a)~(c)所示。设各 BJT 的 $r_{bb'} = 200\ \Omega$,$\beta = 50$,$V_{BE} = 0.7\ V$。

(1) 计算各电路的静态工作点;

(2) 画出各电路的微变等效电路,指出它们的电路组态;

(3) 求电压放大倍数 $\dot{A}_v$、输入电阻 R_i 和输出电阻 R_o;

(4) 当逐步加大输入信号时,各放大电路将首先出现哪一种失真(截止失真或饱和失真)? 其最大不失真输出电压幅度为多少?

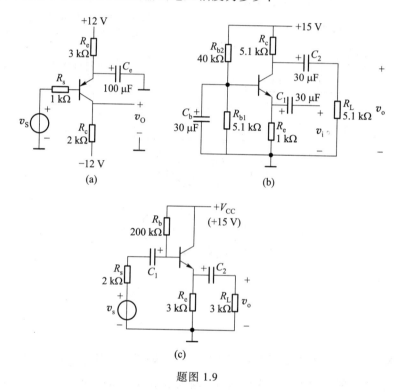

题图 1.9

1.10　在题图 1.10 所示的放大电路中,晶体管的 $\beta = 40$,$r_{be} = 0.8\ k\Omega$,$V_{BE} = 0.7\ V$,各电容的容量都足够大。试计算:

(1) 电路的静态工作点;

(2) 求电路的中频源电压放大倍数 $\dot{A}_{vs}$;

(3) 求电路的最大不失真输出电压幅值。

1.11　放大电路如题图 1.11 所示,设晶体管的 $r_{bb'} = 300\ \Omega$,$\beta = 20$,$V_{BE} = 0.7\ V$。D_Z 为理想的硅稳压二极管,其稳压值 $V_Z = 6\ V$。各电容都足够大,在交流通路中均可视作短路。

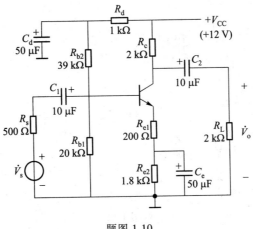

题图 1.10

（1）求电路的静态工作点（I_{CQ} 和 V_{CEQ}）；

（2）画出各电路的微变等效电路；

（3）求电压放大倍数 $\dot{A}_v$ 和输入电阻 R_i；

（4）说明电阻 R 在电路中的作用；

（5）若 D_z 的极性接反，电路能否正常放大？试计算此时的静态工作点，并定性分析 D_z 反接对 $\dot{A}_v$ 和 R_i 的影响。

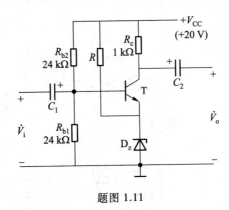

题图 1.11

1.12 FET 组成的基本放大电路如题图 1.12(a)(b)所示。设各 FET 的 $g_m =$ 2 mS。

（1）画出各电路的微变等效电路，指出它们的电路组态；

（2）求电压放大倍数 $\dot{A}_v$、输入电阻 R_i 和输出电阻 R_o。

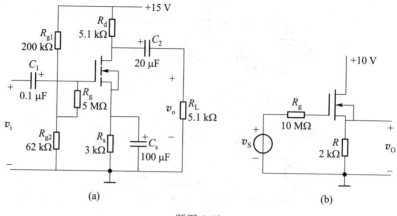

题图 1.12

1.13　FET 恒流源电路如题图 1.13 所示。若已知 T 的参数 g_m、r_{ds},试证明该恒流源的等效内阻 $R_o = R + (1 + g_m R) r_{ds}$。

1.14　放大电路如题图 1.14 所示,$V_{BE} = 0.7$ V,电位器 R_w 的中心抽头处于居中位置,$\beta_1 = \beta_2 = 50$,$r_{bb'} = 300$ Ω。

（1）T_1、T_2 各起什么作用? 它们分别是什么电路?

（2）计算静态时 T_1 的集电极电流 I_{C1};

（3）求电压放大倍数 $\dot{A}_v$、输入电阻 R_i 和输出电阻 R_o。

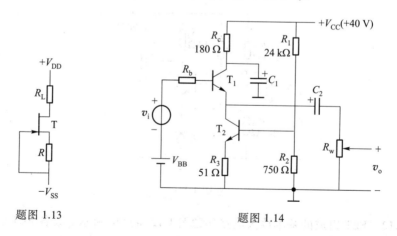

题图 1.13

题图 1.14

1.15　放大电路如题图 1.15 所示。

（1）指出 T_1、T_2 各起什么作用,它们分别属于何种放大电路组态;

（2）若 T_1、T_2 参数已知,试写出 T_1、T_2 的静态电流 I_{DQ}、静态电压 V_{CEQ} 的表达

式(设备管的基极电流忽略不计,$V_{BE} = 0.7\ \text{V}$);

（3）写出该放大电路的中频电压放大倍数 $\dot{A}_v$、输入电阻 R_i 和输出电阻 R_o 的近似表达式(设稳压管的 $r_z \approx 0$)。

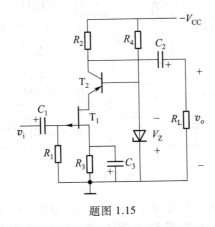

题图 1.15

1.16 在题图 1.16 所示的两级放大电路中,若已知 T_1 的 β_1、r_{be1} 和 T_2 的 β_2、r_{be2},且电容 C_1、C_2、C_e 在交流通路中均可忽略。

（1）分别指出 T_1、T_2 组成的放大电路的组态;

（2）画出整个放大电路简化的微变等效电路(注意标出电压、电流的参考方向);

（3）求出该电路在中频区的电压放大倍数 $\dot{A}_v$、输入电阻 R_i 和输出电阻 R_o 的表达式。

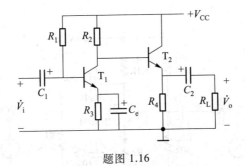

题图 1.16

1.17 两级阻容耦合放大电路如题图 1.17 所示,已知 T_1 为 N 沟道耗尽型绝缘栅场效应管,$g_m = 2\ \text{mS}$;T_2 为双极型晶体管,$\beta = 50$、$r_{be} = 1\ \text{k}\Omega$,忽略 r_{ce},试求:

（1）第二级电路的静态工作点 I_{CQ2} 和 V_{CEQ2};

（2）画出整个放大电路简化的微变等效电路;

（3）该电路在中频段的电压放大倍数 $\dot{A}_v$;

（4）整个放大电路的输入电阻 R_i、输出电阻 R_o。

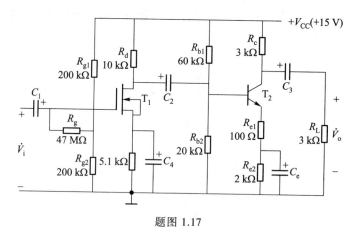

题图 1.17

1.18　单管放大电路如题图 1.18 所示，V_i 为 5 mV（幅值）的正弦交流电压，设晶体管 Q2N3904 的模型参数为 $\beta = 132$，试用仿真软件分析下列项目：

（1）研究放大电路各点的电压波形及输入、输出电压的相位关系；

（2）电压增益的幅频特性和相频特性曲线；

（3）当频率从 10 Hz 变化到 100 MHz 时，绘制输入阻抗的幅频特性曲线；

（4）当频率从 10 Hz 变化到 100 MHz 时，绘制输出阻抗的幅频特性曲线；

（5）当 V_i 为 50 mV（幅值）正弦输入信号时，观察输出电压波形的失真情况。

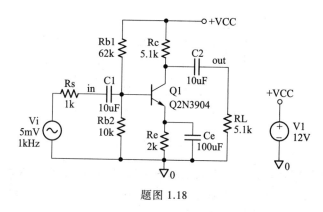

题图 1.18

1.19　多级放大电路如题图 1.19 所示，试用仿真软件求电路的中频电压增益 $\dot{A}_v$、输入电阻 R_i、输出电阻 R_o 及上限频率 f_H。

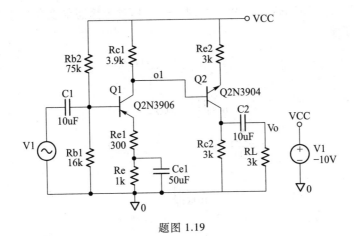

题图 1.19

1.20 在题图 1.20 所示的差分放大电路中,已知晶体管的 $\beta = 80$,$r_{be} = 2\ \text{k}\Omega$。

(1)求输入电阻 R_i 和输出电阻 R_o;

(2)求差模电压放大倍数 $\dot{A}_{vd}$。

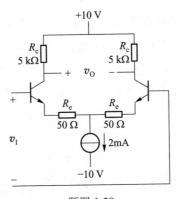

题图 1.20

1.21 在题图 1.21 所示的差动放大电路中,设 T_1、T_2 特性对称,$\beta_1 = \beta_2 = 100$,$V_{BE} = 0.7\ \text{V}$,且 $r_{bb'} = 200\ \Omega$,其余参数如图中所示。

(1)计算 T_1、T_2 的静态电流 I_{CQ} 和静态电压 V_{CEQ},若将 R_{e1} 短路,其他参数不变,则 T_1、T_2 的静态电流和电压如何变化?

(2)计算差模输入电阻 R_{id} 及当从单端(c_2)输出时的差模电压放大倍数 $\dot{A}_{d2}$;

(3)当两输入端加入共模信号时,求共模电压放大倍数 $\dot{A}_{c2}$ 和共模抑制比 K_{CMR};

（4）当 $v_{I1} = 105$ mV，$v_{I2} = 95$ mV 时，求 v_{c2} 相对于静态值变化了多少，e 点电位 v_E 变化了多少。

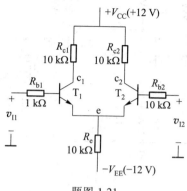

题图 1.21

1.22　差分放大电路如题图 1.22 所示，设备晶体管的 $\beta = 100$，$V_{BE} = 0.7$ V，且 $r_{be1} = r_{be2} = 3$ kΩ，电流源 $I_Q = 2$ mA，$R = 1$ MΩ，差分放大电路从 c_2 端输出。

（1）计算静态工作点（I_{C1Q}、V_{C2Q} 和 V_{EQ}）；

（2）计算差模电压放大倍数 $\dot{A}_{d2}$、差模输入电阻 R_{id} 和输出电阻 R_o；

（3）计算共模电压放大倍数 $\dot{A}_{c2}$ 和共模抑制比 K_{CMR}；

（4）若 $v_{I1} = 20\sin \omega t$（mV），$v_{I2} = 0$，试画出 v_{c2} 和 v_E 的波形，并在图上标明静态分量和动态分量的幅值大小，指出其动态分量与输入电压之间的相位关系。

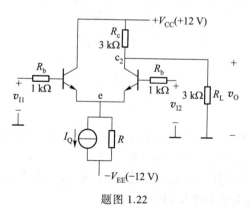

题图 1.22

1.23　采用射极恒流源的差分放大电路如题图 1.23 所示。设差放管 T_1、T_2 特性对称，$\beta_1 = \beta_2 = 50$，$r_{bb'} = 300$ Ω，T_3 的 $\beta_3 = 50$，$r_{ce3} = 100$ kΩ，电位器 R_w 的滑动端置于中心位置，其余元件参数如图中所示。

（1）求静态电流 I_{CQ1}、I_{CQ2}、I_{CQ3} 和静态电压 V_{OQ}；

（2）计算差模电压放大倍数 $\dot{A}_{d2}$、输入电阻 R_{id} 和输出电阻 R_o；

（3）计算共模电压放大倍数 $\dot{A}_{c2}$ 和共模抑制比 K_{CMR}；

（4）若 $v_{I1} = 0.02\sin\omega t\,(V)$，$v_{I2} = 0$，画出 v_O 的波形，并标明静态分量和动态分量的幅值大小，指出其动态分量与输入电压之间的相位关系。

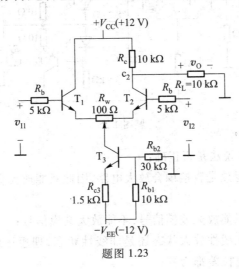

题图 1.23

1.24 在题图 1.24 所示电路中，设各晶体管均为硅管，$\beta = 100$，$r_{bb'} = 200\ \Omega$。

（1）为使电路在静态时输出直流电位 $V_{OQ} = 0$，R_{c2} 应选多大？

（2）求电路的差模电压放大倍数 $\dot{A}_{vd}$；

（3）若负电源（-12 V）端改接公共地，分析各管工作状态及 V_O 的静态值。

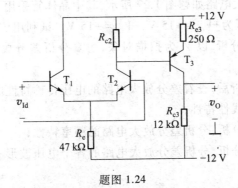

题图 1.24

1.25 三级放大电路如题图 1.25 所示，已知 $r_{be1} = r_{be2} = 4\ k\Omega$，$r_{be3} = 1.7\ k\Omega$，$r_{be4} = r_{be5} = 0.2\ k\Omega$，各管的 $\beta = 50$。图中所有电容在中频段均可视作短路。试画出放大电路的交流通路，计算中频电压放大倍数 $\dot{A}_v$、输入电阻 R_i 和输出电阻 R_o。

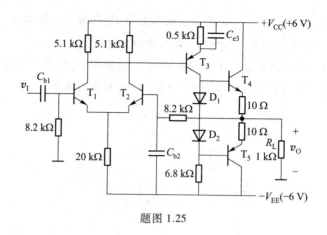

题图 1.25

1.26　判断下列说法是否正确：

（1）由于集成运放是直接耦合放大电路,因此只能放大直流信号,不能放大交流信号；

（2）理想运放只能放大差模信号,不能放大共模信号；

（3）不论工作在线性放大状态还是非线性状态,理想运放的反相输入端与同相输入端之间的电位差都为零；

（4）不论工作在线性放大状态还是非线性状态,理想运放的反相输入端与同相输入端均不从信号源索取电流；

（5）实际运放在开环时,输出很难调整至零电位,只有在闭环时才能调整至零电位。

1.27　差分放大电路如题图 1.27 所示,其中晶体管采用 Q2N3904,二极管为 DIN4148。电源电压为 $+V_{CC} = +15$ V, $-V_{EE} = -15$ V。试利用仿真软件分析：

（1）设置直流分析,以 V_i 为扫描对象,仿真分析差分放大电路的静态工作点 I_{C1Q}、I_{C2Q}、V_{C1Q}、V_{EQ}；

（2）在上述分析后,查看差分放大电路的电压传输特性曲线,并解释电压传输特性曲线上的非线性特性；

（3）设置交流分析,分析差分放大电路的频率特性；

（4）设置瞬态分析,分析差分放大电路的各个电压波形 v_B、v_E、v_O,并注意它们的相位和大小；

（5）将输入端改接成差模输入,设置交流分析,计算其差模电压放大倍数；

（6）将输入端改接成共模输入,设置交流分析,计算其共模电压放大倍数。

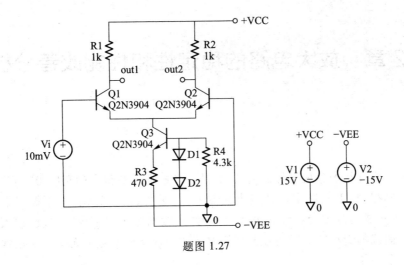

题图 1.27

1.28 某放大电路电压放大倍数的频率特性表达式为

$$\dot{A}_v = \frac{-100(\mathrm{j}f/10\ \mathrm{Hz})}{(1+\mathrm{j}f/10\ \mathrm{Hz})(1+\mathrm{j}f/50\ \mathrm{kHz})}$$

画出其波特图,求其下限截止频率 f_L 和上限截止频率 f_H。

1.29 某放大电路电压放大倍数高频段的频率特性表达式为

$$\dot{A}_v = \frac{-100}{(1+\mathrm{j}f/100\ \mathrm{kHz})(1+\mathrm{j}f/1\ \mathrm{MHz})}$$

画出其波特图,求其上限截止频率 f_H 的近似值。

1.30 已知某反相放大电路电压放大倍数的对数幅频特性曲线如题图 1.30 所示。

(1) 写出该放大电路电压放大倍数的频率特性表达式;

(2) 写出该放大电路电压放大倍数的相频特性表达式,画出对数相频特性曲线。

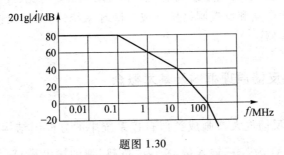

题图 1.30

第 2 章　放大电路的稳定性和性能改善分析

上一章介绍的集成运算放大器,它的开环电压增益很高(可达 $10^4 \sim 10^6$ 倍),而带宽却很窄(上限频率仅几至十几赫兹)。另外,由于失调、温漂等因素的影响,使得集成运放即使在输入电压为零时,其输出电压也不为零,且已进入到传输特性曲线的饱和区。因而在开环情况下的集成运放实际上无法实现正常放大功能。

几乎所有的放大电路系统中都用到了反馈,在放大电路中引入负反馈能够有效地改善放大电路的性能指标。可以这样说,放大电路借助于负反馈,才得以稳定地工作(包括静态工作点的稳定和动态性能的改善),但负反馈将使放大电路的增益下降。本章将系统地介绍负反馈的类型、负反馈引入的方法和引入的效果、负反馈电路的分析与计算以及引入负反馈后带来的问题。正反馈的效果和负反馈恰好相反,它主要用于波形发生与变换电路中,后续章节将会专门讨论。

2.1　反馈的基本概念

反馈是指放大器输出负载上的电压或电流的一部分(或全部),通过一定的电路形式(称为反馈网络),送回到输入回路,通过对放大器的输入电压或电流的影响,从而使输出负载上电压或电流得到自动调节。可见,反馈放大器可以看成是由基本放大电路和反馈网络所组成的闭环系统,而未加反馈的放大器相应地称为开环放大器。

2.1.1　负反馈原理框图及基本概念

图 2.1.1 将反馈放大器画成类似自控系统中的方框图结构。图中的 $\dot{X}_\mathrm{s}$ 为"外加"输入量,$\dot{X}_\mathrm{i}$ 为"净"输入量,$\dot{X}_\mathrm{o}$ 为"负载"侧的输出量,$\dot{X}_\mathrm{f}$ 为"反馈"量,它

们各自可能全是电压,也可能全是电流。符号 ⊕ 表示 $\dot{X}_s$ 和 $\dot{X}_f$ 在此比较求和,并得到净输入量 $\dot{X}_i$。

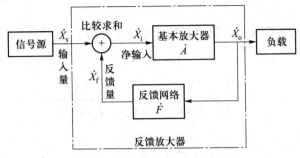

图 2.1.1   反馈放大器的结构框图

根据反馈的效果可将反馈分为正反馈和负反馈。在输入端比较求和后使基本放大器的净输入量 $\dot{X}_i$ 增大(因而输出量 $\dot{X}_o$ 也增大),称之为正反馈;反之,若比较求和的结果使 $\dot{X}_i$ 和 $\dot{X}_o$ 都减小,则为负反馈。

为叙述方便,将图 2.1.1 改画为图 2.1.2 所示的反馈放大器增益方框图。

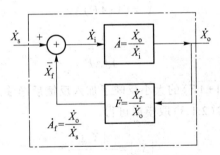

图 2.1.2   反馈放大器增益方框图

图中,$\dot{A}$ 是开环放大器(基本放大器)的增益,

$$\dot{A} = \frac{\dot{X}_o}{\dot{X}_i}$$

$\dot{F}$ 是反馈网络的反馈系数,

$$\dot{F} = \frac{\dot{X}_f}{\dot{X}_o}$$

当反馈网络由纯电阻构成时,$\dot{F}$ 为实数。

$\dot{A}_{\rm f}$ 是闭环放大器的增益，

$$\dot{A}_{\rm f}=\frac{\dot{X}_{\rm o}}{\dot{X}_{\rm s}}$$

图 2.1.2 中，从输入量与反馈量的参考极性可得

$$\dot{X}_{\rm i}=\dot{X}_{\rm s}-\dot{X}_{\rm f} \qquad\qquad (2.1.1)$$

闭环增益为 $\qquad \dot{A}_{\rm f}=\dfrac{\dot{X}_{\rm o}}{\dot{X}_{\rm s}}=\dfrac{\dot{X}_{\rm o}}{\dot{X}_{\rm i}+\dot{X}_{\rm f}}=\dfrac{\dot{X}_{\rm o}}{\dot{X}_{\rm i}+\dot{F}\dot{X}_{\rm o}}=\dfrac{\dot{A}\dot{X}_{\rm i}}{\dot{X}_{\rm i}+\dot{F}\dot{A}\dot{X}_{\rm i}}$

所以 $\qquad\qquad\qquad\qquad \dot{A}_{\rm f}=\dfrac{\dot{A}}{1+\dot{A}\dot{F}} \qquad\qquad (2.1.2)$

式中，$\dot{A}\dot{F}$ 称为回路（或环路）增益，它反映 $\dot{X}_{\rm i}$ 经 $\dot{A}$、$\dot{F}$ 后，回送了多少 $\dot{X}_{\rm f}$。因 $\dot{X}_{\rm i}$ 和 $\dot{X}_{\rm f}$ 量纲相同，所以 $\dot{A}\dot{F}$ 无量纲。式中分母 $1+\dot{A}\dot{F}$ 称为反馈深度，它的大小反映了反馈对净输入量的影响程度。此时净输入量为

$$\dot{X}_{\rm i}=\dot{X}_{\rm s}-\dot{X}_{\rm f}=\dot{X}_{\rm s}-\dot{A}\dot{F}\dot{X}_{\rm i}$$

即 $\qquad\qquad\qquad\qquad \dot{X}_{\rm s}=(1+\dot{A}\dot{F})\dot{X}_{\rm i}$

或者 $\qquad\qquad\qquad\qquad \dot{X}_{\rm i}=\dfrac{\dot{X}_{\rm s}}{1+\dot{A}\dot{F}} \qquad\qquad (2.1.3)$

可见，反馈深度 $(1+\dot{A}\dot{F})$ 的大小反映了加入反馈后净输入量的变化。

为便于讨论，将式 (2.1.3) 取模后可得

$$|\dot{X}_{\rm i}|=\frac{|\dot{X}_{\rm s}|}{|1+\dot{A}\dot{F}|}$$

现按表达式 $|\dot{A}_{\rm f}|=\dfrac{|\dot{A}|}{|1+\dot{A}\dot{F}|}$ 进一步讨论不同情况下，反馈深度对放大器性能的影响。

① 如果反馈深度的模 $|1+\dot{A}\dot{F}|>1$，则闭环增益 $|\dot{A}_{\rm f}|<|\dot{A}|$。

由式 (2.1.3) 可知，此时 $|\dot{X}_{\rm i}|<|\dot{X}_{\rm s}|$，引入反馈后使净输入量减小，所以为负反馈。负反馈使闭环增益下降为开环时的 $\dfrac{1}{|1+\dot{A}\dot{F}|}$。

若 $|1+\dot{A}\dot{F}|\gg1$，则式 (2.1.2) 可近似地写作：

$$\dot{A}_f = \frac{\dot{A}}{1+\dot{A}\dot{F}} \approx \frac{1}{\dot{F}}$$

此时,闭环增益近似地等于反馈系数 $\dot{F}$ 的倒数,这种情况称为深度负反馈。由运放组成的各种负反馈放大器中,由于 A 很大,所以一般都属于深度负反馈。由多级分立元件放大器组成的负反馈放大器中,当 AF 足够大时(如 AF 在 10 以上),也可认为是深度负反馈。深度负反馈放大器最突出优点是,它的闭环增益仅取决于反馈系数 F,而与放大器件的参数无关。由于反馈网络通常由电阻构成,所以 F 几乎为一常数,因而深度负反馈放大器的闭环增益可以做到非常精确、稳定。

② 若 $|1+\dot{A}\dot{F}| < 1$,则 $|\dot{A}_f| > |\dot{A}|$。

由式(2.1.3)可知,此时 $|\dot{X}_i| > |\dot{X}_s|$,引入反馈后使净输入量增大,所以为正反馈。显然,正反馈使闭环增益提高,但放大性能不稳定,正反馈通常仅在运放非线性应用中采用。

③ 若 $|1+\dot{A}\dot{F}| = 0$,从式(2.1.2)看,此时 $|\dot{A}_f| = \left|\dfrac{\dot{X}_o}{\dot{X}_s}\right| \to \infty$。说明在无输入

$(\dot{X}_s = 0)$ 的条件下,放大器也有输出$(\dot{X}_o \neq 0)$,此时放大器产生了自激振荡。因为这时 $\dot{A}\dot{F} = -1$,外加输入信号 $\dot{X}_s$ 虽然为零,因为 $\dot{X}_f = \dot{X}_i \cdot \dot{A}\dot{F} = -\dot{X}_i$,输入端 $\dot{X}_s - \dot{X}_f = 0 - \dot{X}_f = \dot{X}_i$,即反馈信号 $\dot{X}_f$ 在大小和相位上恰好能取代 $\dot{X}_i$,从而维持一定的输出 $\dot{X}_o$,此时的放大器已变成了自激振荡器,这是正反馈的特殊情况。对此,在本章最后将作深入的讨论。

负反馈虽然牺牲了增益,但将会给放大器许多性能指标的改善带来好处;而正反馈在某些情况下虽能提高增益,但往往不稳定,并且一旦达到了自激振荡的条件$(\dot{A}\dot{F} = -1)$,将使放大器产生自激振荡,这在负反馈放大电路中,必须设法避免。

以上介绍了反馈的定义和基本概念。显然,对一个放大电路来说,首先要判断它是否存在反馈。

判断一个放大电路是否存在反馈,首先应检查各级放大电路的净输入回路,特别是第一级放大电路的净输入回路(晶体管放大电路中,净输入回路为晶体管的 b-e 之间;差分放大级的净输入回路为两个晶体管的基极之间;运放的净输入回路即为同相与反相输入端之间),检查净输入回路与输出回路之间是否存在反馈网络。若放大电路中存在将输出回路与输入回路相连接的通路,即反馈

通路,则输出量的大小将影响放大电路的净输入,这表明放大电路中引入了反馈;反之,若放大电路的净输入电压(或电流)仅取决于外加输入信号电压(或电流),而与输出量无关,则可以确定为不存在反馈。

【**例 2.1.1**】　试判断图 2.1.3 所示的各电路中是否存在反馈。

解:在图 2.1.3(a)所示电路中,集成运放的输出端与同相输入端、反相输入端之间没有通路,故电路中没有引入反馈。

在图(b)所示电路中,电阻 R_2 将集成运放的输出端与反相输入端相连接,因而集成运放的净输入量不仅决定于输入信号,还与输出信号有关,所以该电路中引入了反馈。

在图(c)所示电路中,表面上电阻 R 跨接在集成运放的输出端与同相输入端之间,但是由于同相输入端强制接地,所以 R 并不构成反馈网络,只不过是集成运放的负载,其等效电路如图(d)所示,可见 v_o 对净输入回路不产生影响。因此,图(c)(d)电路中都没有引入反馈。

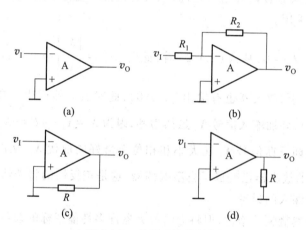

图 2.1.3　有无反馈的判断

2.1.2　负反馈放大电路的基本分类

反馈放大器形式多样,性能各异,从不同的角度去观察,可以有不同的分类方法。

1. 按输入信号与反馈信号的极性来分

若反馈使净输入增大,则为正反馈;若反馈使净输入减小,则为负反馈。或者说,负反馈使闭环增益下降,正反馈使闭环增益提高。

判断正负反馈一般采用瞬时极性法:先假定输入信号在某一瞬时极性为正,用(+)号标出,然后根据各种基本放大电路的输出信号与输入信号间的相位关系,从输入到输出逐级标出放大电路中各有关电位的瞬时极性,或有关支路电流的瞬时流向,以确定从输出回路到输入回路的反馈信号的瞬时极性,最后判断若反馈信号使净输入信号比无反馈时减小,则是负反馈,反馈信号使净输入信号比无反馈时增大,则是正反馈。

2. 按对输出负载上的取样对象来分

若反馈量 $\dot{X}_f$ 正比于输出负载电压,则为电压反馈;若反馈量 $\dot{X}_f$ 正比于输出负载电流,为电流反馈。

图 2.1.4(a)(b)分别表示电压反馈和电流反馈。

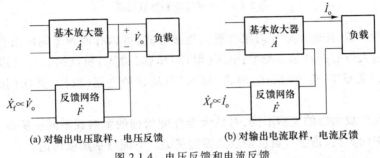

(a) 对输出电压取样,电压反馈　　(b) 对输出电流取样,电流反馈

图 2.1.4　电压反馈和电流反馈

电压取样时,信号取自输出负载电压的一部分,所以 $\dot{X}_f$ 与输出负载电压 $\dot{V}_o$ 成正比,即 $\dot{X}_f \propto \dot{V}_o$,由此引入的反馈称为电压反馈。而电流取样时,信号取自输出负载电流的一部分,反馈量 $\dot{X}_f$ 与输出负载电流 $\dot{I}_o$ 成正比,即 $\dot{X}_f \propto \dot{I}_o$,由此引入的反馈称为电流反馈。

3. 按反馈信号在输入回路中的接入方式来分

由于输入量 $\dot{X}_s$ 和反馈量 $\dot{X}_f$ 应在同样的量纲下进行比较,所以只有两种比较求和方式:一种是电压比较求和,另一种为电流比较求和。若 $\dot{X}_s$、$\dot{X}_i$ 和 $\dot{X}_f$ 都是电压,这时求和电路必为串联形式,净输入电压 $\dot{V}_i = \dot{V}_s - \dot{V}_f$,这种反馈称为串联反馈,如图 2.1.5(a)所示。若 $\dot{X}_s$、$\dot{X}_i$ 和 $\dot{X}_f$ 都为电流,信号电流 $\dot{I}_s$ 和反馈电流 $\dot{I}_f$ 并联接入,净输入电流 $\dot{I}_i = \dot{I}_s - \dot{I}_f$,这种反馈称为并联反馈,如图 2.1.5(b)所示。

4. 如果反馈量仅含静态量(静态电压或电流),则称为直流反馈;如果反馈量仅含交流量(交流电压或电流),则称为交流反馈。或者说,仅在直流通路中存在的反馈为直流反馈,仅在交流通路中存在的反馈为交流反馈。但在很多放大电路中,常常是交、直流反馈兼而有之。直流负反馈主要用于稳定放大电路的静态工作点和减小零漂。交流负反馈则主要用来改善放大电路的动态性能。本章主要讨论交流负反馈。

111

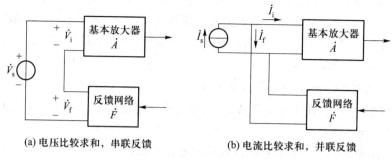

(a) 电压比较求和，串联反馈　　　(b) 电流比较求和，并联反馈

图 2.1.5　串联反馈和并联反馈

　　一般来说，按输出取样对象和输入连接方式，可以有四种不同的组合，所以负反馈放大器有四种基本类型：电压（取样）串联（接入）负反馈、电压（取样）并联（接入）负反馈、电流（取样）串联（接入）负反馈和电流（取样）并联（接入）负反馈。

　　负反馈放大器的类型不同，对放大器性能指标的影响就不同。所以如何识别负反馈的类型，是学习负反馈放大器的基础。下面分别加以讨论。

　　一、电压串联负反馈放大器

　　图 2.1.6 为电压串联负反馈放大器的方框图。它的特征是：

　　① 输入回路中，外加输入信号、反馈信号和净输入信号都是电压，这时求和电路必为串联形式，外加输入信号 $\dot{V}_s$ 和反馈信号 $\dot{V}_f$ 分别施加在基本放大器的两个净输入端上，构成串联接入方式。

　　② 输出回路中，反馈网络对输出负载 R_L 上的电压 $\dot{V}_o$ 取样。

　　电压串联负反馈放大器的闭环电压增益为

$$\dot{A}_{vf} = \frac{\dot{V}_o}{\dot{V}_i} = \frac{\dot{A}_v}{1 + \dot{A}_v \dot{F}_v}$$

式中，$\dot{A}_v = V_o / \dot{V}_{id}$ 称为开环电压增益，$\dot{F}_v = \dot{V}_f / \dot{V}_o$ 称为电压反馈系数。

　　图 2.1.7 为一个典型的电压串联负反馈放大器。

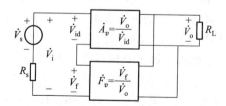

图 2.1.6　电压串联负反馈放大器的方框图

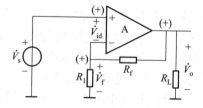

图 2.1.7　电压串联负反馈典型电路

电路中，R_f 与 R_1 构成的反馈网络（分压电路）对输出负载电压 $\dot{V}_o$ 取样，从而构成了电压反馈。运放两个输入端电流很小，近似为零，所以反馈电压为

$$\dot{V}_f \approx \dot{V}_o \frac{R_1}{R_1+R_f}$$

在输入端，因 $\dot{V}_f$ 和 $\dot{V}_s$ 分别施加在运放的两个不同输入端上，形成串联接入方式。$\dot{V}_s$ 与 $\dot{V}_f$ 进行电压比较求和，净输入电压为 $\dot{V}_{id}$，因而构成了串联反馈。

再来判断反馈极性。按瞬时极性法，先假定 $\dot{V}_s$ 的瞬时极性为（＋），由于 $\dot{V}_s$ 从运放的同相端输入，所以运放的输出电压 $\dot{V}_o$ 的瞬时极性也为（＋），由此可得到与 $\dot{V}_o$ 成正比的 $\dot{V}_f$ 的瞬时极性也为（＋），这使得净输入电压 $\dot{V}_{id}=\dot{V}_s-\dot{V}_f$ 比无反馈时减小，因而是负反馈。可见该电路的反馈组态为电压串联负反馈。其电压反馈系数为

$$\dot{F}_v \approx \frac{\dot{V}_f}{\dot{V}_o} = \frac{R_1}{R_1+R_f}$$

二、电压并联负反馈放大器

图 2.1.8 为电压并联负反馈放大器的方框图。由输入回路可见，外加输入信号、反馈信号和净输入信号都是电流，外加输入信号与反馈信号并接在基本放大器的净输入端上，形成并联接入方式，从而产生电流叠加，使净输入电流 $\dot{I}_{id}=\dot{I}_i-\dot{I}_f$；在输出回路，反馈网络对输出负载电压 $\dot{V}_o$ 取样，所以为电压反馈。

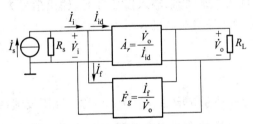

图 2.1.8 电压并联负反馈放大器的方框图

在电压并联负反馈放大器中，输入信号为 $\dot{I}_i$，输出信号为 $\dot{V}_o$，所以闭环增益的量纲为电阻，因而称为互阻增益，可表示为

$$\dot{A}_{rf} = \frac{\dot{V}_o}{\dot{I}_i} = \frac{\dot{A}_r}{1+\dot{A}_r\dot{F}_g}$$

式中，$\dot{A}_r=\dot{V}_o/\dot{I}_{id}$ 称为开环互阻增益，$\dot{F}_g=\dot{I}_f/\dot{V}_o$ 称为互导反馈系数。

图 2.1.9 为一个典型的电压并联负反馈放大电路。

图中，外加输入电压 $\dot{V}_s$ 通过电阻 R_1，输出负载电压 $\dot{V}_o$ 通过反馈电阻 R_f 并接在运放的反相输入端上（它们的另一端通过公共接地端相连），形成并联接入，从而使输入电流 $\dot{I}_s$ 和反馈电流 $\dot{I}_f$ 产生比较求和，所以该电路为并联反馈。

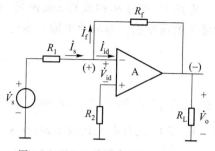

图 2.1.9　电压并联负反馈典型电路

由于运放的同相端接地，而运放的净输入电压 $\dot{V}_{id}$ 很小，所以运放的反相端电位也接近于零。由图可得反馈电流为 $\dot{I}_f \approx -\dot{V}_o / R_f$，对输出电压取样，所以是电压反馈。

按瞬时极性法，先假定 $\dot{V}_s$ 的瞬时极性为（+），由于 $\dot{V}_s$ 从运放的反相端输入，所以运放输出电压 $\dot{V}_o$ 的瞬时极性为（−），由此可以确定 $\dot{I}_s$、$\dot{I}_f$ 和 $\dot{I}_{id}$ 的瞬时流向（见图 2.1.9）。于是可得净输入电流 $\dot{I}_{id} = \dot{I}_s - \dot{I}_f$，即反馈使净输入电流减小，所以该电路属于电压并联负反馈组态。

三、电流串联负反馈放大器

图 2.1.10 为电流串联负反馈放大器的方框图。输入回路中，反馈信号电压 $\dot{V}_f$ 与外加信号电压 $\dot{V}_s$ 分别施加在基本放大电路的两个净输入端上，形成串联接入方式。在输出端，反馈网络的输入端口与负载相串联，对输出负载电流 $\dot{I}_o$ 取样。

对于电流串联负反馈放大器，输入信号为 $\dot{V}_s$，输出信号为 $\dot{I}_o$，其闭环增益的量纲为电导，所以称为互导增益。可表示为

$$\dot{A}_{gf} = \frac{\dot{I}_o}{\dot{V}_i} = \frac{\dot{A}_g}{1 + \dot{A}_g \dot{F}_r}$$

式中，$\dot{A}_g = \dot{I}_o / \dot{V}_{id}$ 称为开环互导增益，$\dot{F}_r = \dot{V}_f / \dot{I}_o$ 称为互阻反馈系数。

图 2.1.11 为一个典型的电流串联负反馈放大器。输入回路中，$\dot{V}_f$ 和 $\dot{V}_s$ 分别施加在运放的同相输入端和反相输入端，形成串联接入方式。输出回路中，与负载 R_L 相串联的反馈网络由分流电阻 R_1、R_f 和 R_2 组成，它使负载电流 $\dot{I}_o$ 的一部分通过 R_1，并产生反馈电压 $\dot{V}_f$。由于运放的净输入电流很小，近似为零，所以反馈电压 $\dot{V}_f$ 可表示为

$$\dot{V}_f \approx \dot{I}_o \cdot \frac{R_2}{R_1 + R_2 + R_f} \cdot R_1$$

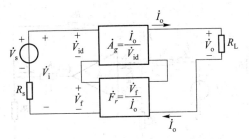

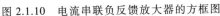

图 2.1.10 电流串联负反馈放大器的方框图

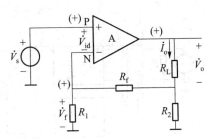

图 2.1.11 电流串联负反馈典型电路

显然,反馈电压 $\dot{V}_f$ 和输出电流 $\dot{I}_o$ 成比例,所以是电流反馈。读者不难通过瞬时极性法判断所引入的是负反馈。可见该电路引入了电流串联负反馈。

需要注意的是,人们常认为 $\dot{I}_o = \dot{V}_o / R_L$,所以 $\dot{V}_f$ 既然与 $\dot{I}_o$ 成正比,也应该与 $\dot{V}_o$ 成正比,因而也可叫作电压负反馈。这是不对的。发生误判的原因是:R_L 为负载,其大小是会发生变化的,故反馈电压 $\dot{V}_f$ 并不与 $\dot{V}_o$ 成正比。另外,图 2.1.11 电路中,应注意真正的输出电压 $\dot{V}_o$ 为负载 R_L 两端电压,而非运放输出与地之间的电压。若把负载 R_L 接在运放输出与地之间,则该电路便属于"电压"串联负反馈了。

区别电压反馈和电流反馈还有一个十分简便的方法:将负载 R_L 人为短接,使 $\dot{V}_o = 0$,如为电压反馈,则由 $\dot{V}_o$ 产生的 $\dot{V}_f$(或 $\dot{I}_f$)也应为零;如为电流反馈,则 $\dot{V}_f$(或 $\dot{I}_f$)并不为零。如图 2.1.11 中,若令 $R_L = 0$,则 $\dot{V}_o = 0$,但 $\dot{I}_o \neq 0$,所以 $\dot{V}_f \neq 0$,故不是电压反馈,而是电流反馈。但当 R_L 接在运放输出与地之间时,若 $R_L = 0$,则 $\dot{V}_o = 0, \dot{V}_f = 0$,所以是电压反馈。

四、电流并联负反馈放大器

图 2.1.12 为电流并联负反馈放大器的方框图。其判别方法与前三种组态类似,读者可自行分析。

对于电流并联负反馈放大器,输入信号为 $\dot{I}_i$,输出信号为 $\dot{I}_o$,其闭环电流增益为

$$\dot{A}_{if} = \frac{\dot{I}_o}{\dot{I}_i} = \frac{\dot{A}_i}{1 + \dot{A}_i \dot{F}_i}$$

式中,$\dot{A}_i = \dot{I}_o / \dot{I}_{id}$ 称为开环电流增益,$\dot{F}_i = \dot{I}_f / \dot{I}_o$ 称为电流反馈系数。

图 2.1.13 为一个典型的电流并联负反馈放大器。电路中的反馈网络由分流电阻 R_2 和 R_f 组成。由于运放的同相输入端接地,所以反相输入端也近似为零电位,因而反馈电流 $\dot{I}_f$ 可看作是 $\dot{I}_o$ 在 R_f 上的分流。即

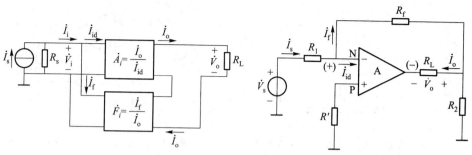

图 2.1.12 电流并联负反馈放大器的方框图　　图 2.1.13 电流并联负反馈典型电路

$$\dot{I}_f = \dot{I}_o \cdot \frac{R_2}{R_2 + R_f}$$

显然 $\dot{I}_f$ 与 $\dot{I}_o$ 成正比,因而是电流反馈。

由于反馈信号和外加输入信号同加在运放的反相输入端,形成并联接入方式,所以输入信号电流 $\dot{I}_s$ 与反馈信号电流 $\dot{I}_f$ 在反相输入端上比较求和,这无疑是并联反馈的特征。

由瞬时极性法可判别 $\dot{I}_s$、$\dot{I}_f$ 和 $\dot{I}_{id}$ 的瞬时流向。图中,$\dot{V}_s$ 为 (+) 时,$\dot{V}_o$ 为 (-),所以运放输出回路中的等效受控电压源将电流 $\dot{I}_o$ 拉入运放输出端。而 $\dot{I}_f$ 为 $\dot{I}_o$ 的分流,它的流向应与 $\dot{I}_o$ 一致,所以净输入电流 $\dot{I}_{id}$ 减小。由此可以判别该电路属于电流并联负反馈放大器。

这里同样需要注意负载 R_L 的位置。若 R_L 接在运放输出与地之间,则上述电路便变为电压反馈放大器了,读者不难自行判别。

通过以上分析,读者还可进一步理解,电压负反馈与电流负反馈在负载 R_L 变化时,其效果恰好相反。如图 2.1.9 所示的电压并联负反馈放大器中,电压负反馈的作用是削弱输出电压的变化,结果是使输出电压稳定。设外加输入信号电压 $\dot{V}_s$ 不变,因 R_L 减小而引起 $\dot{V}_o$ 减小时,负反馈的调节过程如下:

$$R_L \downarrow \rightarrow |\dot{V}_o| \downarrow \rightarrow |\dot{I}_f| \downarrow \xrightarrow{\text{(负反馈调节)}} |\dot{I}_{id}| \uparrow$$
$$|\dot{V}_o| \uparrow \longleftarrow$$

显然,电压负反馈调节的结果将使 $\dot{V}_o$ 达到稳定(只比 R_L 减小前略有减小)。

电流负反馈的效果则是稳定输出电流。如图 2.1.11 所示的电流串联负反馈放大器中,仍假定输入信号不变,设负载 R_L 减小,则 $\dot{I}_o$ 增大,$\dot{V}_f$ 增大,由此将引起下列负反馈调节过程：

$$R_L\downarrow \rightarrow |\dot{I}_o|\uparrow \xrightarrow{\ (因R_o)\ } |\dot{V}_o|\uparrow \xrightarrow{\ 负反馈调节\ } |\dot{V}_{id}|\downarrow$$

（上方：$|\dot{V}_o|\downarrow$，下方：$|\dot{I}_o|\downarrow$）

由于受运放输出电阻 R_o 的影响，当输出电流增大时，在输出电阻 R_o 上的压降增大，所以输出电压 $\dot{V}_o$ 反而减小，而负反馈也使得输出电压 $\dot{V}_o$ 减小。因而当 R_L 减小时，电流负反馈在稳定输出电流 $\dot{I}_o$ 时，使输出电压 $\dot{V}_o$ 比无反馈时更小了，所以电流负反馈的结果只是稳定输出电流。当然，如果 R_L 不变，则电压负反馈与电流负反馈的效果相同。

不同的反馈组态下，开环增益 $\dot{A}$、闭环增益 $\dot{A}_f=\dfrac{\dot{X}_o}{\dot{X}_s}$ 和反馈系数 $\dot{F}$ 的不同物理含义，如表 2.1.1 所示。

表 2.1.1　4 种不同组态下反馈放大器各参数的物理含义

反馈组态	开环增益 $\dot{A}$	物理含义	反馈系数 $\dot{F}$	物理含义	闭环增益 $\dot{A}_f$	物理含义
电压串联	$\dot{A}_v=\dfrac{\dot{V}_o}{\dot{V}_{id}}$	开环电压增益	$\dot{F}_v=\dfrac{\dot{V}_f}{\dot{V}_o}$	电压反馈系数	$\dot{A}_{vf}=\dfrac{\dot{V}_o}{\dot{V}_i}=\dfrac{\dot{A}_v}{1+\dot{A}_v\dot{F}_v}$	闭环电压增益
电压并联	$\dot{A}_r=\dfrac{\dot{V}_o}{\dot{I}_{id}}$	开环电阻增益	$\dot{F}_g=\dfrac{\dot{I}_f}{\dot{V}_o}$	电导反馈系数	$\dot{A}_{rf}=\dfrac{\dot{V}_o}{\dot{I}_i}=\dfrac{\dot{A}_r}{1+\dot{A}_r\dot{F}_g}$	闭环互阻增益
电流串联	$\dot{A}_g=\dfrac{\dot{I}_o}{\dot{V}_{id}}$	开环电导增益	$\dot{F}_r=\dfrac{\dot{V}_f}{\dot{I}_o}$	电阻反馈系数	$\dot{A}_{gf}=\dfrac{\dot{I}_o}{\dot{V}_i}=\dfrac{\dot{A}_g}{1+\dot{A}_g\dot{F}_r}$	闭环互导增益
电流并联	$\dot{A}_i=\dfrac{\dot{I}_o}{\dot{I}_{id}}$	开环电流增益	$\dot{F}_i=\dfrac{\dot{I}_f}{\dot{I}_o}$	电流反馈系数	$\dot{A}_{if}=\dfrac{\dot{I}_o}{\dot{I}_i}=\dfrac{\dot{A}_i}{1+\dot{A}_i\dot{F}_i}$	闭环电流增益

【例 2.1.2】　分析图 2.1.14（a）（b）中，由分立元件组成的反馈放大器的组态。

解：图（a）中，输入级是 T_1、T_2 组成的差分放大级，若将 b_1、b_2 分别看作运放的同相输入端和反相输入端，则本电路与图 2.1.7 电路结构相同。

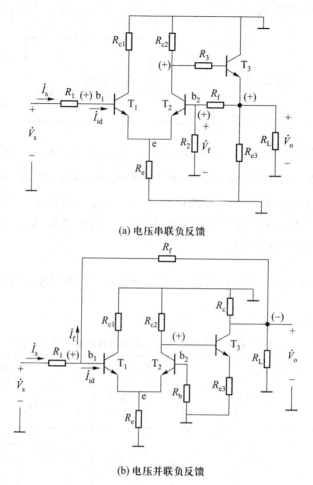

(a) 电压串联负反馈

(b) 电压并联负反馈

图 2.1.14 分立元件反馈电路

在输入端,反馈电压 $\dot{V}_f$ 加在 b_2,外加输入电压 $\dot{V}_s$ 加在 b_1,形成串联接入,因而构成串联反馈。

为判别电压、电流反馈,可采用负载短路法。令电路中 R_L 短路,所以 $\dot{V}_o = 0$,此时 R_f 和 R_2 一起并联接地,$\dot{V}_f = 0$,显然不存在反馈,所以该电路是电压反馈。

再来判断反馈的极性。按瞬时极性法,先假定 $\dot{V}_s$ 的瞬时极性为(+),则差分放大电路中,T_2 集电极输出电压的瞬时极性也为(+)。T_3 为射极跟随器,所以 $\dot{V}_o$ 的瞬时极性也为(+),由此可得与 $\dot{V}_o$ 成正比的 $\dot{V}_f$ 的瞬时极性也为(+),因而净输入电压 $\dot{V}_{id} = \dot{V}_{b_1 b_2} = \dot{V}_s - \dot{V}_f$ 减小,所以该电路属于电压串联负反馈放大器。

图(b)电路与图 2.1.9 的电路结构相似,反馈信号和输入信号接在同一个输入端 b_1 上,以电流形式求和,所以是并联反馈。令电路中 R_L 短路,则 $\dot{V}_o=0$,此时 R_f 接地,显然不存在反馈,所以该电路也是电压反馈。

由瞬时极性法可知,净输入电流 $\dot{I}_{id}=\dot{I}_s-\dot{I}_f$ 比反馈前减小,故图(b)电路属于电压并联负反馈放大器。

从以上的分析中,可以总结出判别反馈放大器的几条规律:

① 电压反馈还是电流反馈,取决于对输出负载端的取样对象。判别时也可采用负载短路法。

② 串联反馈还是并联反馈,取决于反馈网络与输入信号的接入方式。如果反馈电压与输入电压分别接在放大电路的不同输入端上,则是电压比较求和,因而一定为串联反馈;反之,如果反馈信号与输入信号接在放大电路的同一个输入端上,形成并联接入,则是电流比较求和,因而为并联反馈。

③ 判断正反馈和负反馈可采用瞬时极性法。如果引入反馈后使净输入信号 $\dot{X}_i$ 减小,则为负反馈;如果净输入增加,则为正反馈。瞬时极性法使用时,可先假定某一瞬时输入为(+)或(−)极性,然后根据各级放大电路输出端上电压的相位关系,得出经反馈网络后,反馈信号和原输入信号之间的相位关系,由此判断净输入信号是减小还是增加。

2.2　负反馈对放大电路性能的改善

负反馈虽使闭环增益下降,但以此为代价,却获得了其他许多性能的改善。其根本的原因是负反馈可以削弱放大电路中因各种原因造成的偏差,使放大电路的输出量趋于稳定,从而可以有效地改善放大电路的性能。下面分别加以说明。

2.2.1　提高闭环增益的稳定性

当环境温度等因素发生变化时,放大器的增益也会改变。那么放大电路引入负反馈后,增益稳定性能提高多少呢?

为简化问题,设输入信号处在中频段,反馈网络为纯电阻,所以 $\dot{A}$、$\dot{F}$ 都为实数。于是式(2.1.2)成为实数表达式:

$$A_f=\frac{A}{1+AF} \tag{2.2.1}$$

对式(2.2.1)微分得

$$\mathrm{d}A_\mathrm{f} = \frac{(1+AF)\,\mathrm{d}A - AF\mathrm{d}A}{(1+AF)^2} = \frac{\mathrm{d}A}{(1+AF)^2}$$

上式的等号两边同除 A_f 后得

$$\frac{\mathrm{d}A_\mathrm{f}}{A_\mathrm{f}} = \frac{\mathrm{d}A}{(1+AF)^2 A_\mathrm{f}} = \frac{\mathrm{d}A}{1+AF} \cdot \frac{1}{(1+AF)A_\mathrm{f}} = \frac{\mathrm{d}A}{1+AF} \cdot \frac{1}{A}$$

$$= \frac{\mathrm{d}A}{A} \cdot \frac{1}{1+AF} \tag{2.2.2}$$

式(2.2.2)表明,放大器引入了负反馈后,增益的相对变化量 $\mathrm{d}A_\mathrm{f}/A_\mathrm{f}$ 是无反馈时的 $1/(1+AF)$。可见反馈越深,放大器的增益稳定性越好。不过要注意两点:

① 负反馈不能使输出量保持不变,只能使输出量趋于稳定,而且只能减小由于开环增益变化而引起的闭环增益的变化。对因反馈系数变化而引起的闭环增益的变化是无能为力的。

② 不同类型的负反馈所能稳定的增益也不同,如电压串联负反馈只能稳定闭环电压增益,而电流串联负反馈只能稳定闭环互导增益。

2.2.2　改善放大器的非线性

由于电子器件通常都具有非线性特性,所以当输入为正弦信号时,放大电路输出往往会存在一定的非线性失真。图 2.2.1 是利用负反馈改善非线性失真的定性说明。

图 2.2.1 中,设输入信号 $\dot{X}_\mathrm{s}$ 为正弦波,放大电路开环时,由于器件的非线性,使基本放大器输出 $\dot{X}_\mathrm{o}$ 的正半周略大于负半周,于是经反馈网络后,$\dot{X}_\mathrm{f}$ 的正半周也略大。那么,接成闭环后,因净输入信号 $\dot{X}_\mathrm{i} = \dot{X}_\mathrm{s} - \dot{X}_\mathrm{f}$,所以 $\dot{X}_\mathrm{i}$ 的波形正半周略小,而负半周略大,从而可以弥补放大器的失真,使输出 $\dot{X}_\mathrm{o}$ 正好被校正回来。

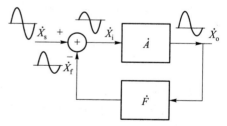

图 2.2.1　负反馈改善非线性失真

改善非线性失真的定量分析可借助于图 2.2.2 所示的框图进行。设图中非线性失真由放大器的非线性特性引起,$\dot{X}$ 为失真信号经傅里叶分解后所得的谐波分量。非线性失真与信号的大小有关,信号幅度越大时,失真也越严重,所以失真大多出现在后级放大器中(第一级由于信号小,可视为线性放大)。因此,图中将失真信号中的谐波分量 $\dot{X}$ 加在 $\dot{A}_1$ 和 $\dot{A}_2$ 之间,开环放大器增益 $\dot{A}=\dot{A}_1\cdot\dot{A}_2$。

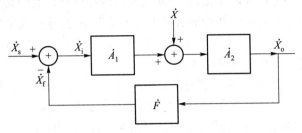

图 2.2.2　非线性失真的定量分析

放大器开环时,$\dot{X}_{\mathrm{f}}=0$,$\dot{X}_{\mathrm{i}}=\dot{X}_{\mathrm{s}}$,所以

$$\dot{X}_{\mathrm{o}}=\dot{A}_1\cdot\dot{A}_2\cdot\dot{X}_{\mathrm{i}}+\dot{A}_2\cdot\dot{X}=\dot{A}\cdot\dot{X}_{\mathrm{i}}+\dot{A}_2\cdot\dot{X}=\dot{A}\cdot\dot{X}_{\mathrm{s}}+\dot{A}_2\cdot\dot{X} \qquad(2.2.3)$$

闭环后,输出信号 $\dot{X}_{\mathrm{o}}'$ 减小为开环时的 $1/(1+\dot{A}\dot{F})$,即 $\dot{X}_{\mathrm{o}}'=\dot{X}_{\mathrm{o}}/(1+\dot{A}\dot{F})$,所以

$$\dot{X}_{\mathrm{o}}'=\frac{\dot{A}}{1+\dot{A}\dot{F}}\cdot\dot{X}_{\mathrm{s}}+\frac{\dot{A}_2}{1+\dot{A}\dot{F}}\cdot\dot{X} \qquad(2.2.4)$$

比较式(2.2.3)和式(2.2.4)可以看出:$\dot{X}_{\mathrm{o}}'$ 中的 $\dot{X}_{\mathrm{s}}$ 与 $\dot{X}$ 也都下降为开环时的 $1/(1+\dot{A}\dot{F})$。

为了在同一个输出幅度下比较反馈引入的效果,应当把 $\dot{X}_{\mathrm{o}}'$ 加大到接近 $\dot{X}_{\mathrm{o}}$。为此可使 $\dot{X}_{\mathrm{s}}$ 增大到 $(1+\dot{A}\dot{F})\dot{X}_{\mathrm{s}}$,以取代式(2.2.3)右边第一项中的 $\dot{X}_{\mathrm{s}}$,由此可得到

$$\dot{X}_{\mathrm{o}}'=\frac{\dot{A}}{1+\dot{A}\dot{F}}[(1+\dot{A}\dot{F})\dot{X}_{\mathrm{s}}]+\frac{\dot{A}_2}{1+\dot{A}\dot{F}}\cdot\dot{X}=\dot{A}\dot{X}_{\mathrm{s}}+\frac{\dot{A}_2}{1+\dot{A}\dot{F}}\cdot\dot{X} \qquad(2.2.5)$$

由式(2.2.5)可知,引入反馈后,输出中的不失真部分因 $\dot{X}_{\mathrm{s}}$ 的加大而得到补偿(达到和开环时一样大小),而失真部分(即谐波成分)则减小为原来的 $1/(1+\dot{A}\dot{F})$,从而使输出中的非线性失真得到了有效的抑制。但通常仅在非线性失真并不十分严重时才有效。

这里,读者需要注意,开环放大器中,任意加大 $\dot{X}_{\mathrm{s}}$ 只会引起非线性失真的进一步加剧,只有引入负反馈后,因输出 $\dot{X}_{\mathrm{o}}'$ 下降,才有可能加大 $\dot{X}_{\mathrm{s}}$。

2.2.3　抑制放大器内部的温漂、噪声和干扰

我们知道,环境温度的变化,会引起放大器内晶体管参数的改变及静态工作点的移动,结果使放大器的静态输出电压发生缓慢变化,这种现象称为温漂。温漂是多级直接耦合放大器中一个十分棘手的问题,正因为如此,运算放大器在开环时,无法使其工作在线性放大区。

而放大电路中的噪声和干扰有的来自外部,与信号同时混入,有的由放大电路本身产生,即在没有输入信号时,其输出端上也会出现杂乱无章的波形,这就是放大电路内部的噪声和干扰。它的来源是多方面的,如晶体管、电阻中有载流子不规则热运动引起的热噪声,以及电源电压的波动等原因造成的电路内部的干扰等。

上述温漂、噪声或干扰,虽然产生的原因、表现的形态各不相同,但是它们都与有用信号不同,是放大器的有害信号。通常都把它们折算到输入端,作为等效(有害)输入信号来考虑,一般在毫伏数量级以下。当有用信号较微弱时,这种有害信号的影响就不容忽视,必须设法减小。以噪声为例说明。

噪声对信号的影响,不完全取决于噪声本身的大小,也与信号大小有关,一般用信号噪声比——信噪比来表示。即

$$信噪比 = 信号功率/噪声功率$$

信噪比越大,则噪声的影响越小;如果信噪比小,则输出端的信号和噪声将难于区分。引入负反馈,能有效地减小放大器输出端上的有害信号,提高信噪比。

当噪声、干扰信号来源于反馈系统内部时,图 2.2.3(a)为无反馈时信号与噪声的输出波形;引入负反馈后,有用信号和内部的干扰噪声都将减少为原来的 $1/(1+\dot{A}\dot{F})$。也就是说,引入负反馈后,虽然干扰噪声有所减小,但有用的信号也减小了,如图 2.2.3(b)所示,因而输出端的信噪比并未改变。可是,信号的减小可以通过提高输入信号的幅度来弥补,加大输入信号为原来的 $(1+\dot{A}\dot{F})$ 倍,使有用信号输出保持原来大小,而内部噪声则是固定的,如图 2.2.3(c)所示。这样就提高了

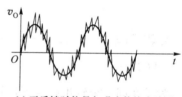

(a) 无反馈时信号与噪声的输出波形

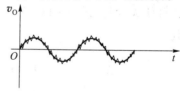

(b) 有反馈时信号与噪声的输出波形

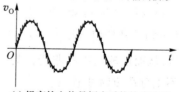

(c) 提高输入信号幅度后的输出波形

图 2.2.3　负反馈抑制放大器内部的
噪声和干扰

信噪比。

读者需要注意,负反馈抑制的是放大电路反馈系统内部的温漂、噪声及干扰信号,对混杂在输入信号中的干扰和噪声,或来自反馈环外的干扰,负反馈是无能为力的,只能用屏蔽、隔离或剔除噪声源等方法加以克服。

2.2.4 扩展通频带

为了便于讨论,设反馈网络由纯电阻构成,F 为实数,且放大电路在高频段和低频段中仅有一个极点。并设开环放大器的中频增益为 A_m,f_H 和 f_L 分别是开环放大器的上限和下限频率。

放大器在高频段和低频段的复数增益表达式分别为

$$\dot{A}_H = \frac{\dot{A}_m}{1+j\dfrac{f}{f_H}} \quad (\text{高频段}) \tag{2.2.6}$$

$$\dot{A}_L = \frac{\dot{A}_m j\dfrac{f}{f_L}}{1+j\dfrac{f}{f_L}} \quad (\text{低频段}) \tag{2.2.7}$$

1. 引入负反馈对于放大器高频段的影响可从以下的推导中看出。

$$\dot{A}_{Hf} = \frac{\dot{A}_H}{1+\dot{A}_H F} = \frac{\dfrac{\dot{A}_m}{1+j\dfrac{f}{f_H}}}{1+\dfrac{\dot{A}_m F}{1+j\dfrac{f}{f_H}}}$$

$$= \frac{\dfrac{\dot{A}_m}{1+\dot{A}_m F}}{1+j\dfrac{f}{(1+\dot{A}_m F)f_H}} = \frac{\dot{A}_{mf}}{1+j\dfrac{f}{f_{Hf}}} \tag{2.2.8}$$

由式(2.2.8)可知,闭环时中频增益 $A_{mf} = A_m/(1+A_m F)$,而闭环时的上限频率 $f_{Hf} = (1+A_m F)f_H$,说明闭环放大器上限频率的提高和增益的下降都与反馈深度 $1+A_m F$ 密切相关。并且反馈对上限频率的改善是以牺牲增益为代价的。

2. 引入负反馈对放大器低频段的影响,可利用式(2.2.7),仿照以上的方法得到$f_{Lf}=f_L/(1+A_mF)$。即闭环放大器的下限频率下降为开环时的 $1/(1+A_mF)$。可见放大器引入负反馈后,上限频率升高了,下限频率降低了,因而使放大器的通频带 BW 扩展了,图 2.2.4 是负反馈使通频带展宽的波特图。

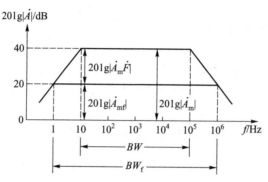

图 2.2.4 负反馈展宽通频带的波特图说明

可见,放大器引入负反馈后,中频增益下降、上限频率升高、下限频率降低,因而使放大器的通频带 BW 扩展了。其实,负反馈对放大器通频带的扩展作用和它对输出量的稳定作用都出于同一种原因。因为信号频率超出通频带时,放大电路中由于分布电容和耦合电容、旁路电容的影响,放大器的增益下降,而负反馈维持增益稳定的结果,也使通频带得到扩展。

显然,对单极点放大器而言,有

$$A_{mf}\cdot BW_f=A_m\cdot BW$$

上式说明"增益带宽积"为一常数。可见,对一定的放大电路来说,如要求高增益,则通频带必然较窄;反之,要扩展通频带,必须以牺牲增益为代价。

2.2.5 负反馈对输出电阻的影响

放大器输出电阻的大小反映了放大器带负载的能力。负反馈对放大器输出电阻的影响,只取决于输出端的取样方式,而与输入端的连接方式无直接关系。因此,当分析负反馈对放大器输出电阻的影响时,只要看它是电压负反馈还是电流负反馈。

1. 电压负反馈使闭环输出电阻减小

电压负反馈使输出电压稳定,即输出电压受负载等因素变化的影响减小,这等效于输出电阻减小。

在图 2.2.5 中,输出端为电压取样,电路为电压负反馈,$\dot{A}$ 表示放大器的开环增益,R_o 表示放大器开环输出电阻。现在按照求有源网络输出电阻的一般方法,将负载开路,换成电压源 $\dot{V}'_o$,同时令输入电源短接($\dot{X}_s = 0$),并把反馈网络的负载效应归算到 R_o 中,故反馈端口当作开路,只传输信号,不取电流。

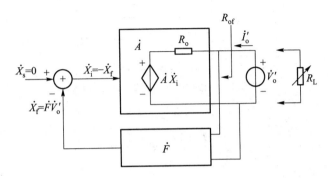

图 2.2.5 电压负反馈使输出电阻减小

由图可见,受控电压源 $\dot{A}\dot{X}_i = -\dot{A}\dot{X}_f = -\dot{A}\dot{F}\dot{V}'_o$。所以,闭环输出电阻为

$$R_{of} = \left.\frac{\dot{V}'_o}{\dot{I}'_o}\right|_{\substack{R_L = \infty \\ \dot{X}_s = 0}} = \frac{\dot{V}'_o}{\dfrac{\dot{V}'_o - (-\dot{A}\dot{F}\dot{V}'_o)}{R_o}} = \frac{R_o}{1 + \dot{A}\dot{F}} \qquad (2.2.9)$$

上式表明引入电压负反馈后,闭环输出电阻为开环输出电阻 R_o 的 $1/(1 + \dot{A}\dot{F})$ (注意:从取样端看入),可见反馈愈深,R_{of} 越小。当 $(1 + \dot{A}\dot{F}) \to \infty$ 时,$R_{of} \to 0$。

2. 电流负反馈使闭环输出电阻增大

电流负反馈使输出电流稳定,即输出电流受负载等因素变化的影响减小,这等效于输出电阻增大。

在图 2.2.6 中,输出端为电流取样,电路为电流负反馈,$\dot{A}$ 表示放大器的开环增益,R_o 表示放大器开环输出电阻。计算输出电阻时,可采用同样的方法,将负载开路,换成电压源 $\dot{V}'_o$,同时令输入电源短接($\dot{X}_s = 0$),并把反馈网络的负载效应归算到 R_o 中,故反馈网络的输入端口可近似当作短路。因为 $\dot{I}'_o$ 和原来负载电流 $\dot{I}_o$ 方向相反,所以 $\dot{X}_f = -\dot{F}\dot{I}'_o$。

由图可得,$\dot{A}\dot{X}_i = -\dot{A}\dot{X}_f = \dot{A}\dot{F}\dot{I}'_o$。

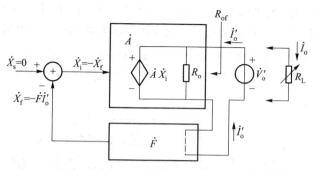

图 2.2.6 电流负反馈使输出电阻增大

$$\dot{I}_o' + \dot{A}\dot{X}_i - \frac{\dot{V}_o'}{R_o} = 0$$

$$\dot{I}_o' + \dot{A}\dot{F}\dot{I}_o' - \frac{\dot{V}_o'}{R_o} = 0$$

$$\dot{V}_o' = (1 + \dot{A}\dot{F})R_o \cdot \dot{I}_o'$$

所以
$$R_{of} = \left.\frac{\dot{V}_o'}{\dot{I}_o'}\right|_{\substack{R_L = \infty \\ \dot{X}_s = 0}} = (1 + \dot{A}\dot{F})R_o \qquad (2.2.10)$$

上式表明引入电流负反馈后的闭环输出电阻 R_{of} 为开环输出电阻 R_o 的 $(1 + \dot{A}\dot{F})$ 倍(注意:从取样端看入),反馈愈深,R_{of} 愈大。当 $(1 + \dot{A}\dot{F}) \to \infty$ 时,$R_{of} \to \infty$。

2.2.6 负反馈对输入电阻的影响

负反馈对放大器输入电阻的影响,只取决于输入端的连接方式,而与输出端的取样方式无直接关系。

1. 串联负反馈使闭环输入电阻增大

串联负反馈电路中,反馈网络与基本放大电路的输入端串联,因此引入串联负反馈后的输入电阻是增大的。

图 2.2.7 中,$\dot{A}$ 为基本放大器的开环增益,R_i 为开环输入电阻$\left(R_i = \dfrac{\dot{V}_i}{\dot{I}_i}\right)$,根据

定义得

126

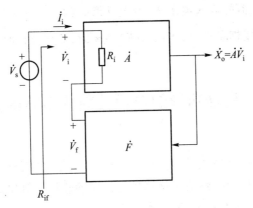

图 2.2.7 串联负反馈使输入电阻增大

$$R_{if} = \frac{\dot{V}_s}{\dot{I}_i} = \frac{\dot{V}_i + \dot{V}_f}{\dot{I}_i} = \frac{\dot{V}_i + \dot{A}\dot{F}\dot{V}_i}{\dot{I}_i} = R_i(1 + \dot{A}\dot{F}) \qquad (2.2.11)$$

即串联负反馈放大器的输入电阻为无反馈时的$(1+\dot{A}\dot{F})$倍(注意:从求和端看入)。在深度负反馈条件下,当$(1+\dot{A}\dot{F}) \to \infty$时,近似分析时可视$R_{if} \to \infty$。

2. 并联负反馈使闭环输入电阻减小

图 2.2.8 中,$\dot{A}$为基本放大器的开环增益,R_i为开环输入电阻$\left(R_i = \dfrac{\dot{V}_i}{\dot{I}_i}\right)$,根据定义得

$$R_{if} = \frac{\dot{V}_i}{\dot{I}_s} = \frac{\dot{V}_i}{\dot{I}_i + \dot{I}_f} = \frac{\dot{V}_i}{\dot{I}_i + \dot{A}\dot{F}\dot{I}_i} = \frac{R_i}{1 + \dot{A}\dot{F}} \qquad (2.2.12)$$

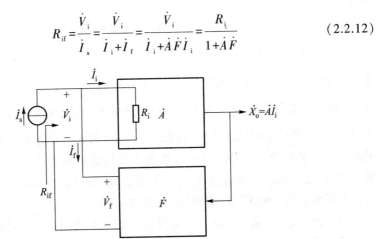

图 2.2.8 并联负反馈使输入电阻减小

即并联负反馈放大器的输入电阻 R_{if} 为无反馈时的 $1/(1+\dot{A}\dot{F})$（注意：从求和端看入）。在深度负反馈条件下，当 $(1+\dot{A}\dot{F})\to\infty$ 时，近似分析时可视 $R_{if}\to0$。

2.3　集成运放的负反馈放大电路的分析

放大电路加了负反馈之后，电路更复杂了。为了进行分析计算，可画出其等效电路，列出联立方程组，然后用计算机进行辅助分析。但如果从工程的角度考虑，将其中的某些条件作一定近似，然后进行工程估算，这在许多场合下是允许的，特别是对于深度负反馈放大电路的计算。

深度负反馈是指反馈深度 $|1+\dot{A}\dot{F}|\gg1$，工程上认为 $|\dot{A}\dot{F}|>10$ 时，就算是深度负反馈了。由反馈框图 2.1.2 可知，放大电路的闭环增益为

$$\dot{A}_f=\frac{\dot{X}_o}{\dot{X}_s}=\frac{\dot{A}}{1+\dot{A}\dot{F}}$$

当 $|\dot{A}\dot{F}|>10$ 时，深度负反馈放大电路的闭环增益可近似写作：

$$\dot{A}_f=\frac{\dot{X}_o}{\dot{X}_s}\approx\frac{1}{\dot{F}}$$

此时，

$$\dot{X}_f=\dot{A}\cdot\dot{F}\cdot\dot{X}_i\approx(1+\dot{A}\dot{F})\dot{X}_i=\dot{X}_s$$

即 $\dot{X}_f\approx\dot{X}_s$，所以净输入 $\dot{X}_i=\dot{X}_s-\dot{X}_f$ 趋于零。对于串联负反馈来说，$\dot{X}_i=\dot{V}_i$，所以深度负反馈下，$\dot{V}_i\approx0$。这种情况常称为"虚短"（意思是放大器的净输入端近似短路，但并不是真的短接在一起）。而对于并联负反馈，$\dot{X}_i=\dot{I}_i$，所以深度负反馈下，$\dot{I}_i\approx0$，这种情况相应地称作"虚断"（意思是放大器的净输入端近似于开路，但并不是真的断开）。因此，对于运算放大器构成的负反馈电路，通常环路增益很大，所以可认为是深度负反馈，$v_{Id}\approx0$；并且输入电阻 R_{id} 也很大，则 $i_{Id}\approx0$，因而可以方便地利用"虚短"和"虚断"的概念对其进行分析计算。

以下的分析中，假定所选用的运算放大器具有理想运放的特性，无失调电压和失调电流，$v_{Id}=0$ 时，$v_o=0$，即静态量为零。此时，各输入、输出量和反馈量都可用瞬时值表示其动态量（变化量），如 $v_o=\Delta v_o$，$v_s=\Delta v_s$ 等。

2.3.1 比例运算电路的分析

由集成运放组成的比例运算电路有反相输入、同相输入和差分输入三种形式。

1. 反相输入方式

电路如图 2.3.1 所示。该电路显然属于电压并联负反馈放大器。

（1）闭环增益 $\dot{A}_f$ 的计算。

考虑到运放的两个输入端（P 和 N）中，P 端接地，而运放的净输入电压 $v_{Id} \approx 0$（虚短），所以 $v_N = v_P = 0$，N 端常称为"虚地"端。同时，考虑到 $i_{Id} \approx 0$（虚断），所以 $i_S = i_F$。

由此可得 $v_O = -i_F R_2$，$i_F = i_S = v_S/R_1$，所以

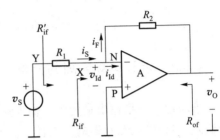

图 2.3.1 反相输入式比例运算电路

$$v_O = -\frac{R_2}{R_1} \cdot v_S \quad \text{或} \quad A_f = \frac{v_O}{v_S} = -\frac{R_2}{R_1} \tag{2.3.1}$$

当 $R_1 = R_2$ 时，$A_f = -1$，此时该放大器也可称作反相器。

（2）闭环输入电阻的计算。

从不同的输入端看入的输入电阻是不同的。例如，从图 2.3.1 输入回路中的反馈输入端 X 端看入时，$R_{if} = v_{Id}/i_S$，式中 $v_{Id} \approx 0$，而 $i_S = v_S/R_1$，所以 $R_{if} \to 0$，这是并联负反馈的特点。

从 Y 端看入时，

$$R_{if}' = v_S/i_S = R_1 + R_{if} \approx R_1$$

（3）闭环输出电阻 R_{of}。

由于是电压负反馈，所以通常认为从输出端看入的 $R_{of} \to 0$。

2. 同相输入方式

电路如图 2.3.2 所示，该电路属于电压串联负反馈。考虑到 $v_{Id} \approx 0$（虚短）和 $i_{Id} \approx 0$（虚断），可得

$$v_F = \frac{R_1}{R_1 + R_2} v_O = v_S$$

所以

$$v_O = \left(1 + \frac{R_2}{R_1}\right) v_S$$

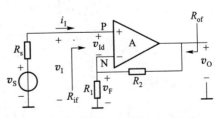

图 2.3.2 同相输入式比例运算电路

即

$$A_f = \frac{v_0}{v_S} = 1 + \frac{R_2}{R_1}$$ （2.3.2）

当 R_1 开路时，$v_0 = v_S$，所以该电路也称为电压跟随器。

因为是电压负反馈，所以闭环输出电阻为

$$R_{of} = \frac{R_o}{1 + AF} \rightarrow 0$$

因为是串联负反馈，所以闭环输入电阻为

$$R_{if} = v_1 / i_1 \rightarrow \infty \quad (i_I \approx 0)$$

2.3.2　求和运算电路的分析

求和运算是指输出量为多个输入量比例运算的代数和。电路的形式也分反相输入、同相输入和双端输入三种。

1. 反相输入

反相输入求和运算电路如图 2.3.3 所示，因同相端接地，所以反相端电位 $v_N = 0$（虚地）。又因为虚断，可列出下列电流方程：

$$\frac{v_{S1}}{R_{11}} + \frac{v_{S2}}{R_{12}} + \frac{v_{S3}}{R_{13}} = -\frac{v_0}{R_2}$$

由此可得

$$v_0 = -\left(\frac{R_2}{R_{11}} v_{S1} + \frac{R_2}{R_{12}} v_{S2} + \frac{R_2}{R_{13}} v_{S3} \right)$$ （2.3.3）

2. 同相输入

同相输入求和运算电路如图 2.3.4 所示。利用线性叠加原理，可得同相输入端电位 v_P 为

$$v_P = \frac{R_{12} /\!/ R_{13}}{R_{11} + R_{12} /\!/ R_{13}} v_{S1} + \frac{R_{11} /\!/ R_{13}}{R_{12} + R_{11} /\!/ R_{13}} v_{S2} + \frac{R_{11} /\!/ R_{12}}{R_{13} + R_{11} /\!/ R_{12}} v_{S3}$$

$$= (R_{11} /\!/ R_{12} /\!/ R_{13}) \left(\frac{v_{S1}}{R_{11}} + \frac{v_{S2}}{R_{12}} + \frac{v_{S3}}{R_{13}} \right)$$

因 $v_N = v_P$，故

$$v_0 = \left(1 + \frac{R_2}{R_1} \right) v_N = \left(1 + \frac{R_2}{R_1} \right) (R_{11} /\!/ R_{12} /\!/ R_{13}) \left(\frac{v_{S1}}{R_{11}} + \frac{v_{S2}}{R_{12}} + \frac{v_{S3}}{R_{13}} \right)$$ （2.3.4）

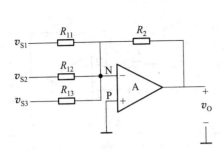

图 2.3.3　反相输入求和运算电路

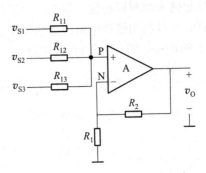

图 2.3.4　同相输入求和运算电路

3. 双端输入

图 2.3.5 所示电路可看作反相输入和同相输入混合求和电路。应用叠加原理分别求出 v_N 和 v_P，再利用 $v_N = v_P$ 的关系，即可求得

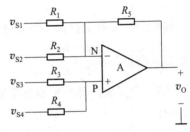

图 2.3.5　双端输入求和运算电路

$v_{S3} = v_{S4} = 0$ 时，

$$v_{O1} = -\frac{R_5}{R_1}v_{S1} - \frac{R_5}{R_2}v_{S2}$$

$v_{S1} = v_{S2} = 0$ 时，

$$v_P = \frac{R_4}{R_3+R_4}v_{S3} + \frac{R_3}{R_3+R_4}v_{S4}$$

$$v_{O2} = \left(1 + \frac{R_5}{R_1 /\!/ R_2}\right)\left(\frac{R_4}{R_3+R_4}v_{S3} + \frac{R_3}{R_3+R_4}v_{S4}\right)$$

则

$$v_O = -\frac{R_5}{R_1}v_{S1} - \frac{R_5}{R_2}v_{S2} + \left(1 + \frac{R_5}{R_1 /\!/ R_2}\right)\left(\frac{R_4}{R_3+R_4}v_{S3} + \frac{R_3}{R_3+R_4}v_{S4}\right) \qquad (2.3.5)$$

2.3.3　单运放差分放大器

我们知道,理想的差分放大电路在实现对差模信号放大的同时,可以抑制共模信号。在前面我们介绍的是以一对对称晶体管或对称场效应管构成的基本差分放大电路,作为运放内部集成电路的输入级。而采用基本的运放也能实现放大两个输入信号之间的差值,这样就可以设计出如同相和反相放大器一样的差分放大器。

差分输入式比例运算电路如图 2.3.6 所示。输入信号 v_{S1}、v_{S2} 分别加到运放的反相输入端和同相输入端上。由于是两个信号输入,运放工作在线性区,分析计算时可以利用线性电路的叠加原理。

当考虑 v_{S1} 时,将 v_{S2} 短路,可得

$$v_0' = -\frac{R_2}{R_1}v_{S1} \quad (类似图 2.3.1 所示电路)$$

当考虑 v_{S2} 时,将 v_{S1} 短路,可得

$$v_0'' = \left(1+\frac{R_2}{R_1}\right)\frac{R_2'}{R_1'+R_2'}v_{S2} \quad (类似图 2.3.2 电路)$$

所以

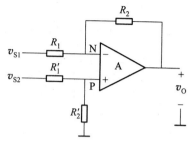

图 2.3.6   差分输入式比例运算电路

$$v_0 = v_0' + v_0'' = -\frac{R_2}{R_1}v_{S1} + \left(1+\frac{R_2}{R_1}\right)\frac{R_2'}{R_1'+R_2'}v_{S2} \tag{2.3.6}$$

理想的差分放大器的一个特性是当 $v_{S1}=v_{S2}$ 时,输出电压 $v_0=0$,可见外接的电阻需要满足条件 $\dfrac{R_2}{R_1}=\dfrac{R_2'}{R_1'}$。

同时,为了满足静态平衡电阻的条件: $R_2 // R_1 = R_2' // R_1'$,通常取 $R_1 = R_1'$,$R_2 = R_2'$,则有

$$v_0 = \frac{R_2}{R_1}(v_{S2}-v_{S1}) \tag{2.3.7}$$

上式表明该放大器的差分增益为 $A_d = \dfrac{R_2}{R_1}$。需要强调的是该增益为闭环差分增益而不是运放开环时的开环增益 A_{od}。根据运放 P 点和 N 点虚短的概念,同时 $R_1 = R_1'$,$R_2 = R_2'$,则差分的输入电阻为 $R_i = 2R_1$。

如果为了得到较高输入电阻和较高增益的差分放大器,实际应用中可以采用三运放形式的仪用放大器。关于仪用放大器的内容将在第 5 章中详细介绍。

2.3.4   积分和微分运算电路

1. 积分运算

积分运算电路如图 2.3.7 所示。因 $v_N = v_P = 0$, $i_S = v_S/R = i_C$,所以当初始条件为 $v_C(0)=0$ 时,

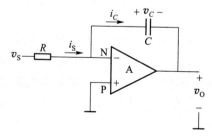

图 2.3.7   积分运算电路

$$v_0 = -v_C = -\frac{1}{C}\int_0^t i_C \mathrm{d}t = -\frac{1}{RC}\int_0^t v_s \mathrm{d}t \qquad (2.3.8)$$

若输入端加上阶跃信号,则

$$v_0 = -\frac{1}{RC}\int_0^t v_s \mathrm{d}t = -\frac{V_s}{RC}t \qquad (2.3.9)$$

由图 2.3.8(a)可以看出,此时输出为线性变化的斜坡电压,其最大值受运放最大输出电压 V_{om}^+ 或 V_{om}^- 的限制。

若输入为方波,则在一定条件下输出可为三角波,如图 2.3.8(b)所示(设输出起始电压为 $v_0(0)$)。此时的输出电压应分段计算。在求解 t_1 到 t_2 时间段的积分值时,

$$v_0 = -\frac{1}{RC}\int_{t_1}^{t_2} v_s \mathrm{d}t + v_0(t_1)$$

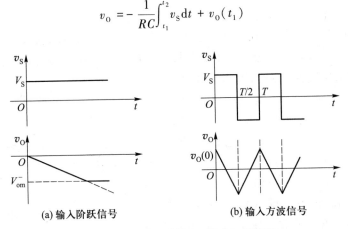

(a) 输入阶跃信号　　　　　(b) 输入方波信号

图 2.3.8　积分电路输入、输出电压波形

2. 微分运算

将积分运算电路(图 2.3.7)中的 R 和 C 的位置互换后,就可实现逆运算,构成微分运算电路,如图 2.3.9 所示。由图可知,$v_N = v_P = 0$,$i_R = i_C = C\dfrac{\mathrm{d}v_s}{\mathrm{d}t}$,

所以

$$v_0 = -i_R \cdot R = -RC\frac{\mathrm{d}v_s}{\mathrm{d}t} \qquad (2.3.10)$$

若输入 v_s 为一个阶跃信号,从公式看,输出应该为一个冲击函数(即幅度无穷大而宽度无限窄的脉冲波)。事实上,它的幅度受到运放最大输出电压的限制,它的宽度受到分布电容的影响,实际输出电压只是一种尖顶波,如图 2.3.10所示。

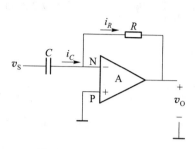

图 2.3.9　微分运算电路

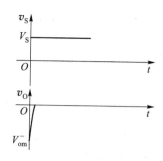

图 2.3.10　微分电路输入、输出电压波形

2.3.5　电流/电压和电压/电流变换电路

1. 电流/电压变换电路

在某些应用场合，器件或者电路的输出信号为电流，比如光探测器或者光电二极管的输出，这时需要把输出电流转换为电压信号形式。

电流/电压变换电路如图 2.3.11 所示，当输入信号为电流源 i_s 时，输出电压 v_o 为

$$v_o = -i_s \cdot R \qquad (2.3.11)$$

可见输出电压 v_o 与输入电流 i_s 成正比，达到了线性变换的目的。

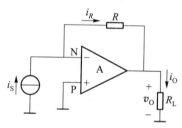

图 2.3.11　电流/电压变换

2. 电压/电流变换电路

图 2.3.12（a）中，输入信号为电压源 v_s，要求输出与之成比例的电流 i_o，因此可将电路接成电流串联负反馈形式。

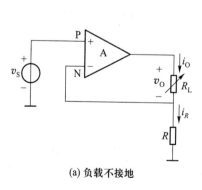

(a) 负载不接地　　　　　　　　(b) 负载接地

图 2.3.12　电压/电流变换器

由图 2.3.12(a)不难写出：

$$i_O = i_R = \frac{v_S}{R}$$

所以

$$i_O = \frac{1}{R} v_S \quad （与 R_L 无关） \tag{2.3.12}$$

图 2.3.12(a)所示电路的缺点是负载不接地。在有些应用场合下,为了减少干扰或出于安全考虑,要求负载必须接地时,可以采用图 2.3.12(b)所示电路。由图可列出下列方程：

$$\begin{cases} v_N = v_S \dfrac{R_2}{R_1 + R_2} + v_O' \dfrac{R_1}{R_1 + R_2} \\ v_P = v_O = i_O R_L = v_O' \dfrac{R_4 /\!/ R_L}{R_3 + R_4 /\!/ R_L} \\ v_N = v_P \end{cases}$$

解得

$$i_O = -\frac{R_2}{R_1} \cdot \frac{v_S}{R_3 + \dfrac{R_3}{R_4} R_L - \dfrac{R_2}{R_1} R_L}$$

若取 $R_2/R_1 = R_3/R_4$,则

$$i_O = -\frac{1}{R_4} v_S \tag{2.3.13}$$

上式表明,只要输出电压能保持在一定的允许范围,负载电流则与输入电压成比例而与负载阻抗大小无关。

注意到从信号源 v_S 看进去的放大器的输入电阻是个有限值,且为负载的函数。这样,对于恒定的输出电流 i_O,负载 R_L 大小的变化将使得 $v_N = v_P = v_O$ 发生变化,从而使得电压信号源 v_S 的输出电流发生变化。为了解决这个问题,可以在电压信号源和电阻 R_1 之间接一个电压跟随器来消除变化的输入电阻引起的负载效应。

2.3.6 运放与非线性器件构成的应用电路

以上的分析都是基于运放与线性元器件构成的典型线性电路。在很多应用场合也常利用运放和非线性半导体器件,如二极管、晶体管等构成应用电路。

1. 精密半波整流电路

图 2.3.13 为运放和二极管构成的精密半波整流电路。当 $v_I > 0$ 时,作为电压

135

跟随器，$v_\mathrm{O}=v_\mathrm{I}$，$i_\mathrm{L}=i_\mathrm{D}>0$。当 $v_\mathrm{I}<0$ 时，二极管截止，反馈回路断开，$v_\mathrm{O}=0$。

电路的电压传输特性如图 2.3.14 所示。可见电路可以实现非常精密的整流功能。在输入电压较小的正值时，同样有 $v_\mathrm{O}=v_\mathrm{I}$，可以消除二极管开启电压对电路的影响。

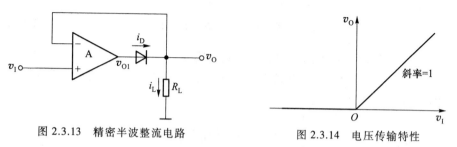

图 2.3.13　精密半波整流电路　　　　图 2.3.14　电压传输特性

需要注意的是，这个电路在 $v_\mathrm{I}<0$ 时，运放工作在开环状态，即工作在非线性区，运放输入端不再满足虚短、虚断的工作条件，两个输入端之间存在电压差。所以在大多数的运放中都采取输入电压保护措施，在这种应用时不至于损坏运放。如果运放中没有输入保护电路，当输入端电压大于 5~6 V 时就可能损坏运放。同时，对于高速信号，由于运放不能无限快地改变其输出，当输入波形从负值经过零时，运放要从负饱和恢复需要一定的时间，这期间的输出是不正确的。选择高转换速率指标的运放可以有效改善性能。

2. 精密全波整流电路

图 2.3.15 所示为采用两个运放和两个二极管构成的一种精密全波整流电路。当 $v_\mathrm{I}>0$ 时，$v_\mathrm{A}<0$，D_1 导通，D_2 截止，$v_\mathrm{O1}=-2v_\mathrm{I}$；$v_\mathrm{I}<0$ 时，$v_\mathrm{A}>0$，D_1 截止，D_2 导通，$v_\mathrm{O1}=0$。可见运放 A_1 实现半波精密整流电路功能，其电压传输特性如图 2.3.16 所示。通过运放 A_2 完成的反向求和功能，将半波精密整流电路 A_1 的输出和 v_I 叠加，完成精密全波整流功能，$v_\mathrm{O}=|v_\mathrm{I}|$，电压传输特性如图 2.3.17 所示。

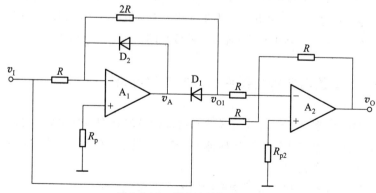

图 2.3.15　精密全波整流电路

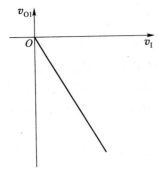

图 2.3.16 运放 A_1 构成电路的传输特性

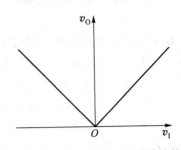

图 2.3.17 精密全波整流电路传输特性

3. 对数运算电路

对数运算电路如图 2.3.18 所示。二极管为正向导通,则要求 $v_S > 0$,由二极管伏安特性方程可知,二极管电流为

$$i_D = I_S(e^{\frac{v_D}{V_T}} - 1) \approx I_S e^{\frac{v_D}{V_T}}$$

所以

$$i_R = \frac{v_S}{R} = i_D = I_S e^{\frac{v_D}{V_T}}$$

得

$$v_O = -v_D = -V_T \ln \frac{v_S}{R \cdot I_S} \tag{2.3.14}$$

该电路的一个缺点是:二极管的参数反向饱和电流 I_S 参数分散性大,且受温度影响。可以采用晶体管进行改进,消除对数项中的 I_S。具体电路可参见相关文献。

4. 指数运算

将对数运算电路中的 D 和 R 互换位置就构成了指数运算电路,如图 2.3.19 所示。由图可得

$$v_O = -i_R \cdot R = -i_D \cdot R = -I_S R \cdot e^{v_S/V_T} \tag{2.3.15}$$

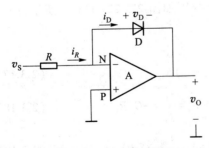

图 2.3.18 对数运算电路

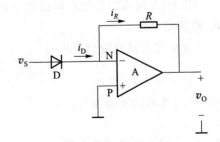

图 2.3.19 指数运算电路

137

2.3.7　跨导运算放大器

在上述的对于运算放大器的分析时,均把运放作为电压放大器,其输入输出信号均以电压信号来表示。在某些应用场合,特别是电压模式的信号系统和电流模式信号系统之间的接口电路常采用的是另一种运放形式:跨导运算放大器(operational transconductance amplifier,简称 OTA)。

OTA 是一种通用的标准部件,其符号如图 2.3.20 所示,其中 i_o 为输出电流,I_B 是偏置电流,即外部控制电流。OTA 的传输特性可表示为

$$i_o = G_m(v_{i+} - v_{i-}) = G_m v_{id} \tag{2.3.16}$$

G_m 是开环跨导增益。对于采用双极型集成工艺制作的 OTA,在小信号下 G_m 是偏置电流 I_B 的线性函数。

OTA 小信号理想模型如图 2.3.21 所示。对于这个理想模型,两个电压输入端之间开路,其差模输入电阻为无穷大;输出端是一个受控电流源,输出电阻也为无穷大。同时,在理想条件下的跨导放大器的共模输入电阻、共模抑制比、频带宽度等参数均为无穷大,输入失调电压、输入失调电流等参数均为零。

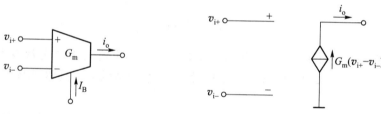

图 2.3.20　OTA 电路符号　　　　图 2.3.21　OTA 小信号理想模型

下面简单举两个例子说明 OTA 的应用。

1. 增益可控电压放大器

用 OTA 构成的反相及同相电压放大器分别如图 2.3.22(a)(b)所示,图中 R_L 是负载电阻。

电压放大器的输出电压为

$$v_o = i_o R_L = G_m(v_{i+} - v_{i-})R_L \tag{2.3.17}$$

对图(a)所示的反相放大器,有

$$A_v = \frac{v_o}{v_i} = -G_m R_L \tag{2.3.18}$$

对图(b)所示的同相放大器,有

$$A_v = \frac{v_o}{v_i} = G_m R_L \tag{2.3.19}$$

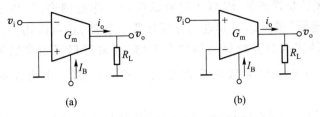

图 2.3.22　OTA 构成的电压放大器

以上两式表明,电压增益与 G_m 的值成正比,通过调节 OTA 的偏置电流 I_B 即可实现电压增益的可控。

2. 回转器

我们都知道回转器可以实现阻抗的倒置。利用 OTA 的电压/电流变换作用可以很简便地构成回转器。如图 2.3.23 所示,将两个 OTA 的输入端与它们输出端交叉连接,Z_L 是输出端外接负载阻抗。根据

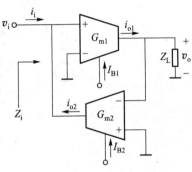

图 2.3.23　OTA 构成的回转器

$$\begin{cases} i_{o1} = G_{m1}v_i \\ v_o = i_{o1}Z_L \\ i_{o2} = -G_{m2}v_o \\ i_i = -i_{o2} \end{cases}$$

可得该电路的输入阻抗为　　　$Z_i = \dfrac{v_i}{i_i} = \dfrac{1}{G_{m1}G_{m2}Z_L}$ 　　　　　　（2.3.20）

若两个 OTA 保证精确匹配,即 $G_{m1} = G_{m2} = G_m$,则有 $Z_i = \dfrac{1}{G_m^2 Z_L}$。

上式表明,从输入端口看进去的阻抗等于输出端所连接的阻抗的倒数乘以变换系数 $\dfrac{1}{G_m^2}$。如果在输出端接一个电容,则可在输入端获得一个接地模拟电感。调节 G_m 的大小,可实现模拟电感量的连续可调,工作频率也较高。

2.4　深度负反馈放大电路的分析

一、分立元件多级负反馈放大电路的近似计算

对于由运放构成的负反馈电路,由于运放的开环增益 A 很大,所以可以认为

电路满足深度负反馈条件,因而在运放的线性工作范围内,可以方便地利用"虚短"和"虚断"的概念对其进行分析计算。显然,也可以用类似的方法来分析分立元件构成的多级负反馈放大电路,通常可以假定多级放大电路的 $|\dot{A}\dot{F}| \gg 1$,即分立元件多级负反馈放大电路一般都可作为深度负反馈来处理。

【例 2.4.1】　图 2.4.1(a)为一分立元件多级反馈放大器,图(b)为其交流通路。假设电路满足深度反馈的条件,试分析计算 A_{vf}、R_{if} 和 R_{of}。

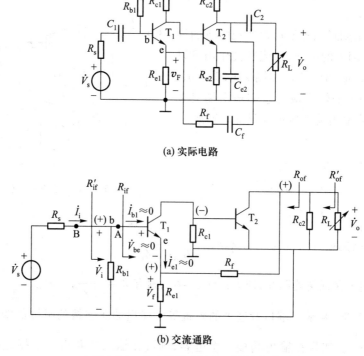

(a) 实际电路

(b) 交流通路

图 2.4.1　分立元件多级负反馈放大器

解:对于由单管放大器作为输入级的多级放大电路,T_1 的 b 和 e 可分别看成为运放的两个输入端子(这里 b 相当于同相输入端,e 相当于反相输入端)。因输入信号 $\dot{V}_i$ 加在 b 上,反馈信号 $\dot{V}_f$ 加在 e 上,所以是串联反馈(类似于图 2.1.7 电路)。由瞬时极性法可知,该电路引入了电压串联负反馈。利用"虚短"($\dot{V}_{be} \approx 0$)和"虚断"($\dot{I}_{b1} \approx 0, \dot{I}_{e1} \approx 0$)的概念不难得到

$$\begin{cases} \dot{V}_{\mathrm{i}} = \dot{V}_{\mathrm{f}} \\ \dot{V}_{\mathrm{f}} = \dot{V}_{\mathrm{o}} \dfrac{R_{\mathrm{e}1}}{R_{\mathrm{e}1}+R_{\mathrm{f}}} \end{cases}$$

所以 $\qquad\qquad \dot{A}_{vf} = \dfrac{\dot{V}_{\mathrm{o}}}{\dot{V}_{\mathrm{i}}} = 1+\dfrac{R_{\mathrm{f}}}{R_{\mathrm{e}1}}$

从不同的输入端口看入的输入电阻是不同的。图 2.4.1(b)中，从 A 点看入时，

$$R_{\mathrm{if}} = \frac{\dot{V}_{\mathrm{i}}}{\dot{I}_{\mathrm{b}1}} \to \infty$$

从 B 点看入时，

$$R'_{\mathrm{if}} = \frac{\dot{V}_{\mathrm{i}}}{\dot{I}_{\mathrm{i}}} = R_{\mathrm{b}1}$$

由于是电压负反馈，所以从取样端看入的闭环输出电阻为 $R_{\mathrm{of}} \approx 0$。

由负载端看入的闭环输出电阻为

$$R'_{\mathrm{of}} = R_{\mathrm{c}2} /\!/ R_{\mathrm{of}} \approx 0$$

【例 2.4.2】 图 2.4.2 是由差放输入级构成的多级负反馈放大器，假设电路能满足深度负反馈的条件，试分析计算 $\dot{A}_{vf}$。

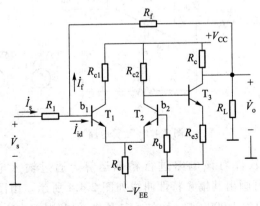

图 2.4.2 分立元件多级负反馈放大器

解： 图中差放输入端 b_1、b_2 也可看作运放的两个输入端子（b_1 相当于反相输

入端，b_2 相当于同相输入端）。因为输入信号、反馈信号加在同一个输入端子 b_1 上，所以是并联反馈（类似于图 2.1.9 电路）。由瞬时极性法可知，该电路引入了电压并联负反馈。若把 T_1、T_2 和 T_3 组成的放大器看成是运算放大器，又 b_1、b_2 可视作虚短，b_2 电位为零，所以 b_1 电位也为零。由此可得

$$\dot{I}_s = \frac{\dot{V}_s}{R_1} = \dot{I}_f = -\frac{\dot{V}_o}{R_f}$$

所以

$$\dot{A}_{vf} = \frac{\dot{V}_o}{\dot{V}_s} = -\frac{R_f}{R_1}$$

二、应用 PSPICE 分析实际运算电路的误差

以上讨论了负反馈放大器的近似计算法。由集成运放组成的负反馈放大电路由于运放的开环增益很大，所以通常都能满足深度负反馈的条件，因而在许多场合下都可以把运放作为理想元件处理，所计算的结果也足以满足工程要求。但在一些要求较高的场合，仍必须考虑实际运放的参数，并进行电路的精确计算。这里我们通过 PSPICE 软件分析一个具体的反馈放大电路，并和近似计算结果相比较。

图 2.4.3 是一个反相比例运算电路，由近似计算可得 $A_{vf} = -R_2/R_1$。若设 $R_2 = 20$ kΩ，$R_1 = 10$ kΩ，则 $A_{vf} = -2$。若设 $v_1 = 1$ mV，则近似计算得输出 $v_0 = -2$ mV。

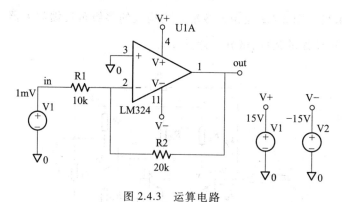

图 2.4.3　运算电路

现用 PSPICE 软件对该电路进行精确运算。通过输入电路参数和运放 LM324 的模型，即可画出其幅频特性曲线如图 2.4.4 所示。由图可知，实际电路增益值略小于 2（约为 1.999 94），存在一定误差，但此误差在工程上通常是可以忽略的。

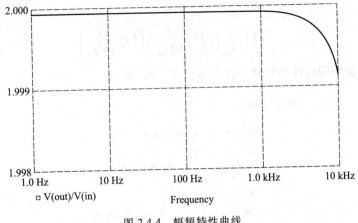

图 2.4.4 幅频特性曲线

2.5 负反馈放大电路的稳定性

2.5.1 产生自激振荡的原因和条件

负反馈能改善放大电路的许多性能指标,并且反馈深度越大,放大电路的性能越好。但是负反馈太深时,将可能引起放大电路的自激振荡,致使放大电路不能正常工作。所谓自激,是指即使在没有任何输入信号($v_s = 0$)时,放大电路也会产生一定频率的输出信号($v_o \neq 0$),这相当于放大电路的闭环增益 $\dot{A}_f$ 趋向无穷大。

放大电路为什么会产生自激振荡呢?以下将以图 2.5.1 所示的同相输入比例放大电路为例加以说明。设该电路中集成运放的频率特性表达式为

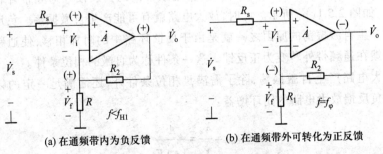

(a) 在通频带内为负反馈   (b) 在通频带外可转化为正反馈

图 2.5.1 同相输入比例放大电路

143

$$\dot{A}_v = \frac{10^5}{\left(1+\mathrm{j}\dfrac{f}{f_{H1}}\right)\left(1+\mathrm{j}\dfrac{f}{10f_{H1}}\right)\left(1+\mathrm{j}\dfrac{f}{10^2 f_{H1}}\right)}$$

其开环对数幅频特性和相频特性曲线如图 2.5.2 所示。

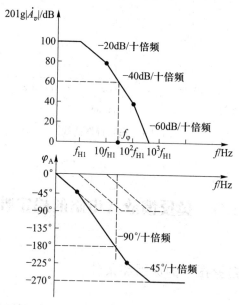

图 2.5.2　集成运放的开环频率特性曲线

对于该同相输入比例放大电路,在通频带内(即 $f<f_{H1}$ 时),集成运放的相移为 0°,即不存在附加相移,输出信号与输入信号同相,所引入的反馈为负反馈,如图 2.5.1(a)所示。但在通频带外,集成运放开始出现附加相移。例如,对于图 2.5.2 中的频率 f_φ,其附加相移 $\Delta\phi_A = -180°$。这意味着,对于 $f=f_\varphi$ 的信号,当从集成运放的同相输入端送入时,其输出信号与输入信号之间的相位为 -180°,即已由同相关系转变为反相关系,从而使通频带内的负反馈在通频带外转变为正反馈,如图 2.5.1(b)所示。此时,放大电路就有可能产生自激振荡。负反馈放大电路产生自激振荡的原因之一就是由于反馈环路中的附加相移,使通频带内的负反馈在通频带外转变为正反馈。这一条件称为自激的相位条件。

放大电路产生自激振荡,除了需满足相位条件外,还需满足一定的幅值条件。由负反馈放大电路的闭环增益:

$$\dot{A}_f = \frac{\dot{X}_o}{\dot{X}_s} = \frac{\dot{A}}{1+\dot{A}\dot{F}}$$

可知当满足 $1+\dot{A}\dot{F}=0$ 时，$\dot{A}_{\mathrm{f}}=\dot{X}_{\mathrm{o}}/X_{\mathrm{s}}\rightarrow\infty$。此时，即使将输入短路（$\dot{X}_{\mathrm{s}}=0$），放大电路仍有输出（$\dot{X}_{\mathrm{o}}\neq0$），这意味着负反馈放大电路已产生了自激振荡。由此可得负反馈放大电路产生自激振荡的条件为

$$\dot{A}\dot{F}=-1 \tag{2.5.1}$$

上式又可表示为

$$\begin{cases} |\dot{A}\dot{F}|=1 & (2.5.2) \\ \Delta\phi_{\mathrm{AF}}=\Delta\phi_{\mathrm{A}}+\Delta\phi_{\mathrm{F}}=\pm(2n+1)\pi & (2.5.3) \end{cases}$$

式中，n 为正整数。式（2.5.2）称为自激振荡的幅值平衡条件，当满足这一条件时，即使没有输入信号，因自激产生的输出信号也可以维持在一定的数值；式（2.5.3）称为自激振荡的相位平衡条件，当满足这一条件时，意味着反馈环路中的附加相移使通频带内的负反馈在通频带外转变为正反馈。只有同时满足幅值和相位这两个平衡条件时，电路才会产生自激振荡。

放大电路在自激起振过程中，自激振荡幅度有一个由小到大、不断增长的过程，因此自激起振的幅值条件为

$$|\dot{A}\dot{F}|>1 \tag{2.5.4}$$

当满足自激的相位条件和起振的幅值条件时，负反馈放大电路将产生自激振荡，并且振荡幅度不断增大。但由于放大器件的非线性特性，当振荡幅度增大时，放大电路将出现非线性失真，其增益减小，所以最终必定达到幅值平衡条件 $|\dot{A}\dot{F}|=1$，此时振荡幅度将不再增长。

2.5.2 利用波特图判定放大电路的稳定性

1. 稳定判据

由以上分析可知，只有当负反馈放大电路不能同时满足产生自激的幅值条件和相位条件时，放大电路才是稳定的。因此，在判别负反馈放大电路的稳定工作条件（也称稳定判据）时，可从以下两方面着手：① 环路增益的附加相移 $\Delta\phi_{\mathrm{A}}+\Delta\phi_{\mathrm{F}}=\pm180°$ 时，是否 $|\dot{A}\dot{F}|<1$；② 当 $|\dot{A}\dot{F}|=1$ 时，是否 $|\Delta\phi_{\mathrm{A}}+\Delta\phi_{\mathrm{F}}|<180°$。

利用负反馈放大电路环路增益 $\dot{A}\dot{F}$ 的波特图可以方便地判别放大电路是否稳定。图 2.5.3 给出了两个负反馈放大电路环路增益 $\dot{A}\dot{F}$ 的波特图。

对于图 2.5.3（a），可从两个不同的角度来分析对应的负反馈放大电路是否稳定。

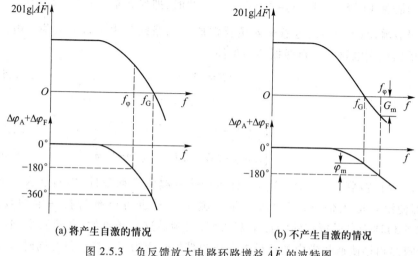

(a) 将产生自激的情况　　　　(b) 不产生自激的情况

图 2.5.3　负反馈放大电路环路增益 $\dot{A}\dot{F}$ 的波特图

（1）设 $f = f_\varphi$ 时，环路增益的附加相移 $\Delta\phi_A + \Delta\phi_F = -180°$。与之对应的幅频特性表明，$20\lg|\dot{A}\dot{F}| > 0$，即 $|\dot{A}\dot{F}| > 1$，可见该负反馈放大电路将产生自激振荡。

（2）设 $f = f_G$ 时，环路增益 $20\lg|\dot{A}\dot{F}| = 0$，即 $|\dot{A}\dot{F}| = 1$。与之对应的相频特性表明，环路增益的附加相移 $|\Delta\phi_A + \Delta\phi_F| > 180°$。这表明，必有 $f < f_G$ 的频率能同时满足 $|\Delta\phi_A + \Delta\phi_F| = 180°$ 和 $|\dot{A}\dot{F}| > 1$ 的条件，因而也证明该负反馈放大电路将产生自激振荡。

读者可用上述方法自行判别图 2.5.3(b) 对应的负反馈放大电路能否稳定工作。

2. 稳定裕度

从工程应用的角度来看，仅仅保证放大电路在一定条件下不产生自激振荡是远远不够的，因为当条件（如环境温度、电源电压、电路参数等）稍有变化时，本来稳定工作的电路就有可能产生自激振荡。为此，要求放大电路具有一定的稳定裕度。稳定裕度包括增益裕度和相位裕度。

（1）增益裕度 G_m。

当电路 $\dot{A}\dot{F}$ 的附加相移满足 $\Delta\phi_{AF} = \Delta\phi_A + \Delta\phi_F = \pm180°$ 时，其对应的环路增益称为增益裕度 G_m，如图 2.5.3(b) 所示。若满足相位平衡条件的频率用 f_φ 表示，则增益裕度可表示为

$$G_m = 20\lg|\dot{A}\dot{F}|\big|_{f=f_\varphi} \quad (\text{dB}) \tag{2.5.5}$$

稳定的负反馈放大电路的增益裕度应为负值，工程上通常要求 $G_m \leqslant -10$ dB。

（2）相位裕度 ϕ_m。

如图 2.5.3（b）所示，设满足幅值平衡条件 $20\lg|\dot{A}\dot{F}|=0$（即 $|\dot{A}\dot{F}|=1$）时所对应的频率为 f_G，其对应环路增益的附加相移 $\Delta\phi_{AF}\big|_{f=f_G}$ 与临界自激时的附加相移 $(\Delta\phi_A+\Delta\phi_F=-180°)$ 之间的差值称为相位裕度，即

$$\phi_m=\Delta\phi_{AF}\big|_{f=f_G}-(-180°)=180°-\big|\Delta\phi_A+\Delta\phi_F\big|_{f=f_G} \qquad (2.5.6)$$

稳定的负反馈放大电路的相位裕度为正值，工程上通常要求 $\phi_m\geqslant45°$。

【例 2.5.1】 某负反馈放大电路的开环幅频和相频特性曲线如图 2.5.4 所示。设反馈网络由纯电阻构成，其反馈系数分别为 $\dot{F}_1=10^{-4}$、$\dot{F}_2=10^{-3}$、$\dot{F}_3=10^{-2}$。试分析：对于不同的反馈系数，电路是否会产生自激振荡？

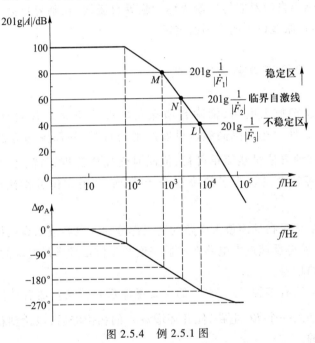

图 2.5.4 例 2.5.1 图

解： 当负反馈放大电路中的反馈网络由纯电阻构成时，反馈系数 $\dot{F}$ 为一常数，其附加相移 $\Delta\phi_F=0$。这种情况下，可以直接利用开环增益 $\dot{A}$ 的波特图来判别反馈放大电路的稳定性，如图 2.5.4 所示。

由于反馈系数 $\dot{F}$ 为常数，这样可以在开环增益 $\dot{A}$ 的幅频特性图中画一条高度为 $20\lg|1/\dot{F}|$ 的水平线，称为反馈线。它与幅频特性曲线 $20\lg|\dot{A}|$ 的交点（如图中的 M、N、L 点）正好满足 $20\lg|\dot{A}\dot{F}|=20\lg|\dot{A}|-20\lg|1/\dot{F}|=0$ dB，即 $|\dot{A}\dot{F}|=1$ 的幅值平衡条件。再根据该交点所对应的附加相移 $|\Delta\phi_A|$ 是否小于 180° 来判别

反馈放大电路是否稳定。

如图 2.5.4 中,交点 M 所对应的反馈系数为 $|\dot{F}| = |\dot{F}_1| = 10^{-4}$,对应的附加相移为 $\Delta\phi_{AF} = \Delta\phi_A = -135°$,因此,当 $|\dot{F}| = 10^{-4}$ 时,电路是稳定的,并且其相位裕度为 $\phi_m = 45°$。交点 N 所对应的反馈系数为 $|\dot{F}| = |\dot{F}_2| = 10^{-3}$,对应的附加相移为 $\Delta\phi_A = -180°$,因此,当 $|\dot{F}| = 10^{-3}$ 时,电路处在临界自激状态。而交点 L 所对应的反馈系数为 $|\dot{F}| = |\dot{F}_3| = 10^{-2}$,对应的附加相移 $\Delta\phi_A = -225°$,因此,当 $|\dot{F}| = 10^{-2}$ 时,电路肯定是不稳定的。

以上分析说明反馈系数 $|\dot{F}|$ 越大,即反馈越深,电路就越容易产生自激振荡。通常将临界自激对应的反馈线称为临界自激线,在临界自激线以上的为稳定区,在临界自激线以下的为不稳定区。

2.5.3　消除自激振荡的方法

对于负反馈放大电路,消除自激振荡的办法就是破坏自激振荡的相位条件和幅值条件。为消除高频区可能产生的自激,最简单的方法是减小反馈系数 $|\dot{F}|$。这种方法虽然简单可行,但同时使反馈深度下降,不利于放大电路其他性能指标的改善。为了解决这个矛盾,常采用相位补偿法(或称频率补偿法)。

相位补偿法是在反馈放大电路的适当部分加入电容或阻容网络,以改变 $\dot{A}\dot{F}$ 的频率响应,使得反馈放大电路在增益裕度和相位裕度满足要求的前提下,能获得较大的环路增益。

相位补偿法有多种形式,常用的主要是滞后补偿法。滞后补偿法是在基本放大电路中加入一个 RC 电路,使开环增益 $\dot{A}$ 的相位滞后,以达到稳定负反馈放大电路的目的。

1. 电容滞后补偿

为达到理想的补偿效果,要求将电容 C 接在时间常数最大的回路中,即前级输出电阻和后级输入电阻都比较大的地方,如图 2.5.5(a)(b)所示。此时,电路的附加相移是滞后的,故称滞后补偿。由于加入了电容 C,使上限频率降低,以破坏幅值平衡条件。但其通频带变窄,故又称窄带补偿。

2. RC 滞后补偿

将 RC 串联网络接在时间常数最大的回路中,如图 2.5.6(a)(b)所示。由于加入了 RC 串联网络,使补偿后的频带比电容补偿时的损失要小一些。

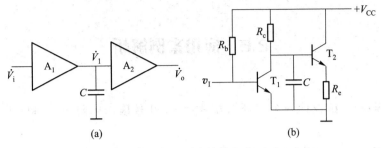

图 2.5.5　电容补偿电路

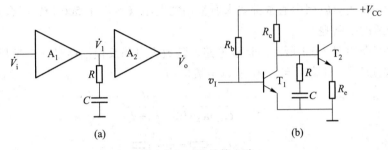

图 2.5.6　*RC* 补偿电路

3. 密勒效应补偿

以上两种补偿所需电容均较大。在集成电路中,常采用密勒效应补偿,如图 2.5.7 所示。在电路中接入较小的电容 C(或 RC 串联网络),利用密勒效应可以达到增大补偿电容的效果。如集成运放 μA741 内部的中间级电路在基极和集电极之间接一个 30 pF 的小电容,如图 2.5.7(c)所示。

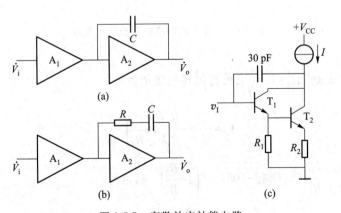

图 2.5.7　密勒效应补偿电路

2.6　应用案例解析

【案例】　试设计一个闭环增益 $A_{vf} = -100$ 且输入电阻为 50 kΩ 的反相放大器。

分析：假定采用图 2.3.1 反相输入式比例运算电路，因为输入电阻 $R_{if} = R_1 = 50$ kΩ，则反馈电阻 R_2 要取 5 MΩ，这样的电阻值对大多数实际应用电路来说都太大了。在实际应用中通常都要求所采用的电阻阻值小于 500 kΩ，那么该怎样设计合适的电路呢？

我们介绍图 2.6.1 所示的运放电路。该放大电路反馈回路是一个 T 形网络。因为"虚短"，反相端 $v_N = v_P = 0$，所以电流应为

$$i_2 = -\frac{v_o}{R_2 /\!/ R_4 + R_3} \cdot \frac{R_4}{R_2 + R_4}$$

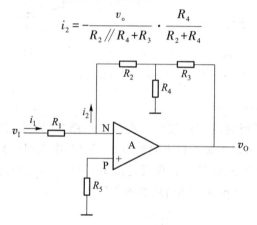

图 2.6.1　带 T 形网络的反相放大电路

因为"虚断"，$i_2 = i_1 = \dfrac{v_1}{R_1}$，可得闭环电压增益为

$$A_{vf} = \frac{v_o}{v_1} = -\frac{R_2}{R_1}\left(1 + \frac{R_3}{R_4}\right) - \frac{R_3}{R_1}$$

如取 $\dfrac{R_2}{R_1} = \dfrac{R_3}{R_1} = 8$，则有 $-100 = -8\left(1 + \dfrac{R_3}{R_4}\right) - 8$，可得

$$\frac{R_3}{R_4} = 10.5$$

如取 $R_1 = 50\ \mathrm{k\Omega}$（满足题中输入电阻大小的要求），则 $R_2 = R_3 = 400\ \mathrm{k\Omega}$，$R_4 = 38\ \mathrm{k\Omega}$。根据平衡电阻要求，可取 $R_5 = R_1 \parallel [R_2 + (R_3 \parallel R_4)] \approx 45\ \mathrm{k\Omega}$。

可见，所有电阻值都小于 500 kΩ，且满足各种要求。当然，和大多数设计题目一样，以上的设计不存在唯一解。

利用 OrCAD PSpice 软件对设计的电路进行验证。仿真电路中运放可选型号 LM324。图 2.6.2 给出输入输出波形；图 2.6.3 给出增益的幅频特性；图 2.6.4 给出设计电路的输入电阻频率特性。

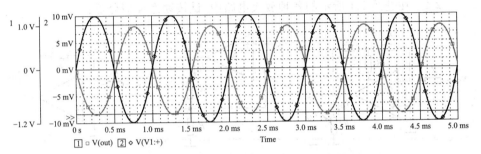

图 2.6.2 设计的反相放大电路的输入输出波形

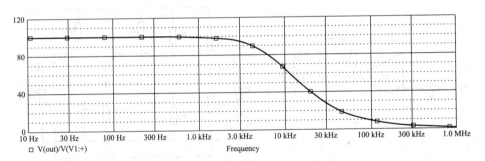

图 2.6.3 设计的反相放大电路的幅频特性

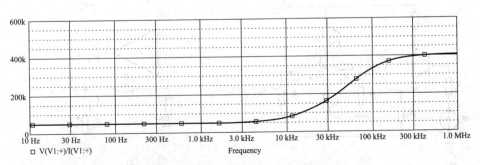

图 2.6.4 设计电路的输入电阻频率特性

151

　　根据上述的仿真结果,可以验证所设计电路的正确性。同时,读者可分析并体会实际电路工作的误差以及电路的频率特性。

习　题　2

2.1　在题图 2.1 所示的各种放大电路中,试按动态反馈分析:

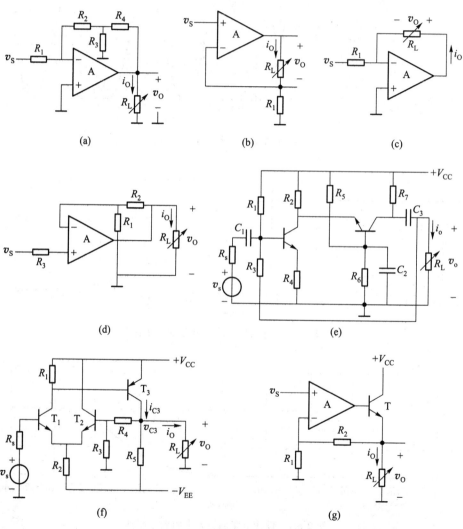

题图 2.1

（1）各电路分别属于哪种反馈类型？（正/负反馈;电压/电流反馈;串联/并联反馈）

（2）各个反馈电路的效果是稳定电路中的哪个输出量？（说明是电流,还是电压）

（3）若要求将图(f)改接为电压并联负反馈,试画出电路图(不增减元件)。

2.2 假设系统的开环增益为 10^5,现在要求闭环增益 $A_f = 50$,求反馈系数 F。

2.3 设某个放大器开环时 $\dfrac{\mathrm{d}|\dot{A}_v|}{|\dot{A}_v|}$ 为 20%,若要求 $\dfrac{\mathrm{d}|\dot{A}_{vf}|}{|\dot{A}_{vf}|}$ 不超过 1%,且 $|\dot{A}_{vf}| = 100$,则 $\dot{A}_v$ 和 $\dot{F}$ 分别应取多大?

2.4 欲将某放大电路的上限频率由 $f_H = 0.5$ MHz 提高到不低于 10 MHz,至少应引入多深的负反馈? 如果要求在引入上述负反馈后,闭环增益不低于 60 dB,则基本放大电路的开环增益 $|\dot{A}|$ 应不低于多少倍?

2.5 在什么条件下,引入负反馈才能减少放大器的非线性失真系数和提高信噪比? 如果输入信号中混入了干扰,能否利用负反馈加以抑制?

2.6 题图 2.6 是同相输入方式的放大电路,A 为理想运放,电位器 R_w 可用来调节输出直流电位,试求:

（1）当 $V_i = 0$ 时,调节电位器,输出直流电压 V_o 的可调范围是多少?

（2）电路的闭环电压放大倍数 $\dot{A}_{vf} = \dot{V}_o / \dot{V}_i = ?$

2.7 在题图 2.7 中,设集成运放为理想器件,求下列情况下 v_o 与 v_s 的关系式:

（1）若 S_1 和 S_3 闭合,S_2 断开,$v_o = ?$

（2）若 S_1 和 S_2 闭合,S_3 断开,$v_o = ?$

（3）若 S_2 闭合,S_1 和 S_3 断开,$v_o = ?$

（4）若 S_1、S_2、S_3 都闭合,$v_o = ?$

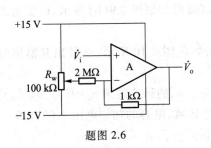

题图 2.6

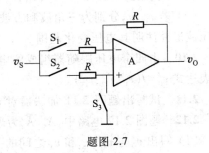

题图 2.7

2.8 用集成运放和普通电压表可组成性能良好的欧姆表,电路如题图 2.8

所示。设 A 为理想运放,虚线方框表示电压表,满量程为 2 V,R_M 是它的等效电阻,被测电阻 R_x 跨接在 A、B 之间。

（1）试证明 R_x 与 V_O 成正比;

（2）计算当要求 R_x 的测量范围为 $0 \sim 10$ kΩ 时,R_1 应选多大阻值。

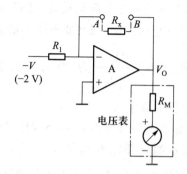

题图 2.8

2.9　题图 2.9(a) 为加法器电路,$R_{11} = R_{12} = R_2 = R_3$。

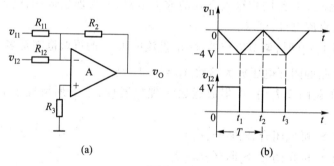

(a)　　　　　　(b)

题图 2.9

（1）试求运算关系式 $v_O = f(v_{I1}, v_{I2})$;

（2）若 v_{I1}、v_{I2} 分别为三角波和方波,其波形如题图 2.9(b) 所示,试画出输出电压波形并注明其电压变化范围。

2.10　由四个电压跟随器组成的电路如题图 2.10 所示,试写出其输出电压的表达式 $v_O = f(v_{I1}, v_{I2}, v_{I3})$。

2.11　试写出题图 2.11 加法器对 v_{I1}、v_{I2}、v_{I3} 的运算结果 $v_O = f(v_{I1}, v_{I2}, v_{I3})$。

2.12　题图 2.12 电路中,A_1、A_2 为理想运放,电容的初始电压 $v_C(0) = 0$。

（1）写出 v_O 与 v_{S1}、v_{S2} 和 v_{S3} 之间的关系式;

（2）写出当电路中电阻 $R_1 = R_2 = R_3 = R_4 = R_5 = R_6 = R_7 = R$ 时,输出电压 v_O 的表达式。

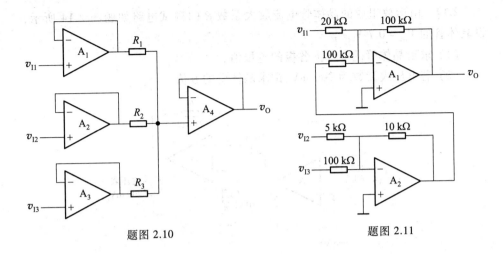

题图 2.10   题图 2.11

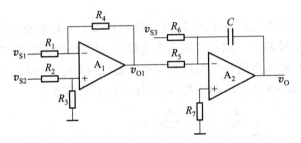

题图 2.12

2.13 电路如题图 2.13 所示,设 A_1、A_2 为理想运算放大器,$R_1 = 20\ \text{k}\Omega$,$R_2 = 30\ \text{k}\Omega$,$R_3 = 30\ \text{k}\Omega$,$R_4 = 40\ \text{k}\Omega$,$R_5 = 10\ \text{k}\Omega$,$R_6 = 20\ \text{k}\Omega$,$R_7 = 6.8\ \text{k}\Omega$,$C = 1\ \mu\text{F}$,输入电压 $v_{\text{S1}} = 1\ \text{V}$,$v_{\text{S2}} = 2\ \text{V}$,$v_{\text{S3}} = 4\ \text{V}$,均在 $t = 0$ 时接入,C 初始电压为 0。求 v_0 从起始时的 0 V 变化到 -10 V 所需的时间。

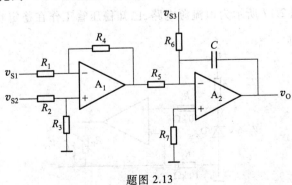

题图 2.13

2.14　由运放组成的晶体管电流放大系数 β 的测试电路如题图 2.14 所示，设晶体管的 $V_{BE} = 0.7$ V。

（1）求出晶体管的 c、b、e 各极的电位值；

（2）若电压表读数为 200 mV，试求晶体管的 β 值。

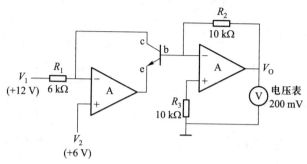

题图 2.14

2.15　在深度负反馈条件下，近似计算题图 2.1 中各电路的闭环电压增益 $A_{vf} = v_0/v_S$ 及从信号源 v_S 二端看入的输入电阻 R_{if} 和闭环输出电阻 R_{of}。

2.16　题图 2.16 电路为一电压控制电流源，$i_O = f(v_S)$。设 A 为理想运放，电路参数中满足 $(R_2 + R_3) >> R_L$ 的条件，试推导 i_O 与 v_S 的关系式。

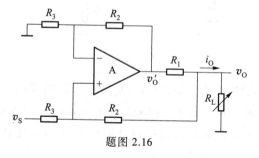

题图 2.16

2.17　题图 2.17 所示为恒流源电路，已知稳压管工作在稳定状态，试求负载电阻中的电流 I_L。

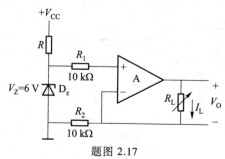

题图 2.17

2.18 恒流源电路如题图 2.18 所示。设 A 为理想运算放大器,晶体管 T 的电流放大系数 $\beta \gg 1$,饱和管压降 $V_{\mathrm{CES}} = 0$。

（1）求 I_{L} 的值;

（2）I_{L} 的大小与负电源（$-V_{\mathrm{CC}}$）有无关系?为何要加此负电源?

（3）为使 I_{L} 为恒流,R_{L} 的最大值 $R_{\mathrm{Lmax}} = ?$

2.19 题图 2.19 所示的电路,用电压信号源来驱动 LED。经过适当的设计使 $i_{\mathrm{D}} > i_1$。

（1）推导用 v_1 和电阻表示的 i_{D} 表达式;

（2）设计电路使 $v_1 = 5$ V 时,有 $i_{\mathrm{D}} = 12$ mA 和 $i_1 = 1$ mA。

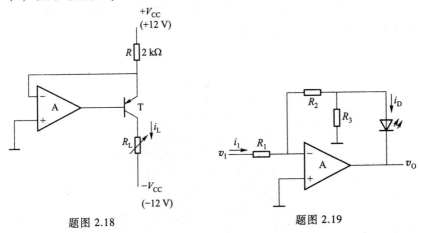

题图 2.18   题图 2.19

2.20 分析题图 2.20 所示电路输出电压 v_0 和输入电压 v_s 间的关系,当取 $R_1 = R_2 = R_3$,$R_4 = 2R_3$ 时,说明电路的功能。

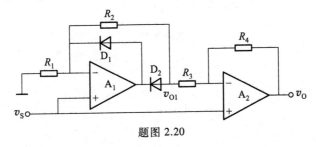

题图 2.20

2.21 某个集成运放的开环频率特性表达式为

$$\dot{A}_{\mathrm{od}} = \frac{\dot{A}_{\mathrm{odm}}}{\left(1 + \mathrm{j}\dfrac{f}{f_{\mathrm{p1}}}\right)\left(1 + \mathrm{j}\dfrac{f}{f_{\mathrm{p2}}}\right)\left(1 + \mathrm{j}\dfrac{f}{f_{\mathrm{p3}}}\right)}$$

式中，$f_{p1} = 10$ kHz，$f_{p2} = 1$ MHz，$f_{p3} = 10$ MHz，$\dot{A}_{odm} = 10^4$。

（1）试画出它的波特图（对数幅频和相频特性）；

（2）若用它构成负反馈放大器，中频闭环增益减小到多少分贝时，电路将产生临界自激振荡？

（3）若要求留有 45° 的相位裕度时，最小中频闭环增益应取多少？

2.22 题图 2.22 为某负反馈放大电路在 $\dot{F} = 0.1$ 时的环路增益波特图。

（1）写出开环放大倍数 $\dot{A}$ 的表达式；

（2）说明该负反馈放大电路是否会产生自激振荡；

（3）若产生自激，则求出 $\dot{F}$ 应下降到多少才能使电路到达临界稳定状态；若不产生自激，则说明有多大的相位裕度。

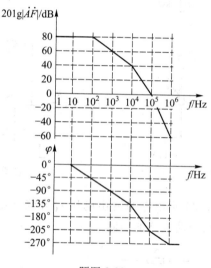

题图 2.22

第3章 功率放大电路和基本 AC/DC 变换电路

3.1 功率放大电路

3.1.1 功率放大电路基本概念

以上各章节所讨论的放大电路,多数是要求对信号进行电压放大,即对信号实现电压/电压变换。但在实际应用中,往往还需要对信号实现电压/电流变换、电压/功率变换或电流/电压变换、电流/功率变换等。这些应用场合不但要求放大电路的输出有足够大的电压动态范围,而且还要求有足够大的电流动态范围。本节将主要讨论电压/功率变换电路,即通常所说的功率放大器。

功率放大器往往由多级放大电路组成。前置级和中间级将来自信号源的微小电压信号进行电压放大,以驱动输出级,在输出级则需要将直流供电电源的功率转换成负载所需要的信号功率。由于功率输出级中的放大器件(功率管)在功率转换过程中,其电压和电流的变化幅度通常都较大,因此对功率放大电路就不能依靠器件的小信号模型来进行分析,而需要采用图解分析法或器件的大信号模型。

功率放大电路具有以下几个特点:

(1) 由于输出电压或输出电流的幅度较大,功率放大电路必须工作在大信号条件下,因而容易产生非线性失真。如何减小输出信号的失真是首先要考虑的问题。

(2) 输出信号功率的能量来自直流电源,提高转换效率可以在相同的输出信号功率下减少功率器件的热损耗。为此必须改进功率放大电路的拓扑结构和功率器件的工作状态。

(3) 半导体器件在大信号工作条件下,承受高电压、大电流,因此必须考虑器件的过流、过压等问题,同时必须采取适当的保护措施。

功率放大电路按静态工作点的不同设置可分为甲类功率放大器、乙类功率放大器和甲乙类功率放大器。

3.1.2　甲类单管功率放大电路

图 3.1.1(a)所示为共发射极甲类功率放大级电路,负载 R_L 直接串联在放大器件的集电极回路中,其图解分析如图 3.1.1(b)所示。

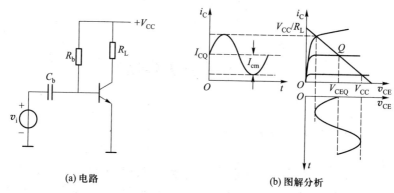

(a) 电路　　　　　　　　　　(b) 图解分析

图 3.1.1　甲类单管功放级

为了取得最大的动态范围,必须使静态工作点 Q 位于交流负载线的中点,此时静态管压降 $V_{CEQ} \approx V_{CC}/2$,静态电流 $I_{CQ} \approx V_{CC}/(2R_L)$。

在正弦输入信号 v_i 的驱动下,晶体管的电压和电流将在静态值的基础上分别叠加交流成分:

$$\begin{cases} v_{CE} = V_{CEQ} - V_{cem}\sin \omega t \\ i_C = I_{CQ} + I_{cm}\sin \omega t \end{cases}$$

显然,只要 $I_{cm} < I_{CQ}$,则集电极交流电流也为正弦波,电源输出的平均电流仍为 I_{CQ},因而电源提供的直流功率 P_E 不变。

$$P_E = \frac{1}{2\pi}\int_0^{2\pi} V_{CC}i_C \mathrm{d}(\omega t) \tag{3.1.1}$$

负载上得到的输出信号功率为

$$P_O = \frac{1}{2}I_{cm}^2 R_L \tag{3.1.2}$$

由此可得该功率输出级的效率为

$$\eta = \frac{输出信号功率\ P_O}{电源提供的功率\ P_E} = \frac{\frac{1}{2}I_{cm}^2 R_L}{V_{CC}I_{CQ}} \tag{3.1.3}$$

由图 3.1.1(b)图解分析可知,当晶体管处于最大不失真输出时,如不考虑其饱和压降 V_{CES},则极限情况下有

$$V_{cem} \approx V_{CC}/2, \quad I_{cm} \approx V_{CC}/(2R_L)$$

代入式(3.1.3)可得该类电路的理想效率为

$$\eta = \frac{V_{CC}^2/(8R_L)}{V_{CC}^2/(2R_L)} = 25\% \tag{3.1.4}$$

可见这类放大器的功率转换效率很低,原因是电源 V_{CC} 所提供的总功率中,大部分作为晶体管的集电极功耗和负载电阻的直流功耗了。这类单管放大器由于不允许 i_C 在一个周期内出现截止失真,所以必须取 $I_{CQ} > I_{cm}$,这显然是造成较大管耗和负载直流功耗的根源。

为了提高功率输出级的效率,人们设想能否使晶体管的静态电流 $I_{CQ} \approx 0$?若这样,i_C 波形中将出现半个周期的截止区。但如果再用另一个同样的电路,使之与前一个电路交替工作(即前一电路中晶体管截止时,后一电路晶体管工作),则负载上仍可得到完整的正弦波。这个思路的电路拓扑就是我们在运放输出级中所分析的互补对称的共集电路。我们把在一个信号周期内,要求 i_C 完整导通(即 i_C 的导通角 $\theta = 360°$)的功率放大器称为甲类功率放大器,而对 i_C 仅导通半个周期的功率放大器(静态 $I_{CQ} = 0$)称为乙类功率放大器。根据静态工作点的不同设置,功率放大器可以工作在乙类 $\theta = 180°$、甲类 $\theta = 360°$ 和甲乙类 $\theta = 180° \sim 360°$(可以防止交越失真),如图 3.1.2 所示。

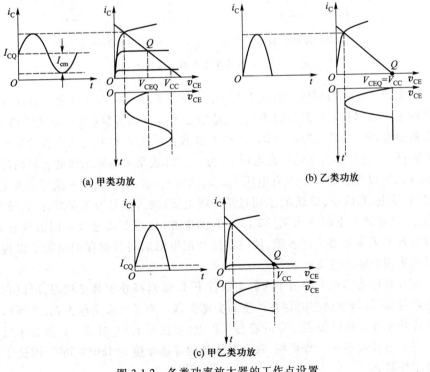

(a) 甲类功放   (b) 乙类功放

(c) 甲乙类功放

图 3.1.2 各类功率放大器的工作点设置

161

3.1.3　乙类双管功率放大电路

乙类功率放大器主要有互补对称式和变压器耦合推挽式两种类型。

1. 互补对称式

互补对称式功率放大器采用 NPN 和 PNP 两种不同类型的管子组成,且要求它们的特性对称 ,基本电路如图 3.1.3 所示。图(a)由单电源供电,又称 OTL (output transformerless)电路,图(b)为双电源供电电路,又称 OCL(output capacitorless)功放电路。

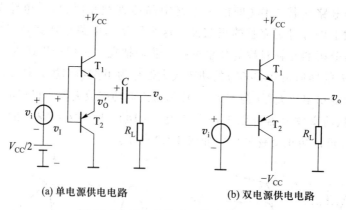

(a) 单电源供电电路　　　　　　　(b) 双电源供电电路

图 3.1.3　互补对称式乙类功率放大器

双电源互补式功率放大器在 1.7 节中已作了介绍。单电源互补对称功率放大器的工作原理和双电源情况类似,只是增加了一只大容量(几百至几千微法)的电解电容器。当静态时($v_i = 0$),T_1 和 T_2 都截止。在 T_1 和 T_2 的伏安特性完全对称的条件下,它们射极上的静态电压 v'_o 为 $V_{CC}/2$(这是单电源工作的合适的静态工作点),所以电容器 C 上充有电压 $V_{CC}/2$,输出 $v_o = v'_o - v_C = 0$;输入信号 v_i 为正半周时,T_1 导电,T_2 截止,负载 R_L 上流过正半周电流;输入信号为负半周时,T_2 导电,T_1 截止,电容器 C 上的电压 $V_{CC}/2$ 作为 T_2 的电源,负载上流过负半周信号电流。所以电容 C 要有足够大的容量,使得在信号正半周期间所储存的电能足以提供信号负半周的输出电流。

互补对称功率放大器由于在静态条件下 T_1 和 T_2 都处于截止状态,所以它的静态功耗为零,但在动态时存在严重的交越失真。为了克服交越失真,必须给互补对称功率放大电路设置一定的静态工作点(使信号 $v_i = 0$ 时,T_1、T_2 都处于微导通状态),这样在整个工作周期,每个晶体管的导通角度为 $180° \sim 360°$,即处于甲乙类工作状态。

需要注意的是,OTL 功率放大器由于静态时 $v'_0 = V_{CC}/2$,所以要求输入端(T_1、T_2 基极)上的静态电压也为 $V_{CC}/2$,即 $v_1 = V_{CC}/2 + v_i$。而 OCL 电路的输入端上不需要静态电压。

2. 变压器耦合推挽式

变压器耦合推挽功率放大器见图 3.1.4。

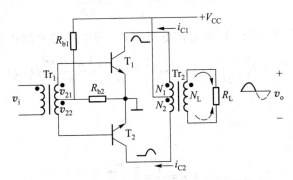

图 3.1.4　变压器耦合推挽功率放大器

图中,Tr_1 和 Tr_2 分别是输入和输出变压器,T_1、T_2 为同极型(如图同为 NPN 管)对称推挽管,R_{b1} 和 R_{b2} 是提供推挽管静态工作点的偏置电阻,并可以消除交越失真。

当 v_i 为正弦交流信号正半周时,由变压器同名端标记可知,副边的 v_{21}、v_{22} 也为正半周,因此 T_1 导电而 T_2 截止,i_{C1} 电流从输出变压器原边的同名端流出,负载电流 i_L 也从 Tr_2 副边的同名端流出,从而在负载电阻 R_L 上得到上正下负的正半周输出电压信号。

当 v_i 为负半周时,T_2 导电、T_1 截止,i_{C2} 电流自 Tr_2 原边的同名端流入,所以负载电流也从同名端流入。可见在一个周期内,负载 R_L 上得到一个完整的正弦波形。

变压器耦合的突出优点是,可以通过改变变压器的变比,找到一个最佳的等效负载(此时输出功率最大,且不失真)。并且,在不提高电源电压的条件下,可以通过选择 Tr_2 的变比使输出电压的幅度 V_{om} 超过电源电压。

3.1.4　功率放大电路的基本计算

1. 功率放大电路的主要技术指标

这里我们主要分析双电源互补对称式功率放大电路(图 3.1.3(b))的主要技术指标。

（1）输出功率 P_0 和转换效率 η。

输出功率 P_0 是指负载上所得到的信号功率，在线性工作条件下，设 $v_i = V_{im}\sin\omega t$，则输出电压为 $v_o = V_{om}\sin\omega t$，流过负载的输出电流为 $i_o = V_{om}/R_L\sin\omega t$，故输出信号功率为

$$P_0 = V_0 I_0 = \frac{V_{om}}{\sqrt{2}} \cdot \frac{I_{om}}{\sqrt{2}} = \frac{V_{om}^2}{2R_L} \tag{3.1.5}$$

在一个信号周期内，正、负直流电源（$\pm V_{CC}$）所供给的平均功率为

$$P_E = 2\left[\frac{1}{2\pi}\int_0^\pi V_{CC} i_o \mathrm{d}(\omega t)\right] = \frac{V_{CC}}{\pi}\int_0^\pi \frac{V_{om}\sin\omega t}{R_L}\mathrm{d}(\omega t)$$
$$= \frac{2V_{CC}V_{om}}{\pi R_L} \tag{3.1.6}$$

因而转换效率为

$$\eta = \frac{P_0}{P_E} = \frac{\pi}{4}\frac{V_{om}}{V_{CC}} \tag{3.1.7}$$

输出信号波形如图 3.1.5 所示。当输出信号幅度达到理想的最大值 $V_{om} \approx V_{CC}$ 时，则最大输出功率为

$$P_0 = V_0 I_0 = \frac{V_{om}}{\sqrt{2}} \cdot \frac{I_{om}}{\sqrt{2}} = \frac{V_{CC}^2}{2R_L} \tag{3.1.8}$$

此时，电源 $\pm V_{CC}$ 所提供的平均功率为

$$P_E = \frac{2V_{CC}^2}{\pi R_L}$$

相应的转换效率的理想极值为

$$\eta_{max} = \frac{P_{om}}{P_E} = \frac{\pi}{4} \approx 78.5\% \tag{3.1.9}$$

当考虑功放管的饱和压降 V_{CES} 时，$V_{om} = V_{CC} - V_{CES}$。此时，功率放大电路的效率将小于 78.5%（一般为 60% ~ 70%）。

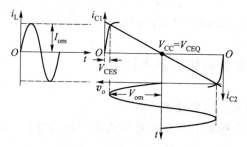

图 3.1.5　互补对称功率放大器的工作波形

（2）器件损耗 P_T。

直流电源所提供的功率 P_E 除了大部分转换成输出信号功率 P_0 外，其余则转换为功放器件的集电极功耗或称管耗 P_T。因此，T_1、T_2 两管的总管耗为

$$P_T = P_E - P_0 = \frac{2V_{CC}V_{om}}{\pi R_L} - \frac{V_{om}^2}{2R_L} \qquad (3.1.10)$$

可见器件损耗 P_T 与输出信号幅值 V_{om} 并非呈线性关系。为求最大管耗 P_{TM}，则对式（3.1.10）求导，并令 $\mathrm{d}P_T/\mathrm{d}V_{om} = 0$，可得

$$\frac{\mathrm{d}P_T}{\mathrm{d}V_{om}} = \frac{2V_{CC}}{\pi R_L} - \frac{V_{om}}{R_L}$$

解得

$$V_{om} = \frac{2V_{CC}}{\pi} \approx 0.64V_{CC} \qquad (3.1.11)$$

此时，P_T 达到最大值 P_{TM}

$$P_{TM} = \frac{2V_{CC}^2}{\pi^2 R_L} = \frac{4}{\pi^2}P_{om} \approx 0.4P_{om} \qquad (3.1.12)$$

所以每个功放管的最大功耗为

$$P_{T1M} = P_{T2M} = \frac{1}{2}P_{TM} \approx 0.2P_{om} \qquad (3.1.13)$$

2. 功放管的选取

在互补对称功率放大电路中，功放管必须按以下几点原则选取：

（1）每只功放管的集电极损耗 $P_{CM} > 0.2P_{om}$。

（2）功放管的耐压 $V_{(BR)CEO} > 2V_{CC}$。

（3）功放管允许的最大集电极电流 $I_{CM} > V_{CC}/R_L$。

3. 功放电路实际应用时需考虑的问题

（1）两个功放管的选取应该严格配对，特别是工作电流较大时的 β 要一致。并且在大电流下饱和压降要小，且一致。

（2）管子的散热问题。管子上损耗的热量如果能及时带走，将提高电路的输出功率并延长管子使用寿命。因此，功放管通常必须装上一定尺寸的散热片，在大功率场合甚至需采用风冷和水冷。

（3）功放管因在大电流、高电压下工作，应对其采取过压和过流保护措施。

（4）当供电电源内阻较大时，输出信号电流在电源内阻上的压降可能会导致功放电路的低频自激。为消除低频自激，通常可在前置放大电路的供电回路中加入去耦滤波电容。

3.1.5　集成功率放大器

1. 集成运放的扩流与扩压

集成运放的输出级多采用互补对称式功放输出,但由于集成运放受到散热、电流容量、耐压等问题的制约,其输出电流一般为几十毫安,输出电压的动态范围为电源电压的 85% 左右。例如,一个用 ±15 V 电源的集成运放,最大输出电压仅为 ±13 V 左右。所以输出功率很小。为此,常需要将集成运放的输出电压或输出电流范围扩大。

（1）集成运放的扩流。

在集成运放的输出端再加一级互补对称功放,利用 T_1、T_2 的电流放大作用,达到扩大输出电流的目的,其电路如图 3.1.6 所示。

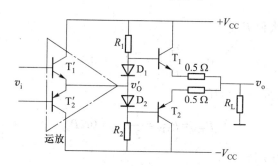

图 3.1.6　集成运放扩大输出电流

在电路参数完全对称的条件下,当 $v_i = 0$ 时,$v'_O = 0$。为向 T_1 和 T_2 提供静态电流,在电路中接入二极管 D_1、D_2,以使 $V_{B1} \approx +0.6$ V,$V_{B2} \approx -0.6$ V。此时输出电压 v_o 仍为 0,负载上无电流流过。加入信号 v_i 后,若运放内部输出级 T'_1 导电,则 v'_O 电位抬高,T_1 导电加强,v_o 输出幅度增大,所以流过 R_L 上的正向电流增大。当运放内部的 T'_2 导电时,v'_O 向负方向增大,T_2 导电加强,R_L 上的电流向负向增大。当选择 T_1、T_2 的电流足够大时,可达到扩流的目的。

扩流范围的大小,取决于对输出功率大小的要求。如果运算放大器的输出驱动电流对 T_1、T_2 尚不够大时,还可采用复合管的扩流形式。

实际的功率放大电路通常由电压放大级和功率放大级组成,并引入负反馈以改善各方面的性能。如图 3.1.7 所示,图中由 R_{b1}、D_1、D_2、R_{b2} 组成的电路是为了给 T_1、T_2 两管提供一定的静态偏置,使之处于甲乙类工作状态。R_2、R_1 构成电压串联负反馈,既引入了交流反馈,又引入了直流反馈。

电压串联型交、直流负反馈的引入既可稳定静态时的输出零电位,又可稳定

动态时的闭环增益和改善非线性失真,并提高输入电阻,减小输出电阻。该电路的闭环电压增益为

$$A_{vf} = 1 + \frac{R_2}{R_1}$$

因输出级为射极跟随器,没有电压增益,所以该电路的最大输出电压幅值和运放的最大输出电压幅度相近。

（2）集成运放的扩压。

通用运放的直流供电电压大多在 15 V 以下,所以输出信号电压的最大幅值在 12 V 左右。当要求输出电压幅度较高时,或为了增大输出功率,可采用高压运放。它的电源电压可达±36 V 以上,也可采用对集成运放输出级扩压的方法提高输出电压。集成运放扩压电路方案很多,图 3.1.8 是其中的一种。

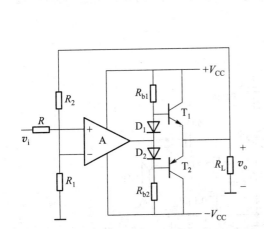

图 3.1.7　运放和 OCL 电路组成的功率放大电路

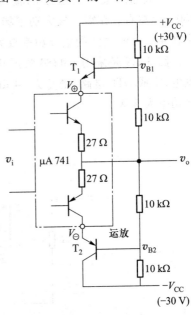

图 3.1.8　集成运放的扩压电路

由于运放和功率级采用同一对电源供电,所以要考虑运算放大器的电源电压不能超过允许值。当输入信号 v_i 为 0 时,输出电压 v_o 为 0。此时,$v_{B1} = +15$ V,$v_{B2} = -15$ V,集成运放的正、负电源端电位分别为 $V_{\oplus} = +14.3$ V,$V_{\ominus} = -14.3$ V,它们之间的压差为 $[+14.3-(-14.3)]$ V = 28.6 V。

当加入信号 v_i 后,T_1、T_2 的基极电位分别为

$$v_{B1} = \frac{1}{2}(V_{CC} - v_o) + v_o = \frac{V_{CC}}{2} + \frac{v_o}{2}$$

167

$$v_{B2} = \frac{1}{2}(-V_{CC} - v_o) + v_o = -\frac{V_{CC}}{2} + \frac{v_o}{2}$$

此时,运放的正负电源两端间的电压差为

$$V_+ - V_- = (v_{B1} - v_{BE1}) - (v_{B2} - v_{BE2})$$

$$= \left(\frac{V_{CC}}{2} + \frac{v_o}{2}\right) - \left(-\frac{V_{CC}}{2} + \frac{v_o}{2}\right) - 1.4 \text{ V}$$

$$= 28.6 \text{ V}$$

可见,正负电源两端间的电压差与 v_i 为 0 时的静态情况几乎一样,但经扩压后的输出电压 v_o 可达±24V 以上(考虑了 T_1、T_2 的饱和压降)。

2. 集成功率放大器

一般通用型集成运放的输出功率是很小的,如 μA741 的输出功率仅为 100 mW 左右。在需要较大功率场合,可选用集成功率放大器。现举两个输出功率在 4~20 W 之间的集成功率放大器。

图 3.1.9 是采用 LM384 集成功放实现的音频功率放大器,采用 22 V 单电源供电,构成 OTL 电路,增益为 34 dB,带宽 300 kHz。当采用 8 Ω 的扬声器时,输出功率为 5 W。

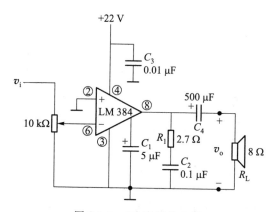

图 3.1.9　5W 音频放大器

在调试电路时,为了防止因寄生电容耦合而产生振荡,输入、输出线必须选用屏蔽线,外壳应接地,LM384 的输出端还应接上 R_1、C_2 补偿网络,C_3 为电源的去耦滤波电容(可降低 22 V 电源的交流内阻),C_1 起低频旁路作用。

输出 20 W 的单片集成功率放大器如图 3.1.10 所示,采用双电源供电,构成 OCL 电路。当输入为 260 mV 时,在 4 Ω 扬声器上将可获得 20 W 的输出功率,失真度小于 1%,电路的效率达 57%。其增益为 30 dB,带宽为 10 Hz~160 kHz。TDA2020 芯片还具有输出电流过载和短路保护功能。

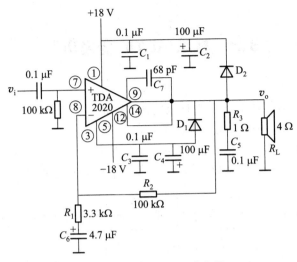

图 3.1.10　20 W 音频放大器

电路中,$C_1 \sim C_4$ 为器件侧的电源滤波电容,用来降低电源内阻的影响。串联的 R_3、C_5 是为了补偿扬声器负载的电感。R_1、C_6 与 R_2 一起构成串联电压负反馈。C_7 是运放本身的相位校正电容。接在输出端上的二极管 D_2 和 D_1 可以将输出电压的正、负向幅度限制在 18 V 以内。

3.1.6　应用案例解析

【案例】　利用 TDA2020 芯片设计功率放大电路,负载电阻大小为 8 Ω,所需传输功率为 10 W,要求转换效率为 50%,试问电路的电源电压应取多大?

分析:为了在 8 Ω 负载上获取 10 W 的信号功率,由式(3.1.5)可得

$$V_{om} = \sqrt{2P_O R_L} = \sqrt{2 \times 10 \times 8} \text{ V} = 12.65 \text{ V}$$

负载上的电流峰值为 $I_{om} = \dfrac{12.65}{8} \text{A} = 1.58 \text{ A}$,有效值为 1.12 A。假设电路工作在理想乙类功放条件下,转换效率为 50%,则正负双电源提供的平均功率必须为 20 W,由式(3.1.6)可得 $V_{CC} = \dfrac{\pi P_E R_L}{2 V_{om}} = \dfrac{20 \times \pi \times 8}{2 \times 12.6} \text{V} = 19.9 \text{ V}$。

可见,选用的双电源大小为 ±20 V,同时还必须满足输出最大电流峰值为 1.6 A。

上述的电路可自行采用仿真软件进行验证。

3.2 基本 AC/DC 变换电路

电子电路在多数情况下需要直流电源,比如干电池或太阳能电池等。在有交流电网的场合下,一般采用直流稳压电源。将电力部门提供的 50 Hz 交流电,经过整流变成单方向脉动的直流电,然后再用滤波器去除脉动成分,最后用稳压措施使输出的直流电压保持稳定。图 3.2.1 是直流稳压电源的结构示意框图。

图 3.2.1 直流稳压电源的组成

3.2.1 整流和滤波电路

3.2.1.1 整流电路

整流电路的任务是将正负交变的交流电变换为只在单方向有变化的直流电。整流电路有多种实现形式,比如利用二极管的单向导电性,就可以实现将输入的正弦波信号转换为半波或全波信号(参考之前章节中的二极管半波和全波整流电路)。图 3.2.2 所示为目前比较实用的整流电路,由于四只二极管组成电桥形式,故称为桥式整流电路。

图中,变压器 Tr 为降压变压器,其作用是将 220 V 的交流电压降低至某一较小且数值合适的交流电。当 v_2 为正半周(上正、下负极性)时,由于 D_1、D_3 正向导通,D_2、D_4 反向截止,所以负载电流 i_L 自上而下流过 R_L,输出 v_o 为正向半波脉动电压,如图 3.2.3 中实线波形所示。当 v_2 为负半周(上负、下正极性)时,D_2、D_4 导通,D_1、D_3 截止,负载电流 i_L 仍是从上到下流过 R_L,因此输出 v_o 仍为正向半波脉动电压,如图 3.2.3 中虚线波形所示。可见在 v_2 的一个周期内,D_1、D_3 和 D_2、D_4 各轮流导通一次,并最终完成了全波整流任务。

整流电路有两个主要的技术指标,分别是整流输出直流电压 V_0 和输出电压纹波系数 K_r。整流输出直流电压 V_0 反映了整流电路将交流电压转换为直流电压的能力,计算时用输出电压的平均值来表示。输出电压纹波系数 K_r 定义为输出电压交流有效值与平均值之比,反映了整流电路输出电压波形的平滑度。

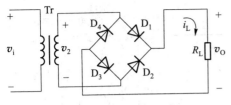

图 3.2.2　桥式整流电路

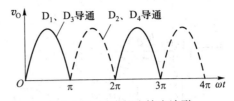

图 3.2.3　桥式整流输出波形

针对前述桥式整流电路,若定义降压变压器的副边电压为

$$v_2 = \sqrt{2}\,V_2 \sin \omega t$$

则输出电压 v_0 可以用傅里叶级数表示为

$$v_0 = \frac{2\sqrt{2}}{\pi}V_2\left(1 - \frac{2}{3}\cos 2\omega t - \frac{2}{15}\cos 4\omega t - \frac{2}{35}\cos 6\omega t - \cdots\right)$$

因此,有

$$V_0 = \frac{2\sqrt{2}}{\pi}V_2 \approx 0.9V_2 \qquad (3.2.1)$$

$$K_r = \frac{\sqrt{V_2^2 - V_0^2}}{V_0} \approx 0.483 \qquad (3.2.2)$$

桥式整流电路中选用二极管时,必须考虑二极管在电路中可能承受的最大反向电压 V_R 和最大平均电流 $I_{D(AV)}$。显然,每只二极管截止时,其所承受的最大反向电压 $V_R = \sqrt{2}\,V_2$,每管中的平均电流 $I_{D(AV)}$ 为负载电流 $I_{L(AV)}$ 的一半。由此可见,为确保二极管安全工作,要求:

$$V_R = \sqrt{2}\,V_2 < V_{RM} \qquad (\text{二极管允许的反向电压}) \qquad (3.2.3)$$

$$I_{D(AV)} = \frac{1}{2}I_{L(AV)} = \frac{V_{O(AV)}}{2R_L} < I_F \qquad (\text{二极管最大整流电流}) \qquad (3.2.4)$$

桥式整流电路在输入交流信号的正负半周内都可向负载提供电流,效率较高。但是,由于输出信号中含有较大的脉动成分,所以通常还需在其后端接入滤波电路,以滤除交流谐波分量(提高纹波系数),从而得到平滑的直流电压。

3.2.1.2　滤波电路

电容在电路中具有储能作用,即当电源电压增加时,电容将电能储存在电场中,当电源电压减小时,电容可将原储存在电场中的电能逐步释放出来。另外,电容在不同频率下具有不同的电抗特性,可组成低通滤波电路,从而减少输出电压中的纹波成分。利用电容的这些特性,将电容量足够大的电容与负载并联,便可构成如图 3.2.4(a)所示的电容滤波电路。

171

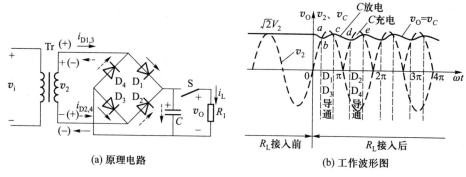

(a) 原理电路　　　　　　　　　(b) 工作波形图

图 3.2.4　桥式整流电容滤波电路

设滤波电容 C 两端的初始电压为零,若空载(开关 S 断开),在 v_2 的正、负半周,D_1、D_3 和 D_2、D_4 轮流导通,所以始终有单方向电流对电容 C 充电。由于整流电路的内阻 R_{int}(包括变压器副边的直流电阻和二极管的正向电阻)很小,电容 C 很快可充电到接近 v_2 的最大值(即 $v_C = \sqrt{2} V_2$)并保持不变,其波形如图 3.2.4(b) 中纵轴左侧所示。

当接上负载 R_L(开关 S 闭合)后,在 $v_2 < v_C$ 时,二极管均反偏截止,电容 C 对负载 R_L 放电,放电时间常数为 $\tau_d = R_L C$,v_C 按指数规律缓慢下降,如图 3.2.4(b) 中 v_C 波形的 ab 段。当 v_2 上升至 $v_2 > v_C$ 时,D_1 和 D_3 正偏导通,$i_{D1,3}$ 的一部分提供负载电流,另一部分对 C 充电。充电时间常数 $\tau_C = (R_{int} /\!/ R_L) C \approx = R_{int} C$ 较小,v_C 上升较快,如图 3.2.4(b) 中 v_C 波形的 bc 段。而当 $v_2 < v_C$ 时,D_1、D_3 反偏截止,C 又对 R_L 放电,如图 3.2.4(b) 中 v_C 波形的 cd 段。在 v_2 的负半周,情况与以上相似,只是导通的是 D_2 和 D_4。如此周而复始,电容 C 反复快充电和慢放电,负载上便得到比没有电容滤波时平滑得多的输出电压 v_O(即 v_C)波形。

值得注意的是,此时的输出直流电压 V_O 和输出电压纹波系数 K_r 的大小与 $R_L C$ 这个时间常数有关。从图 3.2.4(b) 中可以看出,$R_L C$ 值越大,不但输出直流电压值大,且输出电压的纹波系数小。在 $R_L = \infty$(空载)时,输出直流电压 V_O 为最大,$V_{O(max)} = \sqrt{2} V_2 \approx 1.4 V_2$;当 $R_L C$ 值很小(相当于无滤波电容)时,$V_{O(min)} \approx 0.9 V_2$。工程应用时可按下式估算 V_O 的大小:

$$V_O = 1.2 V_2 \quad 或 \quad V_2 = V_O / 1.2 \tag{3.2.5}$$

由式(3.2.5)便可以按 V_O 的大小要求,设计整流变压器的副边侧电压 V_2。

不同的电子设备对电源电压的平滑度要求不同,由此可设计有不同的滤波电路。比较常见的有电容滤波、电感滤波和复合式滤波电路(两个或两个以上滤波元件组成),图 3.2.5 所示各种常见的滤波电路和它们的名称。

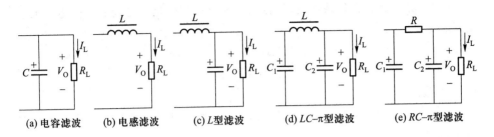

图 3.2.5 滤波电路的各种形式

电容型滤波器(如图 3.2.5(a)(d)(e)所示)的输出空载电压较高(通常为 $\sqrt{2}V_2$),加上额定负载 R_L 后,V_O 会下降较多,所以一般适用于负载电流较小,且变动不大的场合。电感型滤波器(如图 3.2.5(b)(c)所示)的输出空载电压较低(通常为 $0.9V_2$),但 I_L 增大时,V_O 下降不多,所以通常适用于负载电流较大(如大功率整流电路)的场合。两种滤波器的输出负载特性曲线如图 3.2.6 所示。

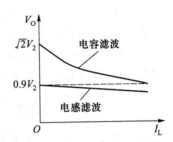

图 3.2.6 电容/电感滤波器
的负载特性曲线

一般来说,所用的滤波元件越多,其滤波效果越好。在某些电子仪器中,若对电源的滤波要求很高,可采用 π 型滤波器或采用多级滤波方式。例如,图 3.2.5(e)所示 RC-π 型滤波器,相当于两次滤波,分别是单电容+RC 低通滤波。此电路的另一优势是电阻 R 可以起到限流作用,从而保护了前端的整流管。图 3.2.5(d)所示 LC-π 型滤波器,适用于负载电流大的情况,它的主要优势是电感 L 易于让直流通过,而对交流具有较大的电抗,所以滤波效果更有效。

3.2.2 稳压电路

3.2.2.1 线性串联型稳压电路

根据前面的分析:整流滤波电路的输出直流电压 V_O 与交流电网电压有关,整流滤波电路具有一定的内阻。因此,交流电网电压或负载的变化将引起整流电源输出直流电压 V_O 的变化。所以,为了使负载得到稳定的直流电压,必须在整流滤波电路之后接入稳压电路。

为了衡量稳压电路的性能,通常采用稳压系数、输出内阻、负载调整率三个指标。另外,还有稳定电压、最大输出电流、输出纹波电压、温度系数等。

（1）稳压系数：在负载不变时，输出直流电压的变化率与输入直流电压的变化率之比。

$$S_r = \dfrac{\Delta V_O / V_O}{\Delta V_I / V_I} \bigg|_{\Delta I_L = 0} \qquad (3.2.6)$$

显然，S_r 应远小于 1。

（2）输出内阻：在输入电压不变时，输出直流电压的变化量与输出直流电流的变化量之比。

$$R_o = \dfrac{\Delta V_O}{\Delta I_L} \bigg|_{\Delta V_I = 0} \qquad (3.2.7)$$

R_o 的含义与放大器输出电阻相似，其值通常在零点几欧姆以下。R_o 越小，负载特性越平坦，带负载能力更强。

（3）负载调整率：负载调整率可以定义为无负载电流条件下的输出电压 $V_O(\mathrm{NL})$ 到满负载电流条件下的输出电压 $V_O(\mathrm{FL})$ 的相对变化。

$$负载调整率 = \dfrac{V_O(\mathrm{NL}) - V_O(\mathrm{FL})}{V_O(\mathrm{NL})} \times 100\% \qquad (3.2.8)$$

在实际应用场合，通常以最大电流的 1% 作为无负载电流。

稳压电路可分为线性（亦称连续型）稳压电路和开关稳压电路。本节将讨论比较常用的线性串联反馈型稳压电路。图 3.2.7 是线性串联反馈型稳压电路的一般结构图，它是一个基于运放组成的电压串联负反馈电路，因此具有输出电阻小和输出电压稳定等特点。

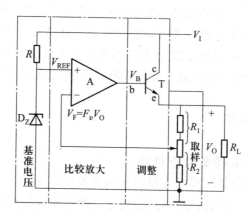

图 3.2.7　线性串联反馈型稳压电路一般结构图

图中，V_I 是整流滤波电路的输出电压，晶体管 T 称为调整管（工作在线性放大区），运放 A 起比较放大作用（亦称误差放大器）；V_{REF} 为基准电压（由稳压管

D_z 与限流电阻 R 构成,分析时常把 V_{REF} 看作整个反馈电路的输入电压);R_1和R_2 组成反馈取样电路,用来反映输出电压 V_O 的变化,所得的 V_F(与 V_O 成比例)将反馈至运放 A 的反相输入端,从而构成电压串联负反馈。

此电路的稳压原理是:当电网电压或负载变化时,输出电压 V_O 发生变化,其变化量由反馈网络取样,并与基准电压 V_{REF} 进行比较,其差值电压经放大环节 A 放大后,控制调整管 T 的基极电压,从而改变调整管 T 的 V_{CE},并最终使输出电压 V_O 稳定。

例如,当电网电压升高(对应于 V_I 增加)时,输出电压 V_O 增加,反馈电压 V_F 也增加;V_F 与基准电压 V_{REF} 的差值电压经放大环节 A 放大后,使调整管 T 基极上的 V_B 减小;因此调整管 T 的 I_C 减小,其 c、e 间电压 V_{CE} 增大;由于 $V_O=V_I-V_{CE}$,所以 V_O 下降,从而维持了 V_O 的基本恒定。显然,这是电压负反馈电路的基本性能(能稳定输出电压)。同理,可分析负载变化时的输出电压稳定效果。

在深度负反馈条件下,电压反馈系数为

$$F_v = \frac{R_2}{R_1+R_2}$$

$$V_{REF} = V_F = V_O \cdot \frac{R_2}{R_1+R_2}$$

所以
$$V_O = V_{REF}\left(1+\frac{R_1}{R_2}\right) \tag{3.2.9}$$

式(3.2.9)表明,输出电压 V_O 与基准电压 V_{REF} 近似成正比,与反馈系数 F_v 成反比。通常,V_{REF} 是确定的,所以改变 R_1/R_2 即可调节 V_O 的大小。另外,当反馈深度越深时,稳压作用越强,电路的稳压系数 S_r 和输出电阻 R_o 也越小。

为了选用合适的调整管(T),要求进一步分析调整管的最大集电极电压 $V_{BR(CEO)}$、最大集电极损耗 P_{CM} 和最大集电极电流 I_{CM},其方法与功率放大器中对功放管的选用方法相类似。

3.2.2.2 线性集成稳压电源

利用半导体集成工艺,将前述的线性串联型稳压电路,再加上高精度的基准源,过压、过流、过热等保护电路等,集中在一块硅片上,即可构成集成稳压器。三端集成稳压器有输入、输出和公共端三个引脚,问世于 20 世纪 70 年代,是电源集成电路的一大革命。它大大简化了电源的设计,具有体积小、外接元件少、工作安全可靠、性能优越和使用方便等特点,适于制作各类通用型稳压电源,用途非常广泛。

按输出电压是否可调,集成三端稳压电源可分为固定式和可调式两种。

1. 三端固定式集成稳压器

三端固定式集成稳压器有 78xx(正压输出)和 79xx(负压输出)两种系列,其中的 xx 表示标称的输出电压值,有 5 V、6 V、8 V、9 V、12 V、15 V、18 V 和 24 V 规格。例如,7805 和 7905 分别表示输出电压为 5 V 和–5 V。

以 78xx 系列为例,图 3.2.8 所示其原理框图,主要包括启动电路、基准电压源、误差放大器、调整管、取样电路、保护电路等部分。启动电路仅在刚通电时起作用,以帮助恒流源建立工作点,一旦稳压器工作正常后即失效。78xx 系列采用带隙基准电压源,由取样电路获得误差电压,再经过误差放大器进行电压放大,去调节调整管的压降,最终达到稳压目的。保护电路包括过流、短路、调整管安全工作区和芯片过热保护等。

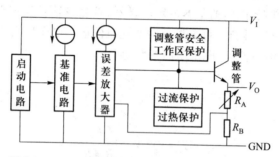

图 3.2.8　78xx 系列三端固定式集成稳压器原理框图

图 3.2.9 所示为 78xx、79xx 系列三端固定式集成稳压器在 TO-220(塑料)封装时的外形及管脚排列。

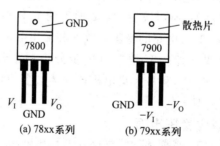

(a) 78xx系列　　(b) 79xx系列

图 3.2.9　78xx、79xx 系列的外形及管脚排列(TO-220 封装)

图中,V_I 为整流滤波电路的输出电压,V_O 为集成稳压器的输出电压,GND 为公共接地端。TO-220 封装时,最大功耗为 10 W(加散热器情况下,此时的电流可达安培数量级);若需获得更大的输出功率(电流),则可以选用 TO-3(金属壳)封装,如图 3.2.10 所示。此时,在加散热器情况下,最大功耗可达 20 W。

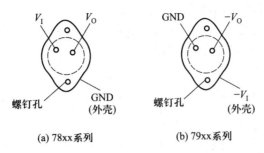

(a) 78xx系列　　　　(b) 79xx系列

图 3.2.10　78xx、79xx 系列的外形及管脚排列(TO-3 封装)

需要注意的是：78xx 与 79xx 虽然外形相同,电压系列值与允许电流也相同,但是在使用时需注意其不同的管脚排布。例如采用 TO-3 封装的78xx 系列,其金属外壳为地端;而同样封装的 79xx 系列,金属外壳是负压输入端。所以,在由两者构成多路稳压电源时,若将 78xx 的外壳接印制板的公共地,79xx 系列的外壳及散热器就必须与印制板公共地绝缘,否则会造成电源短路。

为保证稳压器内部的调整管 c、e 间有足够的电压,设计时要求输入-输出压差(V_I-V_O)应不小于 2 V,一般应选择 3~5 V。另外,它的最高输入电压 V_I 不能超过 35 V。这些数据都是在设计中必须考虑的。

78xx、79xx 系列的基本应用电路分别如图 3.2.11(a)(b)所示(图中略去了前端的整流滤波电路环节)。C_i 是稳压器的输入电容,用于进一步减小高频纹波,并防止由输入引线较长所带来的电感效应而引起的自激振荡;C_o为输出电容,利用其两端压降不能突变的特性,可改善负载的瞬态响应(减小由于负载电流瞬时变化而引起的高频干扰);在实用电路中,C_i 和 C_o 旁可分别并联一个容量较大的电解电容(如 100 μF),用于进一步减小输出纹波和低频干扰。

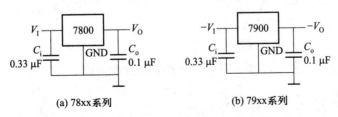

(a) 78xx系列　　　　　　　(b) 79xx系列

图 3.2.11　78xx、79xx 系列的典型应用

将 78xx 与 79xx 搭配使用后,可构成同时输出正压和负压的稳压电源,如图 3.2.12所示为同时输出±6 V 稳压电源电路。该电路的特点是公用一套整流

滤波电路。电源变压器的次级带中心抽头,但假如所用 78xx 与 79xx 的输入电阻严格对称,也可考虑不加中心抽头。另外,三端固定式集成稳压器还可构成扩压、扩流等电路(具体可参考相关资料)。

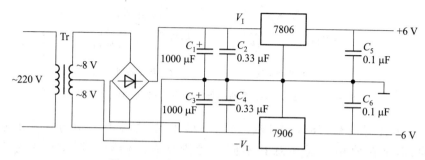

图 3.2.12　能同时输出正负压的稳压电源

尽管三端稳压器内部有较完善的保护电路,但任何保护电路都不是万无一失的,必须防止因使用不当而损坏稳压器。常见故障及预防方法如图 3.2.13 所示。首先要防止浮地故障的发生,一旦 GND 端开路,稳压器的输出电压就会接近于输入电压,即 $V_O \approx V_I$,可能损坏负载电路中的元器件。其次是 V_I 端与 V_O 端不得接反。第三,当稳压器输出端接有大容量负载电容 C_0 时,应在 V_I 与 V_O 端之间接一只保护二极管 D。正常情况下因 V_I 大于 V_O,所以 D 截止。一旦断电或输入短路时,C_0 上积存的电荷便经过二极管 D 向前级放电,而不必通过 78xx 中的调整管放电,起到保护稳压器件的作用。

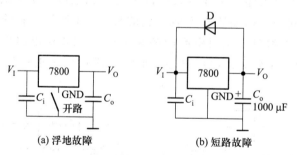

图 3.2.13　常见故障及其预防方法

2. 三端可调式集成稳压器

以三端固定式集成稳压器为基础,外接很少的元件后,可构成三端可调式集成稳压器,可提供可以调节的稳定电压。图 3.2.14 所示为其典型的电路结构和外接元件。

它的内部电路有比较放大器、偏置电路(图中未画出)、恒流源电路和带隙

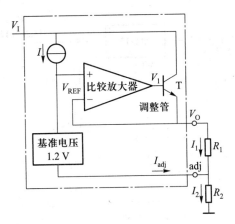

图 3.2.14 三端可调式集成稳压器结构图

基准电压源 V_{REF} 等。它的公共端一般称为调整端 adj,使用时改接到输出端,器件本身无接地端,所以消耗的电流都从输出端流出。内部的基准电压(约1.2 V)接至比较放大器的同相端和调整端之间。若接上外部的调整电阻 R_1 和 R_2 后,输出电压为

$$V_{\mathrm{O}} = V_{\mathrm{REF}} + \left(\frac{V_{\mathrm{REF}}}{R_1} + I_{\mathrm{adj}} \right) R_2$$

$$= V_{\mathrm{REF}} \left(1 + \frac{R_2}{R_1} \right) + I_{\mathrm{adj}} R_2 \qquad (3.2.10)$$

由于调整端电流 $I_{\mathrm{adj}} << I_1$,则式(3.2.10)可简化为

$$V_{\mathrm{O}} = V_{\mathrm{REF}} \left(1 + \frac{R_2}{R_1} \right) \qquad (3.2.11)$$

LM317(正压输出)和 LM337(负压输出)是目前应用较为广泛的两款三端可调式集成稳压器,图 3.2.15 所示为其典型应用电路(正、负输出电压可调的稳压器)。图中,$V_{\mathrm{REF}} = V_{31}$(或 V_{21})= 1.2 V,$R_1 = R_1' = 120 \sim 240 \ \Omega$,为保证空载情况下输出电压稳定,$R_1$ 和 R_1' 不宜高于 240 Ω。若输入电压为 ±25 V,则输出电压可在 ±(1.2～20)V 范围内调节。

需要强调的是,这类稳压器是依靠外接电阻来调节输出电压的。为保证输出电压的精度和稳定性,要求选择精度高、稳定性好的电阻。同时,电阻要紧靠稳压器,防止输出电流在连线电阻上产生误差电压。

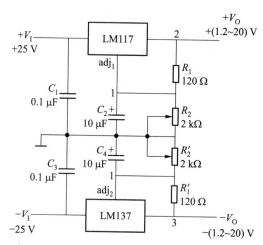

图 3.2.15　三端可调式集成稳压器的典型应用电路

3.2.3　应用案例解析

决定集成稳压电路输出电压稳定性的一个主要因素是基准电压的精度。同时,基准电压也广泛应用于 A/D、D/A 以及很多的传感器电路中。基准电压应具有精度高、噪声电压低、温度系数小、长期稳定性好等特点。以下给出两种具有温度补偿的实用电路。

【案例 1】　图 3.2.16 所示为具有温度补偿的基准电压电路。图中,稳压二极管的稳压值 V_Z 和晶体管的发射结电压 V_{BE} 分别具有正、负温度系数。试分析其工作机理。

由图,基准电压 V_R 可表示为

$$V_R = V_Z - 2V_{BE} - (V_Z - 3V_{BE}) \cdot \frac{R_1}{R_1 + R_2}$$

$$= \frac{R_2 V_Z + (R_1 - 2R_2) V_{BE}}{R_1 + R_2}$$

若在设计中,V_Z 与 R_1、R_2 和 V_{BE} 的温度系数满足 $\dfrac{\dfrac{dV_{BE}}{dt}}{\dfrac{dV_Z}{dt}} = \dfrac{R_2}{R_1 - 2R_2}$,即 $R_2 \Delta V_Z = (R_1 - 2R_2) |\Delta V_{BE}|$,则当温度变化时,基准电压 V_R 的变化量为零(温度系数为零)。

【案例 2】　图 3.2.17 所示为具有温度补偿效果的带隙(band-gap)基准电压电路。图中,晶体管的发射结电压 V_{BE} 具有负温度系数。试分析其工作机理。

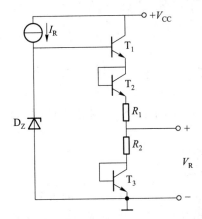
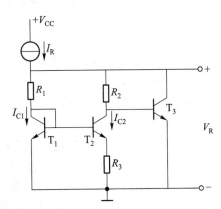

图 3.2.16　具有温度补偿的基准电压电路　　　图 3.2.17　具有温度补偿的带隙基准电压电路

由图,在忽略 T_1 的基极电流情况下,基准电压 V_R 可表示为

$$V_R = I_{C2}R_2 + V_{BE}$$

由于 I_{C2} 是由 T_1、T_2 和 R_3 构成的微电流源,即

$$I_{C2} = \frac{V_T}{R_3}\ln\frac{I_{C1}}{I_{C2}}$$

所以,有

$$V_R = \frac{R_2}{R_3}V_T\ln\frac{I_{C1}}{I_{C2}} + V_{BE}$$

由于电压当量 V_T 具有正温度系数,因此只要选择合适的电路参数,即可获得零温度系数的基准电压。

$$V_R = V_{g0} = 1.205 \text{ V}$$

上式中,V_{g0} 是硅材料在 0 K 时禁带宽度(能带间隙)的电压值,所以上述电路也被称为能隙基准电压源或禁带宽度基准电压源。以此电路为基础,可进一步设计出大于 1.2 V 的多档位、稳定性非常高的基准电压源。目前比较常见的集成芯片有 MC1403、AD680 等,它们的输出电阻极低,近似零温漂(温度系数可达 2 μV/℃),微伏级热噪声。

习 题 3

3.1 一双电源互补对称电路如题图 3.1 所示,已知 $V_{CC} = 12$ V,$R_L = 16$ Ω,v_I 为正弦波。求:

(1) 在晶体管的饱和压降 V_{CES} 可以忽略不计的条件下,负载上可能得到的最大输出功率 $P_{om} = $?

(2) 每个管子允许的管耗 P_{CM} 至少应为多少?

(3) 每个管子的耐压 $|V_{(BR)CEO}|$ 应大于多少?

3.2 在题图 3.2 所示的 OTL 功放电路中,设 $R_L = 8$ Ω,管子的饱和压降 $|V_{CES}|$ 可以忽略不计。若要求最大不失真输出功率(不考虑交越失真)为 9 W,则电源电压 V_{CC} 至少应为多大?(已知 v_i 为正弦电压。)

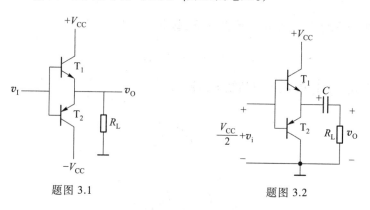

题图 3.1   题图 3.2

3.3 OTL 放大电路如题图 3.3 所示,设 T_1、T_2 特性完全对称,v_i 为正弦电压,$V_{CC} = 10$ V,$R_L = 16$ Ω。试回答下列问题:

(1) 静态时,电容 C_2 两端的电压应是多少? 调整哪个电阻能满足这一要求?

(2) 动态时,若输出电压波形出现交越失真,应调整哪个电阻? 如何调整?

(3) 若 $R_1 = R_3 = 1.2$ kΩ,T_1、T_2 的 $\beta = 50$,$|V_{BE}| = 0.7$ V,$P_{CM} = 200$ mW,假设 D_1、D_2、R_2 中任意一个开路,将会产生什么后果?

3.4 乙类 OTL 功放级电路如题图 3.4 所示,电源电压 $V_{CC} = 30$ V,负载电阻 $R_L = 8$ Ω。

(1) 试问驱动管 T 的静态电压 V_{CEQ} 和静态电流 I_{CQ} 应设计为何值?

（2）设功放管 T_1、T_2 的最小管压降 $|V_{CES}|$ 约为 3 V，试估算最大不失真输出功率 P_{om} 和输出级效率 η。

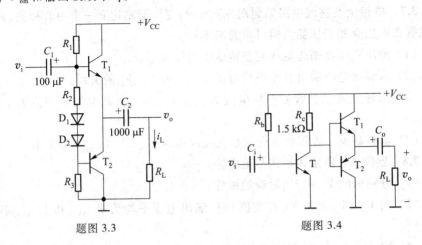

题图 3.3   题图 3.4

3.5 题图 3.5 功放电路中，设运放 A 的最大输出电压幅度为 ±10 V，最大输出电流为 ±10 mA，晶体管 T_1、T_2 的 $|V_{BE}| = 0.7$ V。

（1）该电路的电压放大倍数 $A_{vf} = ?$

（2）该电路的最大不失真输出功率 $P_{om} = ?$

（3）当达到上述功率时，输出级的效率是多少？每个管子的管耗多大？

3.6 在题图 3.6 所示电路中，已知 $V_{CC} = 15$ V，T_1 和 T_2 的饱和管压降 $|V_{CES}| = 1$ V，集成运放的最大输出电压幅值为 ±13 V，二极管的导通电压为 0.7 V。

（1）为了提高输入电阻，稳定输出电压，且减小非线性失真，应引入哪种组态的交流负反馈？试在图中画出反馈支路。

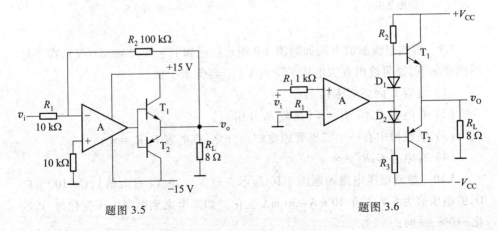

题图 3.5   题图 3.6

（2）若 $v_i = 0.1$ V，$v_o = 5$ V，则反馈网络中电阻的取值约为多少？

（3）若输入电压幅值足够大，则电路的最大不失真输出功率为多大？

3.7　单相全波整流电路如题图 3.7 所示，变压器副边有一个中心抽头，并设整流管正向压降和变压器内阻可以忽略不计。

（1）画出变压器副边电压与整流输出电压波形；

（2）求整流电路输出直流平均电压 $V_{O(AV)}$ 与 V_{21}、V_{22} 的关系；

（3）求各整流二极管的平均电流 $I_{D(AV)1}$、$I_{D(AV)2}$ 与负载电流平均值 $I_{L(AV)}$ 的关系；

（4）求各整流二极管所承受的最大反向电压 $V_{(BR)}$ 与 V_{21}、V_{22} 的关系。

3.8　题图 3.8 所示为桥式整流电路。

（1）分别标出 V_{O1} 和 V_{O2} 对地的极性；

（2）当 $V_{21} = V_{22} = 20$ V（有效值）时，输出电压平均值 $V_{O(AV)1}$ 和 $V_{O(AV)2}$ 各为多少？

（3）当 $V_{21} = 18$ V，$V_{22} = 22$ V 时，画出 v_{O1}、v_{O2} 的波形，并求出 V_{O1} 和 V_{O2} 各为多少？

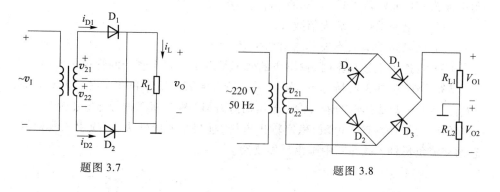

题图 3.7　　　　　　　　　　　　题图 3.8

3.9　桥式整流滤波电路如题图 3.9 所示。已知 $v_2 = 20\sqrt{2} \sin \omega t$（V），在下述不同情况下，说明输出直流电压平均值 $V_{O(AV)}$ 各为多少伏。

（1）电容 C 因虚焊未接上；

（2）有电容 C，但 $R_L = \infty$（负载 R_L 开路）；

（3）整流桥中有一个二极管因虚焊而开路，有电容 C，$R_L = \infty$；

（4）有电容 C，$R_L \neq \infty$。

3.10　整流稳压电路如题图 3.10 所示。设 $V_2 = 18$ V（有效值），$C = 100$ μF，D_Z 的稳压值为 5 V，I_L 在 10 mA～30 mA 变化。如果考虑到电网电压变化时，V_2 变化 ±10%，试问：

（1）要使 I_Z 不小于 5 mA，所需 R 值应不大于多少；

（2）按以上选定的 R 值，计算 I_Z 最大值为多少。

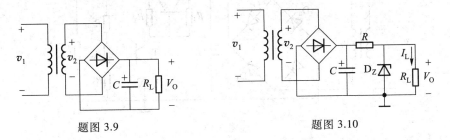

题图 3.9   题图 3.10

3.11 串联型稳压电路如题图 3.11 所示，设 A 为理想运算放大器，求：

（1）流过稳压管的电流 I_Z；

（2）输出电压 V_O；

（3）将 R_3 改为 $0 \sim 3\ \mathrm{k\Omega}$ 可变电阻时的最小输出电压 $V_{O(\min)}$ 及最大输出电压 $V_{O(\max)}$。

3.12 串联型稳压电路如题图 3.12 所示。设 A 为理想运算放大器，其最大输出电流为 1 mA，最大输出电压范围为 $0 \sim 20$ V。

（1）在图中标明运放 A 的同相输入端（+）和反相输入端（−）；

（2）估算在稳压条件下，当调节 R_w 时，负载 R_L 上所能得到的最大输出电流 $I_{O(\max)}$ 和最高输出电压 $V_{O(\max)}$，以及调整管 T 的最大集电极功耗 P_{CM}。

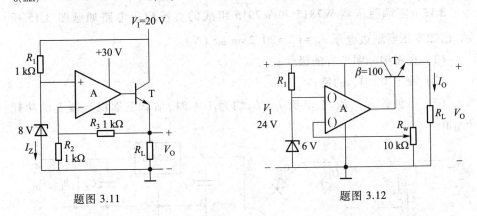

题图 3.11   题图 3.12

3.13 串联型稳压电路如题图 3.13 所示，设 $V_{BE2} = 0.7$ V，稳压管 $V_z = 6.3$ V，$R_2 = 350\ \Omega$。

（1）若要求 V_O 的调节范围为 $10 \sim 20$ V，则 R_1 及 R_w 应选多大？

（2）若要求调整管 T_1 的压降 V_{CE1} 不小于 4 V，则变压器次级电压 V_2（有效

值)至少应选多大？（设滤波电容 C 足够大）

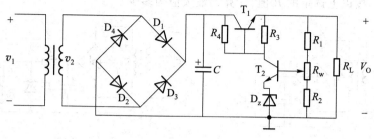

题图 3.13

3.14　题图 3.14 所示为利用三端集成稳压器 W7800 接成输出电压可调的电路。试写出 V_O 与 V_O' 的关系。

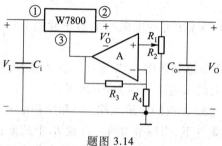

题图 3.14

3.15　三端稳压器 W7815 和 W7915 组成的直流稳压电路如题图 3.15 所示，已知变压器副边电压 $v_{21} = v_{22} = 20\sqrt{2}\sin \omega t$（V）。

（1）在图中标明电容的极性；

（2）确定 V_{O1}、V_{O2} 的值；

（3）当负载 R_{L1}、R_{L2} 上电流 I_{L1}、I_{L2} 均为 1 A 时，估算三端稳压器上的功耗 P_{CM} 值。

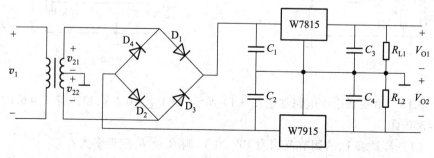

题图 3.15

3.16 指出题图 3.16 中各电路有无错误,并改正。

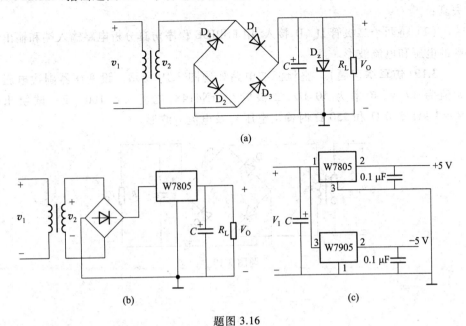

(a)

(b)   (c)

题图 3.16

3.17(仿真练习题) 乙类互补对称功放电路如题图 3.17 所示,已知 $V_{CC} = 12\ V$,$R_L = 16\ \Omega$,v_i 为正弦电压,试用 PSPICE 程序分别画出 P_E、P_O、P_{T1} 随 V_{om} 变化的曲线,求出负载上可能得到的最大功率 P_{om} 及最大管耗 P_{T1M}。

3.18(仿真练习题) 功率输出级电路如题图 3.18 所示。

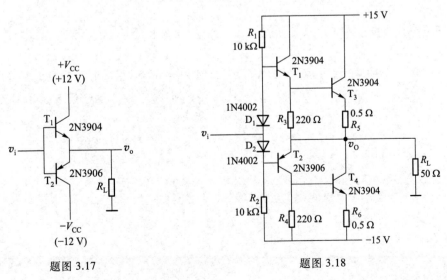

题图 3.17   题图 3.18

（1）先将图中两个二极管 D_1、D_2 短路, 用 PSPICE 程序模拟该电路的交越失真;

（2）将两个二极管 D_1、D_2 接入, 用 PSPICE 程序仿真分析电路输入端和输出端的电压和电流波形。

3.19（仿真练习题） 整流滤波电路如题图 3.19 所示。设变压器副边电压幅值为 17 V, 频率为 50 Hz, 二极管用 1N4148, 电容 $C = 100$ μF。试绘出 $R_L = 1$ kΩ、500 Ω 和 250 Ω 时输出电压 v_0 及电流 i_L 波形。

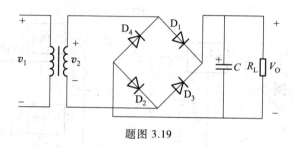

题图 3.19

第4章 信号发生电路

在科学研究、工业生产、医学、通信等各个领域内,正弦波的应用十分普遍。例如,在实验室里,人们常用正弦波作为信号源;在工业生产和医疗仪器中,利用超声波可以探测金属内的裂纹、人体内的器官;在通信领域内,更是离不开正弦信号。这一章将着重讨论利用正反馈构成的正弦波发生电路,同时也讲述非正弦波的产生与变换。

4.1 产生正弦振荡的条件

在第 2 章讨论反馈放大器的稳定性时,曾提到当负反馈放大器工作在通频带以外,由于附加相移的存在,可能转变为正反馈,因而引起自激振荡。为了保证放大器能稳定工作,实现对输入信号不失真线性放大,应采取频率补偿等措施,以破坏产生自激振荡的条件。

而对于信号发生电路,我们的目的是要使电路产生一定频率的正弦波,因而必须在放大器的通频带内有意地引入正反馈,并创造条件,使之产生稳定可靠的正弦振荡。图 4.1.1 所示为产生振荡电路的基本框图。

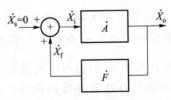

图 4.1.1 振荡电路方框图

振荡电路由放大器 $\dot{A}$ 和正反馈网络 $\dot{F}$ 组成,它并不需要外加输入信号(即 $\dot{X}_s = 0$),依靠反馈信号 $\dot{X}_f$ 便可维持稳定的输出($\dot{X}_o \neq 0$),即

$\dot{X}_{\mathrm{f}} = \dot{X}_{\mathrm{i}}$，而 $\dot{X}_{\mathrm{f}} = \dot{X}_{\mathrm{i}}\dot{A}\dot{F}$，所以得到

$$\dot{A}\dot{F} = +1 \qquad\qquad (4.1.1)$$

式(4.1.1)称为振荡的平衡条件。

　　这里要注意的是,负反馈放大电路的自激振荡条件($\dot{A}\dot{F} = -1$)和正反馈振荡电路的自激振荡条件($\dot{A}\dot{F} = +1$)是由两种不同接法引起的(前者为负反馈接法,后者为正反馈接法),是同一个振荡条件下的不同表达式。其实质都是要求净输入信号 $\dot{X}_{\mathrm{i}}$ 经放大环节 $\dot{A}$ 和反馈网络 $\dot{F}$ 后,所得的反馈信号 $\dot{X}_{\mathrm{f}}$ 应能完全代替 $\dot{X}_{\mathrm{i}}$,即二者不仅相位要相同,而且幅值也要相等。式(4.1.1)也可写成幅值与相角的形式:

$$\begin{cases} |\dot{A}\dot{F}| = 1 & (4.1.2) \\ \phi_{AF} = \phi_A + \phi_F = 2n\pi & (4.1.3) \end{cases}$$

　　式(4.1.2)通常称为振荡的幅度平衡条件,式(4.1.3)称为振荡的相位平衡条件。但是,如果振荡电路只满足 $|\dot{A}\dot{F}| = 1$ 的条件,实际上是无法完成由零开始的起振过程。只有在 $|\dot{A}\dot{F}| > 1$ 的条件下,由于通电瞬间的电扰动的影响,闭环放大电路中所产生的信号,尽管幅值很小,但只要满足相位条件,经过 $\dot{A}\dot{F}$ 环路多次循环放大,便能使放大电路的输出信号从小到大增长,直至受到环路中非线性器件的限制。所以自激振荡电路应该满足的"起振"条件为

$$|\dot{A}\dot{F}| > 1 \qquad\qquad (4.1.4)$$

　　这样,在接通电源后,振荡电路就有可能自行起振,最后趋于稳态平衡。但为了得到稳定性良好的正弦波,还必须解决两个问题:① 电路中如何保证输出量 $\dot{X}_{\mathrm{o}}$ 仅为单一频率的正弦波;② 如何使不断增长的振荡幅度自动稳定下来,而不致引起非线性失真。

　　输出单一频率的问题可以通过接入选频网络解决,即让两个振荡条件只在某一特定频率下满足,而在其他频率下至少有一个不满足。选频网络可以包含在基本放大器 $\dot{A}$ 中,使 $\dot{A}$ 具有选频特性;也可以设置在反馈网络 $\dot{F}$ 中,使 $\dot{F}$ 具有选频特性。自动稳幅问题的解决办法是在环路内设置稳幅环节,使得环路增益 $|\dot{A}\dot{F}|$ 随着振荡幅度的增大而自动下降,并最终达到 $|\dot{A}\dot{F}| = 1$ 的稳定状态,这样使振荡波形的幅度自动稳定。

　　所以,一个正弦波振荡电路应包括放大环节、正反馈网络、选频网络、稳幅环节四个部分。但在实际电路中,这四个部分往往很难截然分开。

正弦波振荡电路常用选频网络所用元件来命名,可分为 RC 正弦波振荡器、LC 正弦波振荡器和石英晶体振荡器。RC 正弦波振荡器的振荡频率较低,一般在 1 MHz 以下;LC 正弦波振荡器常用于产生高频正弦波,其振荡频率多在几十万赫兹以上;石英晶体振荡器也可等效为 LC 正弦波振荡器,其特点是振荡频率高而且非常稳定。

4.2 RC 正弦波振荡器

RC 桥式正弦波振荡器电路的基本形式如图 4.2.1 所示。它由两部分组成:一部分是由运放 $\dot{A}$ 和负反馈网络 $\dot{F}_{(-)}$ 构成的负反馈电路作为放大环节 $\dot{A}_v$,另一部分是正反馈选频网络 $\dot{F}_{(+)}$——RC 串并联电路。其中 RC 串并联电路上的 $\dot{V}_{f(+)}$ 引回到运放的同相输入端,形成正反馈,以满足相位平衡条件。另由 R'_1、R'_2 上的 $\dot{V}_{f(-)}$ 引回到运放的反相输入端,形成负反馈电路,R'_2 通常由非线性元件(如热敏电阻)代替,它与 R'_1 作为振荡电路的放大环节,并构成稳幅环节,可以限制振荡幅度的增长。

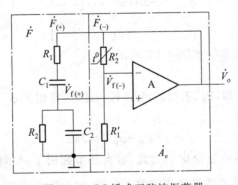

图 4.2.1　RC 桥式正弦波振荡器

为了进一步理解产生自激振荡的原理,必须首先分析选频网络——RC 串并联电路的频率特性。

令 R_1、C_1 串联支路的阻抗为 Z_1,则

$$Z_1 = R_1 + \frac{1}{j\omega C_1} = \frac{1 + j\omega R_1 C_1}{j\omega C_1}$$

令 R_2、C_2 并联支路的阻抗为 Z_2,则

$$Z_2 = R_2 /\!/ \frac{1}{\mathrm{j}\omega C_2} = \frac{R_2}{1+\mathrm{j}\omega R_2 C_2}$$

于是,由 RC 串并联电路组成的正反馈网络的反馈系数为

$$\dot{F}_{(+)} = \frac{\dot{V}_{\mathrm{f}(+)}}{\dot{V}_\mathrm{o}} = \frac{Z_2}{Z_1 + Z_2} = \frac{1}{\left(1 + \dfrac{C_2}{C_1} + \dfrac{R_1}{R_2}\right) + \mathrm{j}\left(\omega R_1 C_2 - \dfrac{1}{\omega R_2 C_1}\right)}$$

通常,$R_1 = R_2 = R$,$C_1 = C_2 = C$,并令 $\omega_0 = \dfrac{1}{RC}$,代入上式得

$$\dot{F}_{(+)} = \frac{1}{3 + \mathrm{j}\left(\dfrac{\omega}{\omega_0} - \dfrac{\omega_0}{\omega}\right)} \tag{4.2.1}$$

所以,它的幅频特性表达式为

$$|\dot{F}_{(+)}| = \frac{1}{\sqrt{3^2 + \left(\dfrac{\omega}{\omega_0} - \dfrac{\omega_0}{\omega}\right)^2}} \tag{4.2.2}$$

相频特性表达式为

$$\varphi_{\mathrm{F}(+)} = -\arctan\left[\frac{\left(\dfrac{\omega}{\omega_0} - \dfrac{\omega_0}{\omega}\right)}{3}\right] \tag{4.2.3}$$

由此画出的频率特性曲线如图 4.2.2 所示。

由图可见:

① 当 $\omega = \omega_0 = 1/RC$ 时,正反馈电压 $V_{\mathrm{f}(+)}$ 最大,且相位 $\varphi_{\mathrm{F}(+)} = 0°$,按产生自激振荡的相位平衡条件

$$\varphi_{\mathrm{AF}} = \varphi_{\mathrm{A}v} + \varphi_{\mathrm{F}(+)} = 2n\pi$$

即要求放大环节的相移也为 $0°$。为此,放大环节配用了同相输入方式的比例放大器 $\dot{A}_v$。也可选用其他满足要求的放大电路,但一般所选用的放大电路应具有尽可能大的输入电阻和尽可能小的输出电阻,以减小放大电路对选频网络的影响,使振荡频率几乎仅仅决定于选频网络。因此,通常选用引入电压串联负反馈的放大电路。

由于 RC 串并联电路具有选频特性,因而信号通过闭合环路后,仅对 $f = f_0$ 的信号满足产生自激振荡所需的相位条件。可见如产生振荡,则振荡频率为

$$f_0 = \frac{1}{2\pi RC} \tag{4.2.4}$$

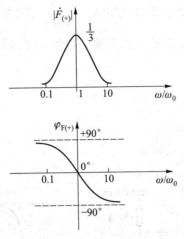

图 4.2.2 RC 串并联电路频率特性

② 在 $\omega = \omega_0$ 时,$\left| \dot{F}_{(+)} \right| = 1/3$,为了满足起振条件,还要求

$$\left| \dot{A}\dot{F} \right| > 1$$

所以要求

$$\dot{A}_v = \frac{R'_1 + R'_2}{R'_1} = 1 + \frac{R'_2}{R'_1} > 3 \tag{4.2.5}$$

这说明,只要负反馈回路的闭环增益 $\dot{A}_v$ 大于 3 就满足了振荡的幅度条件。为此,只要调节 R'_1 和 R'_2 的比例,就能方便地改变 $\dot{A}_v$ 的大小(因为 $A_v = 1 + R'_2/R'_1$)。

本电路一旦起振以后,因 $\left| \dot{A}_v \dot{F}_{(+)} \right| > 1$,所以输出幅度将不断地增大,并最终出现严重的波顶失真。通过减小负反馈回路的闭环增益 A_v(如减小 R'_2),可改善失真的程度。所以为了得到稳定的正弦波输出,还需在负反馈支路中引入二极管或场效应管(FET)或热敏电阻等非线性元件,因其等效电阻随振荡幅度增大而变化,用它们取代 R'_2 或 R'_1 可以组成稳幅环节。

图 4.2.3 所示为采用二极管 D_1、D_2 组成的稳幅电路。当振荡幅度 V'_o 较小时,二极管支路内的电流较小。反并联二极管的伏安特性如图 4.2.3(b)所示,设相应的工作点为图 4.2.3(b)中的 A 和 B。此时,与直线 AB 相对应的二极管等效电阻 R_{D1} 较大$\left(R_{D1} = \frac{1}{\tan\theta_1} \right)$,即 A_v 较大。设此时满足 $A_v > 3$ 的条件,于是振荡幅度不断增大,二极管支路内的电流随着增加,设图 4.2.3(b)中工作点移至 C 和 D,

与直线 CD 相对应的二极管等效电阻 $R_{D2} = \dfrac{1}{\tan \theta_2}$，因为 $R_{D2} < R_{D1}$，所以放大器的增益 A_v 也将随振荡幅度的增大而下降，从而可以达到自动稳定振荡幅度的目的。

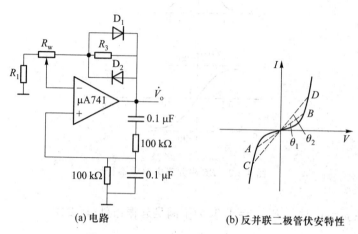

(a) 电路　　　　　　　　　(b) 反并联二极管伏安特性

图 4.2.3　能自动稳幅的 RC 振荡电路

RC 振荡器中，因 R 的阻值和 C 的电容量均不能取得很小，所以一般仅用来产生 1 Hz~1 MHz 的低频信号，常用作低频正弦信号源。

下面分析如何判断一个电路是否满足产生正弦波振荡的条件。

判断一个电路能否产生正弦波振荡，应先从反馈信号引入的端点入手，采用瞬时极性法判断电路在通带内是否满足相位条件。然后检查放大电路的直流通路和交流通路是否合理，是否具有一定的放大能力，在 $f = f_0$ 时是否满足正弦波振荡的幅值条件。

【例 4.2.1】　判断图 4.2.4(a) 电路能否产生正弦波振荡。图中 C_b 为耦合电容，假定它较 RC 串并联电路中的 C 大得多，即 C_b 在交流通路中可视为短路。

解：由题意，图 4.2.4(b) 为图 4.2.4(a) 的交流通路，首先判断电路在通带内是否满足相位条件。为此，在图 4.2.4(b) 中应找到反馈信号引入点（基极 b），并切断由反馈回路引入到 b 点的连线。假设 b 点上外加一个瞬时极性为 $\oplus$ 的输入信号（其频率与振荡频率相同，$f = f_0$），由图不难看出，此时共射极电路集电极输出信号的相位为 $(-)$。又因 $f = f_0$ 时 RC 串并联电路的相移为 $0°$，所以反馈信号的瞬时极性也为 $(-)$。可见反馈信号不能满足作输入信号对相位的要求，即不满足产生自激振荡的相位条件，所以不能产生正弦波振荡。此外还要检查直流通路能否可使晶体管处于放大状态。

为使电路满足振荡的相位条件，可以将反馈信号改接至 e 点（图 4.2.4(c)），

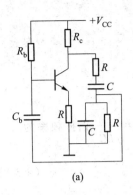
(a)
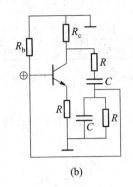
(b)
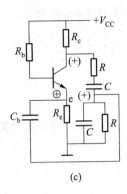
(c)

图 4.2.4 例 4.2.1 电路

由瞬时极性法不难判断,此时已可满足相位条件。但应该注意,图 4.2.4(c) 电路中,晶体管为共基接法,因而反馈信号引入端 e 的输入电阻很小。这将严重影响 *RC* 串并联电路的参数,以致无法产生自激振荡。可见在分析振荡电路时,不但要分析相位条件,还要注意幅度条件,包括晶体管放大电路静态工作点的设置和动态性能指标。

4.3 *LC* 正弦波振荡器

  LC 正弦波振荡器中的选频网络是 *LC* 谐振电路,其振荡频率通常就是谐振频率 f_0,而 f_0 与 *LC* 的大小成反比。当电感 *L* 的数值增大时,其体积明显增大,所以 *LC* 振荡器常用作高频信号源,其振荡频率多在几十万赫兹以上。为此,组成振荡器的放大环节必须具有较高的上限频率 f_H,因普通运放的带宽不够,所以 *LC* 振荡器常由分立元件组成,而且通常采用上限频率较高的共基组态放大电路。

  常见的 *LC* 正弦振荡器有变压器反馈式、电感三点式和电容三点式。不管是哪一种形式,它们的共同特点是采用 *LC* 谐振回路作为选频网络。*LC* 并联谐振回路如图 4.3.1 所示,图中的 *R* 表示谐振回路的总损耗电阻。并联谐振回路一般由电流源激励,从图中可以看出,并联谐振回路的总阻抗为

$$Z = \frac{\dfrac{1}{j\omega C}(R+j\omega L)}{\dfrac{1}{j\omega C}+R+j\omega L}$$

通常有 $R<<\omega L$，所以

$$Z=\frac{\dfrac{1}{\mathrm{j}\omega C}\cdot\mathrm{j}\omega L}{R+\mathrm{j}\left(\omega L-\dfrac{1}{\omega C}\right)}=\frac{L/C}{R+\mathrm{j}\left(\omega L-\dfrac{1}{\omega C}\right)}$$

当 LC 并联谐振电路产生谐振时，$\omega_0 L=\dfrac{1}{\omega_0 C}$，所以 $\omega_0=\dfrac{1}{\sqrt{LC}}$，谐振频率为

$$f_0=\frac{1}{2\pi\sqrt{LC}} \qquad\qquad (4.3.1)$$

同时，谐振时的阻抗 $|Z_0|$ 最大，即

$$Z_{0\max}=\frac{L}{RC}=Q\omega_0 L=\frac{Q}{\omega_0 C}=Q\sqrt{\frac{L}{C}}$$

式中，$Q=\omega_0 L/R=1/\omega_0 CR=(1/R)\sqrt{L/C}$，称为谐振回路的品质因数，一般 Q 值在几十到几百范围内。品质因数 Q 越大，$Z_{0\max}$ 越大，其频率特性曲线越陡，谐振回路的选频特性也就越好，这可以从图 4.3.2 谐振回路频率特性中看出。由图可见，发生谐振时，$|Z|$ 最大，且 $\varphi=0°$，此时 LC 谐振电路呈现纯电阻特性。

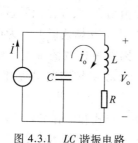

图 4.3.1　LC 谐振电路

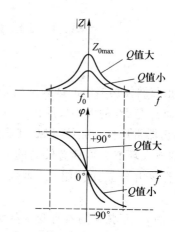

图 4.3.2　谐振电路频率特性

另外，谐振时

$$\dot V_{\mathrm{o}}=\dot I Z_{0\max}=\dot I Q/\omega_0 C,\qquad |\dot I_{\mathrm{o}}|=\omega_0 C|\dot V_{\mathrm{o}}|=Q|\dot I|$$

通常 $Q>>1$，所以 $|\dot I_{\mathrm{o}}|>>|\dot I|$，可见谐振时，$LC$ 并联回路的电流 $|\dot I_{\mathrm{o}}|$ 比输入电流 $|\dot I|$ 大得多，即 $|\dot I|$ 的影响可忽略。

4.3.1 变压器反馈式振荡器

变压器反馈式 *LC* 正弦振荡器有多种形式。分析时,由于可以认为幅度条件通常是很容易满足的,所以,只要判断是否满足正反馈所需的相位条件就可决定能否产生自激振荡。而它的振荡频率 f_0 由谐振回路参数决定,即由式(4.3.1)决定。

图 4.3.3 所示为三种 *LC* 振荡器电路,它们都满足产生正弦振荡的条件。

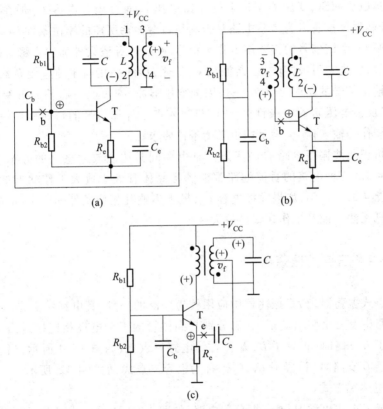

图 4.3.3 变压器反馈式正弦振荡器

在分析 *LC* 振荡电路时,要注意掌握好以下几点:

(1) 在分析自激振荡条件时,可先画出振荡电路的交流通路。此时,电源 V_{CC}、耦合电容和旁路电容应作短路处理,但谐振电容不能短接,它在数值上一般也远小于耦合电容和旁路电容。由于它和 *L* 发生谐振,才使谐振回路呈现电阻性。

当分析相位平衡条件时,由于振荡器无外加输入信号,所以应将与反馈信号相连的输入端视作外加信号注入端,然后再依次分析输出信号、反馈信号的相位。为满足自激振荡条件,反馈信号的瞬时极性必须与注入端信号一致,为此,需调整变压器同名端位置或反馈信号注入点的位置。

(2) 晶体管的直流偏置处于合适的放大工作状态是振荡器工作的基础。为分析直流工作条件,宜将电路画成直流通路分析,此时,所有电容可视作开路,电感视作短路。

如图 4.3.3(a)中,变压器原边(作为 L)与电容 C 组成 LC 选频网络,位于晶体管的集电极回路,变压器副边上的反馈电压 v_f 通过耦合电容 C_b 加在基极 b 上,属于共射极接法。为考察电路是否满足自激振荡所需的相位条件,可将反馈接入点断开,反馈信号的接入端 b 作为信号注入点,并假设外加一个瞬时极性为 ⊕ 的信号,因是共射极接法,在谐振频率 f_0 时 LC 网络相当于纯电阻负载,所以集电极输出信号的瞬时极性为(-),因为变压器原、副边上的端子 1 和 3 为同名端,所以反馈电压 v_f 瞬时极性为(+),与注入点上外加信号的瞬时极性一致,反馈信号能作为输入信号,满足相位平衡条件要求。

分析正弦波振荡电路的振荡条件时也要同时注意放大电路的静态工作条件。图 4.3.3 三种电路的直流通路都能满足晶体管处于放大工作状态的要求。假定在图 4.3.3(a)中,如果没接电容 C_b,虽不影响其相位条件的判定,但晶体管的静态已无法保证其工作在线性放大区。

4.3.2　三点式振荡器

三点式振荡器是 LC 振荡器中应用较为广泛的一种,其电路特点是 LC 并联谐振回路中有三个引出端子,它们分别与晶体管的三个电极相连接。当三个引出端置于 L 支路时(设置了 L_1、L_2),称为电感三点式,如图 4.3.4 所示;当三个引出端置于 C 支路时(设置了 C_1、C_2),称为电容三点式,如图 4.3.5 所示。

1. 电感三点式

电感三点式也称 Hartley 振荡器电路,如图 4.3.4 所示。从图中可以看出,谐振回路中的电感 L 分为 L_1 和 L_2 两部分,它们与电容 C 组成并联谐振回路。电感有首端、中间抽头和尾端三个端点,反馈电压 V_f 直接取自 L_2。

在上节讨论 LC 并联谐振回路时已得出结论:谐振时,回路电流远比外电路电流大,1、3 两端近似呈现纯电阻特性。由此,可推出:当选取中间抽头(2)为参考电位(交流地电位)时,首(1)尾(3)两端的电位极性相反;当选取一端(3)为参考电位(交流地电位)时,另一端(1)和中间抽头(2)的电位极性相同。

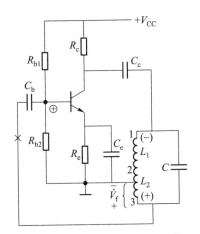

图 4.3.4　电感三点式 *LC* 正弦振荡器

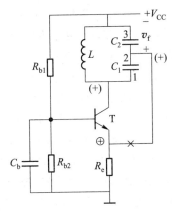

图 4.3.5　电容三点式 *LC* 正弦振荡器

　　先分析图 4.3.4 电感三点式 *LC* 正弦振荡器的相位条件。设以反馈输入端 b 作为信号注入点,由此假设外加一个瞬时极性为 ⊕ 的信号,晶体管接成共射电路,由于在纯电阻负载的情况下,共射电路具有反相放大作用,所以在 $f=f_0$ 时其集电极电位瞬时极性为(−),又因(2)端交流接地,首(1)和尾(3)与(2)端的电位极性相反,因此(3)端的瞬时极性为(+),即反馈信号 v_f 与注入点上外加信号的瞬时极性一致,满足相位平衡条件。

　　再从放大电路的静态工作条件看一下电路中电容 C_b 和 C_c 的作用。电感三点式 *LC* 正弦振荡电路中,C_b 作为耦合电容将正反馈信号送至基极 b,若不接此电容,直接将正反馈信号送至基极 b,则静态时电感 L_2 近似短接,基极电位为零,晶体管不能正常放大,所以这里 C_b 电容是必不可少的。同理若不接 C_c 电容,静态时集电极电位被 L_1 短接,晶体管也不能正常放大。所以电容 C_b 和 C_c 是必不可少的。而不接 C_b 电容和 C_c 电容,从交流分析是不影响振荡电路的振荡条件的。所以分析正弦波振荡电路的振荡条件时一定要注意放大电路的静态工作条件。

　　若考虑 L_1、L_2 的互感 M,则电路的振荡频率可近似表示为

$$f_0=\frac{1}{2\pi\sqrt{LC}}=\frac{1}{2\pi\sqrt{(L_1+L_2+2M)C}} \tag{4.3.2}$$

振荡频率 f_0 的范围可从数十万赫兹至数十兆赫兹。这种振荡电路的优点是电路起振容易,缺点是波形不太理想,原因是反馈电压 v_f 取自 L_2,而电感对高频信号具有较大的感抗,这样在输出电压波形中往往含有高次谐波。所以,电感三点

式通常用于对波形要求不高的场合。

　　2. 电容三点式

　　电容三点式也称 Colpitts 振荡电路,如图 4.3.5 所示。谐振回路中电容 C 分为 C_1 和 C_2,它们与电感 L 组成并联谐振回路,与电感三点式成对偶形式。反馈电压 v_f 取自 C_2。与电感三点式一样,当选取一端(3)为参考电位(交流地电位)时,另一端(1)和中间抽头(2)的电位极性相同。

　　设反馈输入端 e 作为信号注入点,由此外加一个瞬时极性为 $\oplus$ 的信号,晶体管接成共基电路,在纯电阻负载的情况下,共基电路具有同相放大作用,因而其集电极电位瞬时极性为(+),又因(3)端交流接地,另一端和中间抽头的电位极性相同,因此(1)端的瞬时极性为(+),即反馈信号 v_f 与注入点上外加信号的瞬时极性一致,满足相位平衡条件。分析其直流通路,可判定静态条件满足晶体管工作在线性放大区。电路中反馈信号接入时的耦合电容 C_e 可以被省略,这是因为谐振电容 C_1、C_2 可兼作隔直电容。

　　电路的振荡频率为

$$f_0 = \frac{1}{2\pi\sqrt{LC}} = \frac{1}{2\pi\sqrt{L\dfrac{C_1 C_2}{C_1+C_2}}} \qquad (4.3.3)$$

式中,$C = \dfrac{C_1 C_2}{C_1+C_2}$,它是谐振回路的总电容。该电路的优点是因 v_f 取自 C_2,电容对高次谐波的容抗很小,所以波形较好。f_0 可以较高,缺点是电路不易起振。

　　LC 正弦振荡器产生振荡的幅度条件一般较易满足,如不能满足,可以采取以下措施:

　　(1) 增大晶体管的 β(或 FET 的 g_m),即提高 $|\dot{A}|$。

　　(2) 增加反馈电压 v_f,即提高 $|\dot{F}|$。对于变压器反馈式,可以增加副边匝数;对于电感三点式,可以增大 L_2/L_1 的比值(一般取 $1/8 \sim 1/4$);对于电容三点式,则可增大 C_1/C_2 的比值(一般取 $1/3 \sim 1/5$)。

　　【例 4.3.1】　分析图 4.3.6 中 LC 三点式振荡器的振荡工作条件。

　　解:图 4.3.6(a)为电感三点式振荡电路,晶体管接成共基电路形式,图中反馈输入端 e 作为信号注入点,由此外加一个瞬时极性为 $\oplus$ 的信号,由于在纯电阻负载的情况下,共基电路具有同相作用,因而其集电极电位瞬时极性为(+),又因(3)端交流接地,因此(2)端的瞬时极性为(+),即反馈信号 v_f 与注入点上外加信号的瞬时极性一致,满足相位平衡条件。再检查该电路的直流通路,可见静态工作条件也可满足要求。

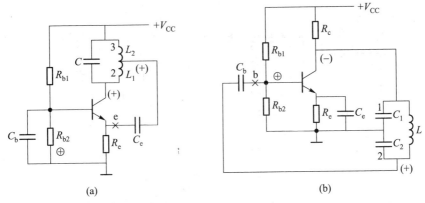

图 4.3.6 *LC* 三点式振荡器

图 4.3.6(b)为电容三点式振荡电路,晶体管接成共射电路形式。图中反馈输入端 b 作为信号注入点,外加一个瞬时极性为⊕的信号,由于在纯电阻负载的情况下,共射电路具有倒相作用,因而其集电极电位瞬时极性为(−),又因(2)端交流接地,因此(3)端的瞬时极性为(+),即反馈信号 v_f 与注入点上外加信号的瞬时极性一致,满足相位平衡条件。画出直流通路后可知电路的静态工作条件也可满足要求。

为使振荡频率稳定,应该选用高质量的 *L* 和 *C* 元件,提高 *LC* 并联谐振回路的品质因数 *Q*。为进一步提高振荡频率的稳定度,可以采用石英晶体组成振荡器。

4.4 石英晶体振荡器

石英晶体是利用二氧化硅结晶体的压电效应制成的一种谐振器件。图 4.4.1(a)(b)(c)(d)分别是它的外形、结构、等效电路和电路符号。

若在晶体的两电极间加上一电场,晶片会产生机械变形。反之,晶体两侧加有机械压力时,则在晶体内部的相应方向上将产生电场。如两电极间加上交变电压,晶体将产生振动,同时伴随着振动又会产生交变电场,这就是晶体的压电效应。

一般情况下,加了交变电压后,晶体产生的机械振动幅度和交变电场的幅度都很微小。但是,当所加交变电压的频率为某一特定频率时,其振动幅度和电场

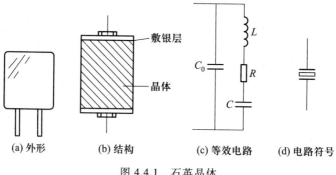

图 4.4.1　石英晶体

幅度就明显增大,产生和 LC 谐振回路十分相似的压电谐振现象。压电谐振的频率由晶体的切割方式、几何形状及尺寸决定 。

在图 4.4.1(c)的等效电路中,C_0 是静电电容(也称平行板电容),一般为几至几十皮法,C 为晶体的弹性电容,一般为 $10^{-4} \sim 10^{-1}$ pF,L 为模拟晶片机械振动的惯性,其值为 $10^{-3} \sim 10^{-2}$ H,电阻 R 是模拟机械振动的摩擦损耗,阻值很小。由于 L 大、C 和 R 小,石英晶体的品质因数 Q 可高达 $10^4 \sim 10^6$。其次,晶片的加工精度非常准确。由于上述原因,用石英晶体组成正弦振荡器时,可以获得很高的频率稳定度。

在略去 R 的情况下,晶体等效电路的等效阻抗可近似表示为

$$X = \frac{-\frac{1}{\omega C_0}\left(\omega L - \frac{1}{\omega C}\right)}{-\frac{1}{\omega C_0} + \left(\omega L - \frac{1}{\omega C}\right)} = \frac{\omega^2 LC - 1}{\omega(C_0 - \omega^2 LC_0 C)}$$

其电抗角频率曲线如图 4.4.2 所示。可见,当 $f = f_s$ 时,L 和 C 支路将产生串联谐振,$X = 0$。此时,

$$\omega^2 LC - 1 = 0$$

串联谐振频率为

$$f_s = \frac{1}{2\pi\sqrt{LC}} \qquad (4.4.1)$$

当 $f_s < f < f_p$ 时,LRC 支路呈电感性,它与电容 C_0 构成并联谐振回路,其并联谐振频率为

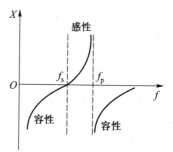

图 4.4.2　晶体频率特性

$$f_p = \frac{1}{2\pi\sqrt{L\dfrac{CC_0}{C+C_0}}} = \frac{1}{2\pi\sqrt{LC}\sqrt{\dfrac{C_0}{C+C_0}}}$$

$$= f_s\sqrt{1+\frac{C}{C_0}} \tag{4.4.2}$$

由于 $C \ll C_0$，因而 f_p 和 f_s 相当接近。利用这一点，可在晶体两端并联小电容来做频率微调，使并联电容后的谐振频率在 f_p 和 f_s 之间的一个狭窄范围内变动。市场上买来的石英晶体外壳上标明的标称频率是指并联电容后校正的振荡频率。

另外，在 $f_s < f < f_p$ 范围内，X 呈电感性，而在其他频率范围晶体呈电容性。

石英晶体振荡器的电路形式很多，但基本形式只有两种。

一种是把振荡频率选在 f_s 和 f_p 之间，呈电感性的石英晶体与两只电容形成电容三点式正弦振荡器。这种形式称并联型石英晶体正弦振荡器。如图 4.4.3 所示，它实际上是电容三点式中的电感部分用石英晶体取代了。

利用式(4.4.2)，可得电路的振荡频率为

$$f_0 = f_s\sqrt{1+\frac{C}{C'}} \quad \text{其中} \quad C' = \frac{C_1 C_2}{C_1 + C_2} + C_0 \tag{4.4.3}$$

另一类是将振荡频率选在 f_s 处，利用此时 $X = 0$ 的特性，将石英晶体组成的谐振电路放置在反馈引入支路中，构成石英晶体串联谐振电路，电路如图 4.4.4 所示。此时 L 与 C_1、C_2 组成三点式振荡器，晶体接在反馈支路中，当 $f_0 = f_s$ 时，$X = 0$，石英晶体阻抗最小并呈电阻性，此时正反馈最强，满足振荡相位平衡条件，而其他频率下不满足振荡条件。

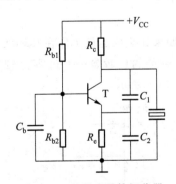

图 4.4.3　并联式晶体振荡器

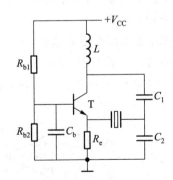

图 4.4.4　串联式晶体振荡器

上述两种电路中，晶体管均为共基接法，读者也可以将晶体管改为共射接

法,自行画出电路并分析。

4.5 非正弦波的产生与变换

电子系统中广泛使用的波形有正弦波、三角波、锯齿波和脉冲波等,它们被广泛地用于测量、通信、电视、计算机等多种设备中。在这一节中,我们将主要讨论采用模拟电路产生这些波形的原理和方法。

4.5.1 电压比较器

电压比较器是指一种将输入信号 v_s 与已知参考电压 V_{REF} 进行比较,并用输出电平的高、低来表示比较结果的功能电路。电压比较器的一个输入端接参考电平 V_{REF}(或基准电压),另一端接被比较的输入信号 v_s。当输入信号略高于或略低于参考电压时,输出电压将发生跃变,但输出信号只有两种可能的状态,不是高电平,就是低电平。可见,电压比较器输入的是模拟信号,输出的则是属于数字性质的信号。电压比较器作为模拟电路与数字电路之间的接口电路,广泛应用于数字仪表、A/D 转换、信号检测、自动控制和波形变换等各个领域。目前,国内外均有专用集成电压比较器产品,但也可以用通用型集成运算放大器组成各种形式的电压比较器。运放作为比较器使用时,工作在开环或正反馈状态,属于非线性应用。对电压比较器的基本要求是:动作迅速,反应灵敏,判断准确,同时抗干扰能力强,另外还应有必要的保护措施。

1. 单限比较器

集成运放有两个输入端和一个输出端,如果让集成运放工作在开环状态,则利用它的开环传输特性即可以构成一个最简单的比较器——过零比较器,如图 4.5.1(a)所示,其电压传输特性如图 4.5.1(b)所示。

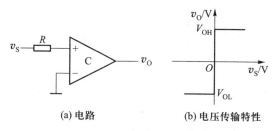

(a) 电路　　　　　　(b) 电压传输特性

图 4.5.1　同相过零比较器

由图可知,在理想情况下,当输入信号 v_S 大于零时,输出电压 v_O 达到正的最大值 V_{OH};反之,当输入信号 v_S 小于零时,输出电压 v_O 达到负的最大值 V_{OL};而当 $v_O = 0$ 时,实际开环运放的输出不是 V_{OL} 便是 V_{OH},不可能为零。由于信号 v_S 加在同相输入端,反相输入端的参考电压 $V_{REF} = 0$,因此该电路被称为同相过零比较器。若将参考电压 V_{REF} 接在同相端,输入信号 v_S(被比较电压)由反相端加入,便构成反相过零比较器。若此时接在同相端的参考电压 $V_{REF} \neq 0$,则构成反相单门限比较器,其电路和电压传输特性如图 4.5.2 所示。在检测系统中这两种比较器分别被用作对信号极性的鉴别和信号幅度(电平)的鉴别。

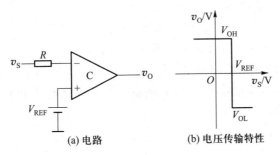

(a) 电路　　　　　　(b) 电压传输特性

图 4.5.2　反相门限比较器和电压传输特性

除了用于检测系统外,比较器的另一个用途是作为波形变换。图 4.5.3 分别表示输入为正弦波(实际上可以为任意模拟信号)时,经过模拟电压比较器变换后,输出为方波和矩形波的波形图。但应当指出,由于受到组件转换速率的限制,输出电压的转换是需要时间的,因而输出波形的上升沿和下降沿实际上并不像图中所画的那样陡峭。

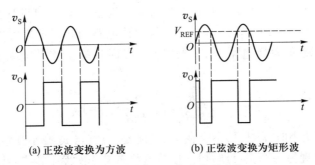

(a) 正弦波变换为方波　　　　　　(b) 正弦波变换为矩形波

图 4.5.3　比较器用作为波形变换

上述比较器具有结构简单、灵敏度高等优点,但它的抗干扰能力较差。因为若输入信号 v_S 一旦受到干扰,而在零(或 V_{REF})值附近发生上、下波动时,则输出

v_0 将在 V_{OH} 或 V_{OL} 之间来回跳变。如用这样的输出去控制执行机构,将产生错误动作,这显然是不能允许的。

为了提高比较器的抗干扰能力,人们设计了滞回比较器(也称迟滞比较器或施密特触发器),它具有如同磁滞回线那样的电压传输特性曲线。

2. 滞回比较器

为了实现 v_0-v_s 之间的滞回特性,要求在电路中引入正反馈,如图 4.5.4 所示。

现以图 4.5.4 所示电路为例来说明这种比较器的工作原理和它的电压传输特性。图中,输出电压 v_0 经反馈电阻 R_f 引回到同相输入端,从而构成了正反馈,这将有利于加快转换速度。输入信号 v_s 通过电阻 R' 加到反相输入端,

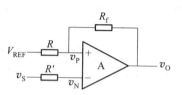

图 4.5.4　反相滞回比较器

而参考电压 V_{REF} 经 R 加到同相输入端,由此便构成了反相滞回比较器。从图中可以看出,反相输入端电位 $v_N = v_s$,而同相输入端电位 v_P 是由输出电压 v_0 和参考电压 V_{REF} 共同决定的。

根据叠加原理可求得

$$v_P = \frac{R}{R+R_f}v_0 + \frac{R_f}{R+R_f}V_{REF} \qquad (4.5.1)$$

因为输出电压 v_0 只有两个可能的稳态值,即不是处于高电平 V_{OH} 就是处于低电平 V_{OL}。现假设 $v_0 = V_{OH}$,按照叠加原理,此时在同相端上建立的比较电压 v'_P 为

$$v_P = v'_P = \frac{R}{R+R_f}V_{OH} + \frac{R_f}{R+R_f}V_{REF} = V_{TH}$$

显然,当 v_s 增加到略大于 V_{TH} 时,运放进入放大状态,此时,正反馈的加速过程如下:$v_s\uparrow(>V_{TH})\rightarrow v_0\downarrow\rightarrow v_P\downarrow\rightarrow v_0\downarrow\downarrow$,从而使电路的状态迅速发生转换,即 v_0 由高电平 V_{OH} 跳变为低电平 V_{OL}。与此同时,同相端上将建立起新的比较电压 v''_P:

$$v_P = v''_P = \frac{R}{R+R_f}V_{OL} + \frac{R_f}{R+R_f}V_{REF} = V_{TL}$$

这样,当 v_s 再减小时,v_0 显然不会在 V_{TH} 处跳变,只有当 v_s 减小到略小于 V_{TL} 时,电路中才会出现另一个正反馈过程,使输出状态又一次发生转换,并最终导致

$$v_0 = V_{OH}$$

与此同时,同相端上的比较电压又恢复为 v'_P。

从电压传输特性中可以看出,$V_{TH}\neq V_{TL}$,即电路从第一状态翻转至第二状态

所需要的触发电平 V_{TH} 和由第二状态翻转到第一状态所需触发电平 V_{TL} 并不相等。理想情况下,该电路的 v_0 和 v_s 之间的关系——电压传输特性具有滞回特性,如图 4.5.5 所示。故上述比较器称为反相滞回比较器(或反相滞迟比较器)。通常 V_{TH} 称为上门限电平(或上限触发电平),V_{TL} 称下门限电平(或下限触发电平),是电路输出状态翻转的两个阈值电平。它们的差值

$$\Delta V_T = V_{TH} - V_{TL}$$

即两个触发电平之差称为比较器的回差电压。

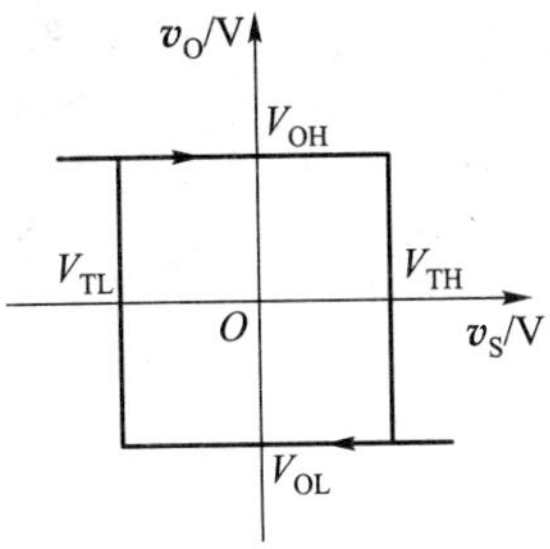

图 4.5.5 反相滞回比较器
电压传输特性

回差是滞回比较器的固有特性,正是由于回差电压的存在,才使电路具有一定的抗干扰能力。显然,回差电压愈大,电路的抗干扰能力愈强,只要干扰不太大,就不会发生错误翻转。

需要指出的是,门限电平 V_{TH} 和 V_{TL} 的大小和极性取决于 v_0 与 V_{REF} 的大小和极性,以及 R 与 R_f 的比值,因而改变 R、R_f 值,可以方便地改变回差电压的大小,以适应不同整形电路的需要。

如果将 v_s 和参考电压 V_{REF} 位置互换,电路就成为同相滞回比较器,如图 4.5.6 所示。从图中可以看出,输入信号 v_s 加到同相输入端,参考电压 V_{REF} 加到反相输入端,输出电压 v_0 经反馈电阻仍引回到同相输入端,以形成正反馈。仿照以上方法,读者不难自行分析同相滞回比较器及其电压传输特性(见图 4.5.6)。

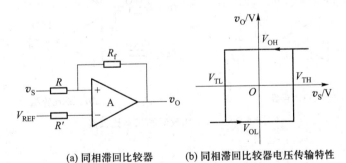

(a) 同相滞回比较器　　(b) 同相滞回比较器电压传输特性

图 4.5.6 同相滞回比较器及其电压传输特性

在上述滞回比较器中,若 $V_{REF} = 0$,则 $V_{TH} > 0$ 而 $V_{TL} < 0$,且 $|V_{TH}| = |V_{TL}|$。这样便构成了滞回特性对称的比较器,正如图 4.5.5 以及图 4.5.6(b)所示,均为滞回特性对称的传输特性。

我们同样可以利用滞回比较器的电压传输特性进行波形变换,将输入模

拟信号(如正弦波或三角波等)变换成矩形波输出,其示意波形图如图4.5.7所示。

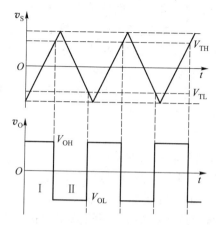

图 4.5.7　用滞回比较器实现波形变换

3. 窗口比较器

若用两个参考电压,就可以形成窗口比较器和三态比较器,两者电路如图4.5.8所示。两种电路的工作原理和电压传输特性请读者自行分析,两种电路中的集成运放都处于开环工作。

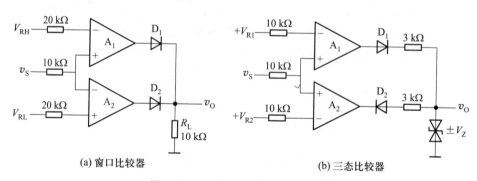

(a) 窗口比较器　　　　　　　　　　(b) 三态比较器

图 4.5.8　窗口比较器和三态比较器

4.5.2　集成电压比较器

1. 概述

前面介绍的各种电压比较器都是由通用型集成运放构成的,这类比较器通常工作速度较低,响应时间较长,且输出的高、低电平与数字电路 TTL 器件的高、低电平并不兼容,一般需加限幅电路才能驱动 TTL 器件,因此给使用带来不便。采用专用的集成电压比较器则可以克服上述缺点,不但可以缩短响应时间,提高工作速度,而且其输出电平直接与 TTL 数字电路兼容。目前市场上已有多种性能优良的专用集成电压比较器可供选用。

集成电压比较器实质上是一种模拟电路与数字电路之间的接口电路,因此其内部电路结构必须适应这一要求。其输入级通常是一个恒流源式差分放大器,其性能要求与通用型集成运放相同。输出级与数字电路要求一致,多为集电极开路(OC)方式或发射极开路(OE)方式,使其输出电平能与数字电路兼容。中间级应提供足够大的电压增益,并具有电平移动以及双端信号转换为单端信号等功能。另外,集成电压比较器频带较宽,无须相位补偿;为获得高速翻转,在电路中还采取了各种技术措施;为便于使用,许多专用集成电压比较器还带有可以控制的选通端,当需要比较结果时,输出被选通;不需要比较结果时,使输出为零电平(地)或处于高阻态,这时比较器与外电路隔离。

集成电压比较器的品种繁多,性能各异,有高速型、低功耗型;有双电源也有单一电源,有可选通的与可编程的等。下面将简要介绍 LM311 和 MC14574 两种较为常用的集成电压比较器的性能特点及典型应用。

2. 集成电压比较器 LM311 简介

LM311 是一种应用较为广泛的集成电压比较器,它的功能框图如图 4.5.9(a)所示。其封装外形为 8 脚双列直插式,如图 4.5.9(b)所示。LM311 输入偏流小,电压范围从标准的 ±15 V 电源到单一的 +5 V 电源均能正常工作。输出与 TTL 及 CMOS 电路兼容,可以直接驱动灯泡、继电器,50 mA 电流下,开关电压可达 40 V。

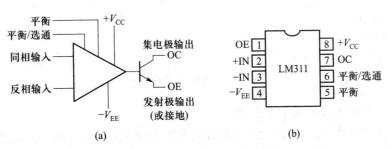

图 4.5.9 LM311 引脚功能外形结构

LM311 的输入和输出都可以同系统地隔离,其输出可以驱动以地为参考或以正、负电源为参考的负载。LM311 具有选通功能,其输出可接成线**或**方式。

209

图 4.5.10(a)(b)(c)中示出了它的几种常用接法及相对应的电压传输特性。图(a)(b)为集电极输出方式,图(c)为射极输出方式。图(a)(b)中,R 的阻值应根据负载电流的大小(最大不超过 50 mA)和电源电压的高低来选择,电阻 R 也可以是负载,例如灯泡或继电器等。

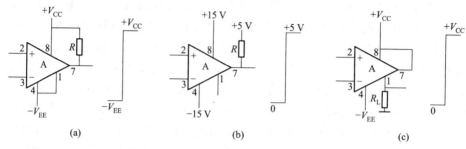

图 4.5.10   LM311 常用接法

图 4.5.11(a)(b)是 LM311 系列比较器的典型应用电路,其中图(a)是磁性传感器的检测电路,图(b)是具有选通的继电器驱动电路。

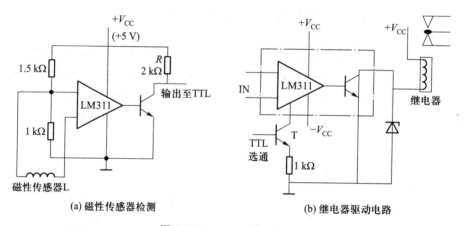

图 4.5.11   LM311 典型应用

3. CMOS 集成电压比较器 MC14574 简介

MC14574 中,单个电压比较器的原理框图如图 4.5.12(a)所示,它采用 16 脚双列直插式封装,其封装引脚如图 4.5.12(b)所示。

芯片内集成有 4 个比较器。其中,比较器 A 和 B 的偏流由接在 8 脚到 V_{SS} 端的外接偏置电阻 R_{set} 来调节,比较器 C、D 的偏流由接在 9 脚到 V_{SS} 端的另一外接偏置电阻来调节。如果只使用一对(或一只)比较器,则应将另一对不使用的比较器偏置引脚接到 V_{DD},以减小比较器功耗。

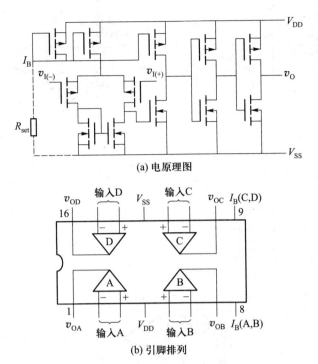

(a) 电原理图

(b) 引脚排列

图 4.5.12 MC14574 电原理图与封装引脚

MC14574 具有如下基本特点:

① 与 CMOS 逻辑电路兼容,无须电平转换。

② 功耗低,在 $I_B = 10\ \mu A$ 时,4 个比较器总电流仅 100 μA。

③ 转换速率快,在 $V_{DD} = 10\ V$,$I_D = 50\ \mu A$,$C_L = 50\ pF$ 时,$SR = 100\ V/\mu s$,而上升时间和下降时间均为 $t_r = t_f = 100\ ns$。

④ 输入阻抗高,大于 $10^8\ \Omega$。

⑤ 输出电压摆幅大,$V_{OH} \approx V_{DD}$,$V_{OL} \approx V_{SS}$。

⑥ 电源电压范围宽,为 5~15 V 或 ±(2.5~±7.5) V。

⑦ 由外接偏置电阻 R_{set} 设定偏置电流。

图 4.5.13(a)(b)(c) 为 MC14574 的典型应用电路。图(a)(b)组成单限比较器,图(b)中 V_{REF} 可在 V_{SS}~($V_{DD}-2.5\ V$)范围内(共模输入电压范围)选定;图(c)为施密特触发器,该电路因为引入了正反馈,在同相端产生一个随输出电压变化的基准电平,使电路有了回差,从而可以避免干扰、噪声等引起比较器的误动作。

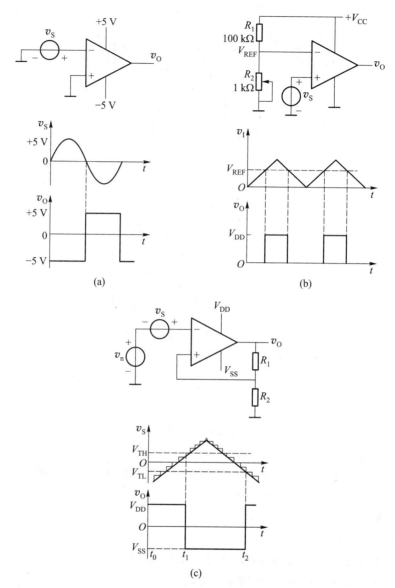

图 4.5.13　MC14574 的典型应用

4.5.3　方波与三角波发生器

电压比较器不仅可以用作波形变换,而且也是构成各种非正弦波发生电路的基本器件。例如,将滞回比较器加上简单 RC 积分电路便可构成方波、三角波发生器,电路如图 4.5.14 所示。图中,采用了反相滞回比较器。从图中可以看出,反相输入端的比较信号是电容 C 上的充、放电电压 v_C,它不断地与同相端的基准电压相比较,从而使比较器的工作状态自动转换,在输出端输出方波,而电容 C 上获得三角波。同时,比较器的输出端还加接了反向串联的稳压管 D_{z1}、D_{z2} 和限流电阻 R_0 以构成双向限幅电路,使输出电压限制在 $\pm V_Z$。电路的工作原理简述如下:当合上电源时,$v_C = 0$,由于电路中存在噪声等因素,v_P 可能为某一正电位,使 $v_P > v_N$,输出 $v_O = V_{OH} = +V_Z$,于是 C 充电,v_C 升高。当上升至门限电压上限 V_{TH} 时 $\left(V_{TH} = V_Z \dfrac{R_1}{R_1 + R_2} \right)$,输出状态产生转折,$v_O$ 由 $V_{OH}(= +V_Z)$ 变成 $V_{OL}(= -V_Z)$。随后,电容 C 开始放电,v_C 开始下降(开始时放电,而后反方向充电)。当 v_C 电压下降至门限电压 V_{TL} 时 $\left(V_{TL} = -V_Z \dfrac{R_1}{R_1 + R_2} \right)$,输出 v_O 又翻转至 V_{OH}。如此周而复始,在输出端得到方波 ,而在电容上将得到三角波。电路的振荡波形如图 4.5.15 所示。

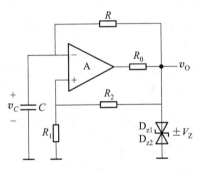

图 4.5.14 方波和三角波产生电路

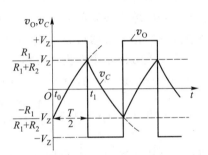

图 4.5.15 三角波和方波波形

图中不难看出方波的幅值为 $\pm V_Z$,三角波的幅值为 $\pm \dfrac{R_1}{R_1 + R_2} V_Z$。

对振荡周期 T 的计算,可利用一阶 RC 电路的过渡过程表达式(即 $v_c(t)$ 的变化规律):

$$v_C(t) = v_C(\infty) + [v_C(0^+) - v_C(\infty)] e^{-t/\tau} \qquad (4.5.2)$$

式中,$v_C(0)$ 为时间起点 $t = 0$ 时电容上的初始电压值;$v_C(\infty)$ 为电容上电压的最终趋向值;τ 为电容充、放电时间常数,这里 $\tau = RC$。由图中可得

$$v_C(0) = -\frac{R_1}{R_1 + R_2} V_Z$$

$$v_C(\infty) = +V_Z$$

当 $t=t_1$ 时,相当于经过 $T/2$,此时

$$v_C(t_1)=v_C(T/2)=\frac{R_1}{R_1+R_2}V_Z$$

将以上各值代入式(4.5.2),可得

$$v_C\left(\frac{T}{2}\right)=V_Z+\left[-\frac{R_1}{R_1+R_2}V_Z-V_Z\right]\mathrm{e}^{-T/(2RC)}=\frac{R_1}{R_1+R_2}V_Z$$

由此可得方波或三角波的周期为

$$T=2RC\ln\left(1+2\frac{R_1}{R_2}\right) \tag{4.5.3}$$

振荡频率为

$$f=\frac{1}{2RC\ln\left(1+2\dfrac{R_1}{R_2}\right)}$$

图 4.5.14 所示电路的缺点是三角波的线性度不好,究其原因是简单 RC 积分电路中电容 C 充、放电是按指数规律进行的。设想,如果采用集成运放组成的恒流积分电路代替简单 RC 积分电路实现对电容 C 的恒流充、放电,则可获得线性良好的三角波或锯齿波。

图 4.5.16 所示电路由积分器和同相滞回比较器组成。电路的工作原理简述如下:合上电源瞬间,假设 $v_{02}=v_{S1}=V_{OL}=-V_Z$,电容初始电压为零,积分器将对电容反向充电,$v_{01}=v_{S2}=-v_C=-\dfrac{1}{C}\displaystyle\int_0^t\dfrac{-V_Z}{R}\mathrm{d}t=\dfrac{V_Z}{RC}t$,$v_{01}(v_{S2})$ 线性上升,滞回比较器的同相端电压也随之线性增加,$v_P=\dfrac{R_2}{R_1+R_2}v_{01}+\dfrac{R_1}{R_1+R_2}v_{02}=\dfrac{R_2}{R_1+R_2}v_{01}-\dfrac{R_1}{R_1+R_2}V_Z$。当 v_{01} 上升至 $V_{TH}=\dfrac{R_1}{R_2}V_Z$ 时,v_{02} 翻转为高电平,$v_{02}=v_{S1}=V_{OH}=V_Z$。此时,积分器开始对电容充电,$v_{01}=v_{S2}=-v_C=v_{01}(t_1)-\dfrac{1}{C}\displaystyle\int_{t_1}^t\dfrac{V_Z}{R}\mathrm{d}t=\dfrac{R_1}{R_2}V_Z-\dfrac{V_Z}{RC}(t-t_1)$,$v_{01}(v_{S2})$ 线性下降,滞回比较器的同相端电压也随之减小,$v_P=\dfrac{R_2}{R_1+R_2}v_{01}+\dfrac{R_1}{R_1+R_2}v_{02}=\dfrac{R_2}{R_1+R_2}v_{01}+\dfrac{R_1}{R_1+R_2}V_Z$。当 v_{01} 下降至门限电压 $V_{TL}=-\dfrac{R_1}{R_2}V_Z$ 时,v_{02} 又翻转到低电平 $V_{OL}=-V_Z$。如此周而复始,在输出端 v_{02} 将得到方波,而由 v_{01} 得到线性良好的三角波。它的波形如图 4.5.17 所示。方波的幅值为 $\pm V_Z$,三角波的幅值为 $\pm\dfrac{R_1}{R_2}V_Z$。

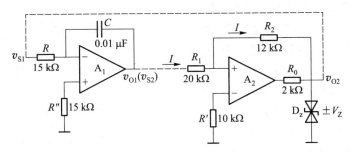

图 4.5.16　恒流充放电的三角波和方波发生器

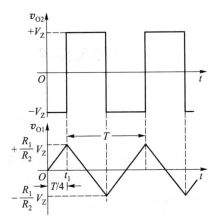

图 4.5.17　三角波、方波发生器输出波形

由图 4.5.17 可知,积分电路的输出从 $-\dfrac{R_1}{R_2}V_Z$ 变化到 $+\dfrac{R_1}{R_2}V_Z$,(即 $V_{TL} \rightarrow V_{TH}$)所需的时间为 $\dfrac{T}{2}$,所以 $2\dfrac{R_1}{R_2}V_Z = \dfrac{1}{RC}\displaystyle\int_0^{\frac{T}{2}}V_Z\mathrm{d}t = \dfrac{V_Z}{RC}\dfrac{T}{2}$。

由此可得振荡周期为　　　　　$T = 4RC\dfrac{R_1}{R_2}$ 　　　　　　　　　(4.5.4)

所以振荡频率为

$$f = \frac{1}{T} = \frac{R_2}{4RR_1C}$$

按图 4.5.16 中的电路参数,可得 $f = 100$ Hz。由于三角波幅度与频率均与 R_1 和 R_2 的大小有关,所以在实际调试中,必须二者兼顾。通常是先调 R_1、R_2,使三角波的幅度满足设计要求,然后改变 R 和 C 的大小,以满足 f 的要求。

215

如果通过二极管人为地改变积分器的正、负方向积分时间常数,例如将 R 支路通过两只二极管（接法相反）分为两路,正向积分时,通过 R″;反向积分时通过 R′,如图 4.5.18 所示,则只需调节 R″和 R′的大小不同,则图 4.5.16 电路就能成为线性良好的锯齿波和矩形波发生器。详细原理读者可自行分析。

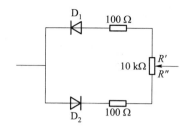

图 4.5.18　替代图 4.5.16 中积分电阻 R 的电路

4.6　压控振荡器

在某些应用场合,要求振荡器的频率与某一个控制电压成比例,这就是压控振荡器。

图 4.6.1 所示为某一种产生压控振荡的方案,它主要由积分器(A_1)、同相滞回比较器(A_2)和二极管、稳压管组成。控制电压 v_S(要求 $0<v_S<V_Z$)加在积分器的输入端,积分器中,电容 C 的充放电由比较器控制,压控振荡器工作原理如下。

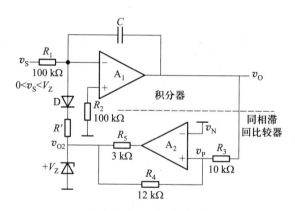

图 4.6.1　压控振荡器

当同相滞回比较器 A_2 的输出电压 $v_{O2}=V_{OH}=V_Z$ 时,二极管 D 截止。控制电压 v_S 经电阻 R_1 向电容 C 恒流充电,输出电压 v_O 线性下降。v_O 下降至 0,并继续

下降到 V_{TL}，使比较器 A_2 的同相端电位低于 0（此时 $v_N = 0$），可以计算得 $V_{TL} = -\dfrac{R_3}{R_4}V_Z$。此时，$v_{O2}$ 由 $V_{OH}(= +V_Z)$ 跳变为 $V_{OL}(= -V_D)$，二极管 D 导电，电容 C 经二极管放电。由于放电回路的等效电阻比 R_1 小得多（R' 为小阻值的限流电阻），因此放电很快，v_O 迅速上升。当 v_O 上升到 V_{TH}，比较器 A_2 的同相端电位大于 0，可以计算得 $V_{TH} = \dfrac{R_3}{R_4}V_D$，此时，$v_{O2}$ 又从 $-V_D$ 跳变至 $V_{OH}(= +V_Z)$，D 重新截止，输入电压 v_S 经 R_1 再向电容充电。如此周而复始，便产生了振荡，波形的定性示意图如图 4.6.2 所示。

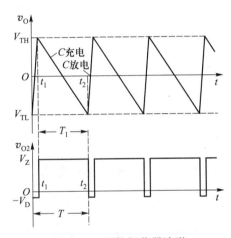

图 4.6.2 压控振荡器波形

从 v_O 的波形可见，电容正向积分时间很快，反向积分很慢，所以，电路的振荡周期近似地由反向积分时间决定。即

$$V_{TH} - V_{TL} = \frac{R_3}{R_4}(V_D + V_Z) = \frac{1}{R_1 C}\int_{t_1}^{t_2} v_S \mathrm{d}t = \frac{v_S}{R_1 C}T_1$$

所以

$$T_1 = \frac{R_1 R_3 C(V_D + V_Z)}{R_4 v_S}$$

或

$$f \approx \frac{R_4 v_S}{R_1 R_3 C(V_D + V_Z)} \qquad (4.6.1)$$

式（4.6.1）表明，振荡频率 f 与控制电压 v_S 成正比，从而达到了 V/f 转换的目的。图 4.6.3 所示是另一种压控振荡器电路，读者可自行分析它的工作原理。

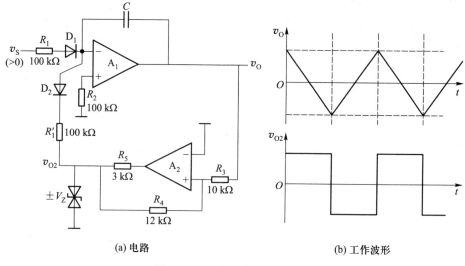

(a) 电路   (b) 工作波形

图 4.6.3 一种压控振荡器电路

4.7 应用案例解析

【案例 1】 试设计一个 RC 正弦振荡电路,要求振荡频率 $f_0 = 1$ kHz。

分析: 由 $f_0 = \dfrac{1}{2\pi RC}$,可得 $RC = \dfrac{1}{2\pi f_0} = 16 \cdot 10^{-5}$。

考虑选用:$R_1 = R_2 = 16$ kΩ,$C_1 = C_2 = 0.01$ μF,同时电阻 R_3、R_4、R_5 的选取应满足起振条件 $\dfrac{R_4 + R_5}{R_3} > 2$,反并联二极管 D_1、D_2 起到稳幅作用。图 4.7.1 所示为在 OrCAD Pspice 仿真软件中原理图。

图 4.7.2 给出电路工作时从起振到稳幅的全过程波形图。图 4.7.3 给出电路稳幅后的波形图。

利用仿真软件电路分析,读者可以进一步体会:

(1)图中各个电子元器件也可以选用其他的规格参数组合,满足电路设计指标要求;

(2)电阻 R_5 不同的阻值选取如何影响电路的起振时间、稳幅大小,并分析当 R_5 小于何值时电路无法起振;

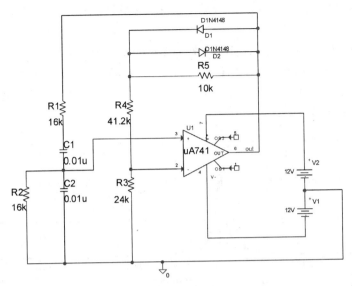

图 4.7.1 RC 振荡电路仿真原理图

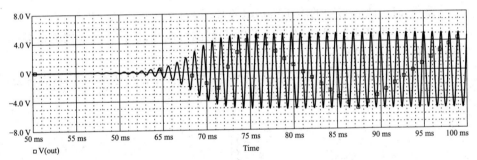

图 4.7.2 振荡电路输出端得到的波形

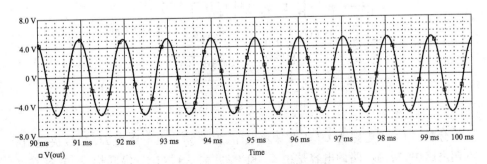

图 4.7.3 振荡电路输出稳幅后的波形

（3）如果不加上反并联二极管 D_1、D_2，电路最后输出工作在饱和状态的特性。

针对图 4.7.1，当在输入电阻 R_3 处加 1 mV 的正弦信号时，图 4.7.4 给出电路的另一特性，图中给出了在 10 Hz 到 1 MHz 频率范围内输出波形与输入波形的增益特性，从图中可以看出电路的谐振特性，电路的谐振频率与设计电路的振荡频率一致，近似为 1 kHz。

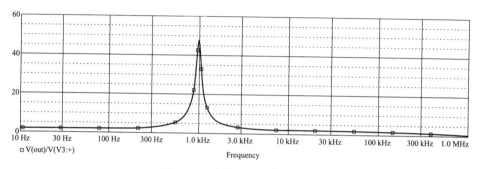

□ V(out)/V(V3:+)

图 4.7.4　电路的谐振特性波形

【案例 2】　收音机中的本机振荡电路如图 4.7.5 所示。试分析：

（1）当半可调电容器 C_5 在 12~270 pF 范围可调时，计算振荡器的振荡频率可调范围；

（2）振荡电路中晶体管 T 构成何种放大电路组态？选择该组态有什么好处？

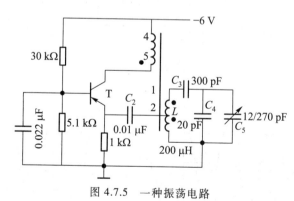

图 4.7.5　一种振荡电路

分析:（1）该电路为 LC 正弦振荡电路，振荡频率由电路中 LC 参数决定，在本例电路中，振荡回路的电容是由 C_4 和 C_5 并联后再与 C_3 串联构成，电容 $C_1 = 0.022\ \mu F$、$C_2 = 0.01\ \mu F$ 可认为在振荡频率处，容抗足够小，作短路处理。振荡频率为

$$f=\cfrac{1}{2\pi\sqrt{L\cfrac{C_3(C_4+C_5)}{C_3+(C_4+C_5)}}}$$

由该式可得：当 C_5 在 12~270 pF 范围可调时，$f_{\min}=972$ kHz，$f_{\max}=2.09$ MHz。

（2）振荡电路中晶体管 T 构成共基组态。当晶体管以共基组态工作时，其高频小信号模型中不需要考虑基极与集电极之间结电容的密勒效应，所以其上限频率远高于共射组态的上限频率。其次，共基组态电路的输入电阻小，截止频率高，采用共基组态可以允许 LC 振荡器实现更高的工作频率。

习 题 4

4.1 RC 桥式正弦振荡器如题图 4.1 所示，其中二极管在负反馈支路内起稳幅作用。

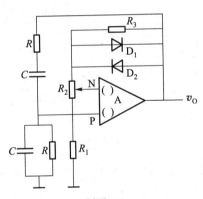

题图 4.1

（1）试在放大器框图 A 内填上同相输入端(＋)和反相输入端(－)的符号，若 A 为 μA741 型运放，试注明这两个输入端子的管脚号码；

（2）如果不用二极管，而改用下列热敏元件来实现稳幅：(a)具有负温度系数的热敏电阻器；(b)具有正温度系数的钨丝灯泡。试挑选元件(a)或(b)来替代图中的负反馈支路电阻(R_1 或 R_3)，并画出相应的电路图。

4.2 试用相位平衡条件判别题图 4.2 所示各振荡电路。

（1）哪些可能产生正弦振荡，哪些不能？（注意耦合电容 C_b、C_e 在交流通路中可视作短路）

（2）对哪些不能满足相位平衡条件的电路,如何改变接线使之满足相位平衡条件?（用电路图表示）

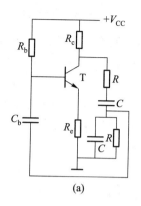

(a)

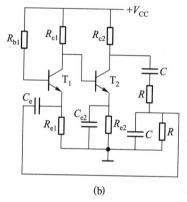

(b)

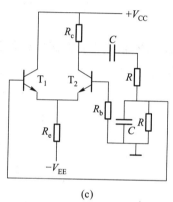

(c)

题图 4.2

4.3　RC 桥式正弦振荡器如题图 4.3 所示。已知 $R_1 = 2$ kΩ, $R_3 = 10$ kΩ, R_w 为 5 kΩ 的电位器。

（1）已知 $R = 10$ kΩ,同轴双连可变电容 C 的可调范围为 $0.01 \sim 0.1$ μF,求振荡频率 $f_{\min} \sim f_{\max}$;

（2）为使电路产生自激,要求 $R_2 \leqslant$?

（3）当电位器(R_w)的活动触点由最上端调至最下端时,用示波器观察输出波形,你将看到什么现象?

4.4　电路如题图 4.4 所示。

（1）为使电路产生正弦振荡,标明集成运放中的同相和反相输入端符号(+)和(−);并说明电路属于哪种正弦波振荡电路。

（2）若 R_1 短路,则电路将产生什么现象?

（3）若 R_1 断路，则电路将产生什么现象？

（4）若 R_f 短路，则电路将产生什么现象？

（5）若 R_f 断路，则电路将产生什么现象？

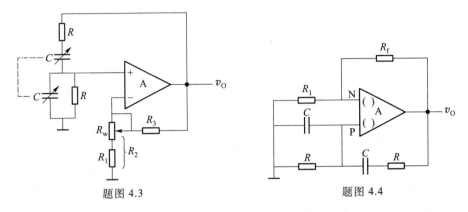

题图 4.3　　　　　　　　　　　　　题图 4.4

4.5　试用相位平衡条件判断题图 4.5 所示的各个电路。

（1）哪些可能产生正弦振荡，哪些不能？（对各有关电压标上瞬时极性）

（2）对不能产生正弦振荡的电路进行改接，使之满足相位平衡条件。（用电路表示）

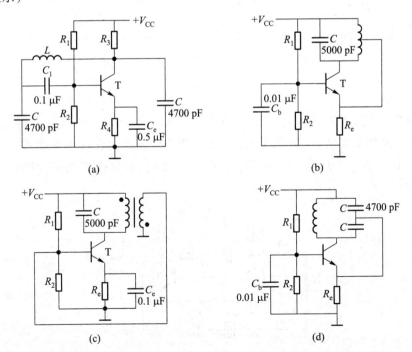

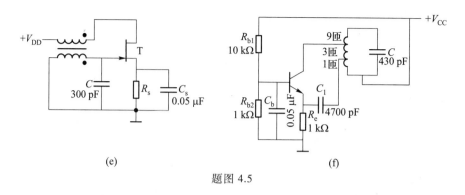

(e)　　　　　　　　　　　　(f)

题图 4.5

4.6 题图 4.6 为两个 *LC* 三点式振荡器的原理电路。

（1）为满足自激振荡条件,在放大器 A 的输入端标明括号内的极性;

（2）按原理图,分别用双极型晶体管和场效应管构成 *LC* 三点式振荡电路。（注意交流通路和直流工作条件均应正确）

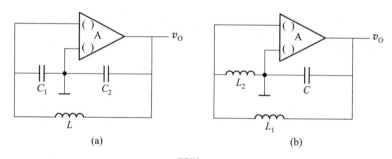

(a)　　　　　　　　　　　　(b)

题图 4.6

4.7 题图 4.7 所示是一个由石英晶体(ZXB-2 型)组成的振荡电路。其中 C_1 为几千皮法,C_2 为几个皮法,试判断该电路产生振荡的可能性。若能振荡,其振荡频率是接近 f_p 还是 f_s? C_2 可以微调,它对振荡频率的影响程度如何?

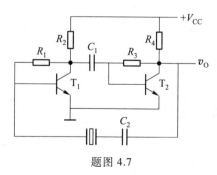

题图 4.7

4.8 试分别画出题图 4.8 所示各电路的电压传输特性曲线。

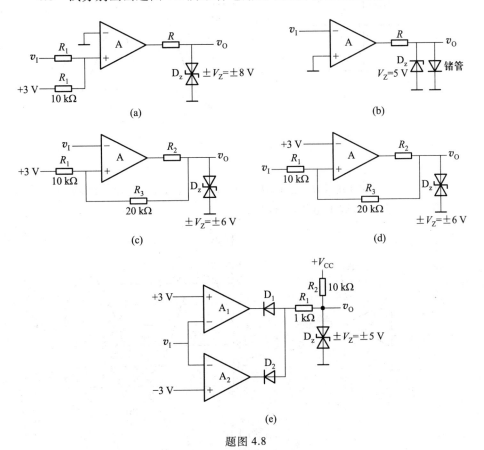

(a)

(b)

(c)

(d)

(e)

题图 4.8

4.9 已知三个电压比较器的电压传输特性如题图 4.9(a)(b)(c)所示,它们的输入电压波形如图(d),试画出 v_{01}、v_{02} 和 v_{03} 的波形。

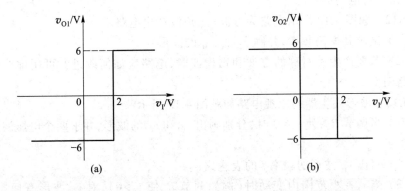

(a)

(b)

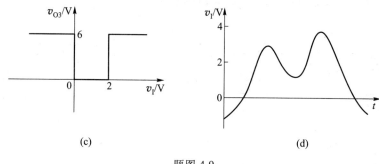

(c)　　　　　　　　　　(d)

题图 4.9

4.10　波形变换电路如图题 4.10(a)所示,其输入电压 v_S 的波形如图(b)所示,试在图(b)上画出输出电压 v_O 的波形。

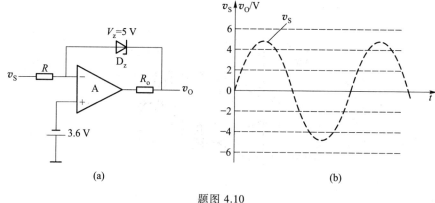

(a)　　　　　　　　　　(b)

题图 4.10

4.11　在题图 4.11(a)～(c)电路中,设输入信号 $v_S = 2\sin \omega t (\mathrm{V})$,稳压管 D_{z1}、D_{z2} 的稳压值均为 4 V,二极管正向压降为 0.7 V,试画出各电路输出电压波形,并指出各电路的特点。

4.12　题图 4.12 所示电路为方波-三角波产生电路。

(1)试求其振荡频率,并画出 v_{O1}、v_{O2} 的波形;

(2)若要产生不对称的方波和锯齿波时,电路应如何改进? 可用虚线画在原电路图上。

4.13　波形发生器的原理电路如题图 4.13 所示。

(1)当调节 R_w,使 $v_S = 0$ 时,分别画出 v_{O1} 和 v_{O2} 的波形,并求两个电压波形的幅度比;

(2)写出 v_{O2} 波形的频率 f 的表达式;

(3)当 v_S 在小范围内变动时(例如调节 R_w 使 $v_S > 0$),对 v_{O2} 波形有何影响?

试定性说明。

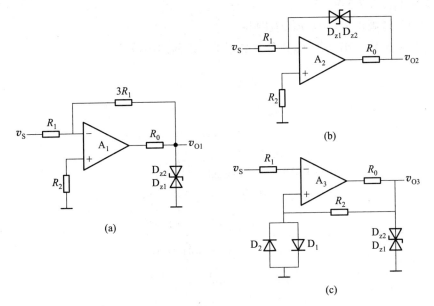

(a)

(b)

(c)

题图 4.11

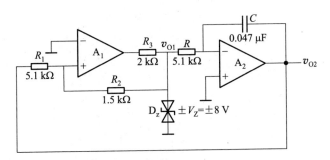

题图 4.12

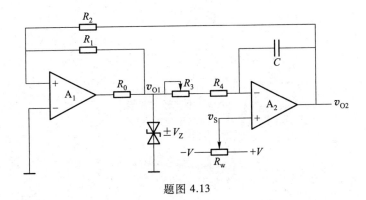

题图 4.13

227

4.14　题图 4.14 所示电路中设 A_1、A_2、A_3 为理想运放,最大的输出电压为 ± 12 V, V_{REF} 为 2.5 V。

（1）试画出 v_{O1}、v_{O2}、v_{O3} 的波形；

（2）推导输出电压 v_{O3} 和参考电压 V_{REF} 之间的函数关系。

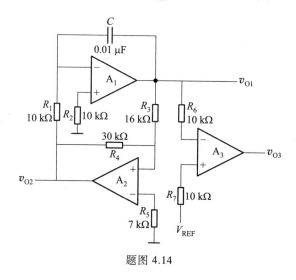

题图 4.14

第5章 模拟信号处理电路

5.1 模拟信号处理电路概述

电子系统是一个能完成某些特定功能的整体性电路,内部包含了多个具有不同功能的电路模块。一个典型的电子系统,无论其规模大小、功能强弱、应用场合等的不同,通常均包括信号的获取、信号的放大与处理、信号的传输和信号的执行这四个方面。图5.1.1所示为一个典型智能型电子测控系统的原理框图。它主要包括传感器、模拟信号处理电路、模数转换器(A/D)与数模转换器(D/A)、控制电路、通信接口等几个部分。

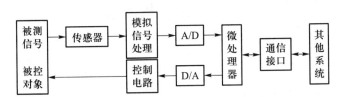

图5.1.1 智能型电子测控系统的原理框图

传感器的主要功能是将外部的被测信号转换成后续模拟信号处理电路所能够认可的电信号(包括电压或电流格式)。由于被测信号可能是各种规格的电信号或非电信号(如温度、压力、流量、位移等),因此传感器的种类和规格也是多种多样的。

从传感器出来的信号虽然是相对比较标准的电信号,但往往还伴随着以下特征:① 信号比较微弱;② 信号中混杂着其他无关的噪声和干扰成分;③ 信号是非线性的、漂移的;④ 信号需要长线传输;⑤ 信号有多通道。上述因素的存在,决定了后续环节必须采取相应的特殊措施。比如,针对微弱信号,要采用高增益的放大器;针对共模干扰、漂移信号、噪声信号等,要采用高共模抑制比、低漂移、低噪声的测量放大器;针对干扰,要采用有效地屏蔽、接地、隔离和滤波等环节;针对非线性,需要有线性化处理环节;针对长线传输,需要考虑到回路匹配等措施;针对多通道系统,可以采用可编程放大器等。以上这些,都是模拟信号处理电路应具备的功能,也是本章节的后续单元所要介绍的主要内容。

模拟信号处理电路包含的功能电路品种很多,可分成仪用放大器、可编程增益放大器、隔离放大器、电荷放大器、数据放大器等。目前,模拟信号处理电路已设计有专用功能的集成电路或模块。例如,集成化可编程数据放大器、高共模抑制比隔离放大器、集成调制/解调器、集成模拟门(模拟开关)、集成采样/保持器、集成开关电容滤波器等。

经过模拟信号处理单元后,再通过模数转换(A/D)变换成数字信号,即可被微处理器识别。微处理器将获取的信号经相应处理后,通过数模转换(D/A),再经过控制回路对被控对象进行控制,从而完成了一个闭环系统。

一个智能型的电子系统往往还需要与其他的电子系统或计算机进行通信,这需要通过通信接口单元来完成。目前的通信方式和接口也是多样化的,简单的有 RS232、RS485,复杂的有网络、无线通信等,这些一般都属于数字电路的范畴。

5.2　仪用放大器

5.2.1　仪用放大器原理

通过信号获取单元,电子系统将来源于外部物理世界的信号转换成后续单元能够认可的标准化格式。信号有电量类型,也有非电量类型,还可以有各种不同的测试条件和测试方案。受阻抗匹配、传输路线和环境因素等的影响,信号中往往含有各类干扰及噪声因素,造成在很多情况下被测信号十分微弱,实际的有效成分淹没在大量的无用共模成分之下。因此,信号获取单元经常需要面对:强噪声背景下的弱小信号。此时,若仅采用前述章节中的普通运算放大器结构,将无法获得有效的测试结果。

仪用放大器,也称仪表放大器或数据放大器,是测量用放大器的一种。它的结构设计比较独特,具有比较全面的高性能指标,即高输入电阻、高增益、高共模抑制比和低输出电阻、低漂移、低噪声等。通用型仪用放大器的典型电路如图 5.2.1所示。

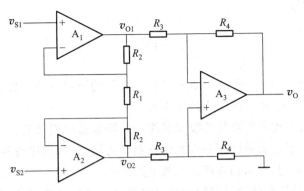

图 5.2.1　通用型仪用放大器的典型电路

电路为三运放结构,由两级放大电路组成。第一级运放 A_1、A_2 分别组成同相输入放大器,为双端输入、双端输出的差分放大器结构,具有很高的输入电阻(可达 10 MΩ 以上);第二级为差分比例放大器。

在实际应用中,A_1、A_2 级电路的参数(包括运算放大器及其外围电阻等)严格对称,此时第一级的输出信号 v_{O1}、v_{O2} 中将包含大小相等、极性相同的共模信号和漂移信号;A_3 级电路的四个外接电阻要求严格匹配(一般增益设计为1,即 $R_3 = R_4$),这样第一级的输出信号通过 A_3 级差分电路后,理论上便可以相互抵消共模和漂移信号,从而使整体电路具有较高的共模抑制比和较低的输出漂移。

定义:差模信号 $v_S = v_{S1} - v_{S2}$,共模信号 $v_{cm} = \dfrac{v_{S1}+v_{S2}}{2}$,则 $v_{S1} = v_{cm} + \dfrac{1}{2}v_S$,$v_{S2} = v_{cm} - \dfrac{1}{2}v_S$。第一级运放的输出电压分别为

$$v_{O1} = v_{cm} + \left(1 + \frac{2R_2}{R_1}\right)\frac{v_S}{2}$$

$$v_{O2} = v_{cm} - \left(1 + \frac{2R_2}{R_1}\right)\frac{v_S}{2}$$

注意到 v_{O1}、v_{O2} 中包含有大小相等、极性相同的共模信号 v_{cm}。因此,第二级运放的输出电压为

$$v_O = \frac{R_4}{R_3}(v_{O2} - v_{O1}) = \frac{R_4}{R_3}\left(1 + \frac{2R_2}{R_1}\right)(v_{S2} - v_{S1})$$

若 $R_3 = R_4$(即第二级增益为 1),则

$$v_O = \left(1 + \frac{2R_2}{R_1}\right)(v_{S2} - v_{S1}) \tag{5.2.1}$$

总的差模增益为

$$A_v = 1 + \frac{2R_2}{R_1} \qquad (5.2.2)$$

由此,只要通过调节 R_1,即可方便地调整放大器的增益而并不影响电路的对称性。在实际芯片中,R_1 一般采用外接方式。

综上所述,为提高电路的共模抑制能力并降低输出漂移量,A_1、A_2 级的对称结构是基础,A_3 级的参数匹配和高共模抑制是关键,通常选用高共模抑制比(大于 100 dB)的 A_3,另外需精确匹配差放电路的电阻。

仪用放大器具有单运放结构的差分电路所无法比拟的优势,常用于放大热电偶、应变电桥、生物计量及其他有较大共模干扰的微弱差分信号。

5.2.2　集成仪用放大器

普通的运算放大器可以组装成仪用放大器形式,但一般建议采用集成仪用放大器芯片。目前各模拟器件公司有多种实用型、高性能、低成本产品,如 AD(ANALOG DEVICES)公司的 AD62x 系列、TI(TEXAS INSTRUMENTS)公司的 INA1xx 系列等,其核心电路与图 5.2.1 类似(R_1 外接供调整增益)。下面以 AD620 为例,比对其与普通运算放大器的区别(如表 5.2.1 所示),并介绍其特性与常规使用。

表 5.2.1　仪用放大器 AD620 与普通运算放大器主要参数比对

参数	μA741	OP07	AD620B
输入失调电压(mV)	2	0.06	0.015
失调电压温漂(μV/℃)	<15	0.5	0.1
输入失调电流(nA)	20	0.8	0.5
失调电流温漂(pA/℃)	<500	12	3
输入偏置电流(nA)	80	1.8	0.3
输入电压噪声(nV/$\sqrt{\text{Hz}}$)	23	18	13
带宽(kHz)	1 000	600	1 000
共模抑制比(dB)	90	120	130
差模输入电阻(MΩ)	2	33	10^4
转换速率(V/μs)	0.5	0.3	1.2

AD620 是一款单芯片仪用放大器,采用经典的三运放改进设计,其主要特点是:① 仅需一个外接电阻来设置增益,增益范围为 1 ~ 10 000;② 采用 8 引脚结构(如图 5.2.2 所示),功耗低(最大工作电流仅 1.3 mA),非常适合电池供电及便携式应用;③ 高精度、低失调电压、低失调漂移、低输入偏置电流、低输入噪声电压,可作为精密数据采集系统的前置放大单元;④ 低成本,信号建立时间短,适合多路复用。

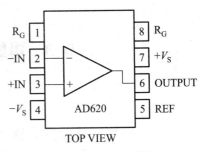

图 5.2.2　AD620 引脚图

AD620 的上述特点,使其在很多电桥测量电路中,尤其是采用低电压供电的大电阻压力传感器测试中,具有很多的优势。图 5.2.3 所示为一个采用电池供电的 3 kΩ 压力传感器电桥。电桥功耗 1.7 mA,总电源电流(包括 AD620 及缓冲分压器等)3.7 mA。

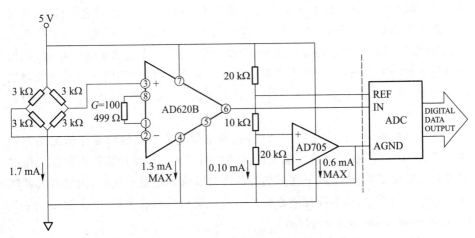

图 5.2.3　采用电池供电的压力监测仪电路

由于 AD620 的内部增益电阻 R_2 已调整至绝对值 24.7 kΩ,因此只要利用一个外接电阻即可实现对增益的精确调整,其增益公式为

$$G = 1 + \frac{2R_2}{R_G} = 1 + \frac{49.4}{R_G}$$

针对上图电路,$R_G = 499\ \Omega$,则增益 $G = 100$。为使增益误差最小,应避免产生与 R_G 串联的高寄生电阻。

5.3　可编程增益放大器

5.3.1　可编程增益放大器简介

上节中提及的仪用放大器,已能在一定程度上有效地解决强噪声背景下的微弱信号检测问题。然而,在实际中我们需要检测的信号往往不止一路,此时就需要采用多通道的信号采集系统。

在多通道信号采集系统中,从节约成本及缩小系统规模的角度出发,多个通道一般共用同一路测量放大器。由于各个通道输出至测量放大器的信号大小并不相同,而经过测量放大器处理后至模数转换电路时,又要求其信号大小基本为同一数量级(如许多 A/D 要求输入信号范围为 0~5 V)。为达到这一目标,就要求测量放大器对于各个通道信号的增益各不相同。即使在单通道信号采集系统中,有时也需要采用增益可变。比如,当信号的大小变化范围非常宽广时,从保障测量精度的要求出发,就要求针对信号的不同范围,提供不同的测量放大器增益。例如,信号范围 1 μV~1 V,则可以针对 1 μV~1 mV 和 1 mV~1 V 分别设定增益为 1 000 倍与 1 倍。

增益是根据信号的变化范围调整的,而测量过程中信号的变化情况是多样的,所以在实际应用中,增益一般采用自动控制方式。即由计算机根据某通道的前次信号采集结果,决定其下次采集时的测量放大器增益。此时,测量放大器的增益由程序控制,也称为程控增益放大器或可编程增益放大器,英文缩写符号为 PGA(programmable gain amplifier)。

通过可编程增益放大器还可以实现自动量程切换等,其应用非常广泛。

可编程增益放大器有多种形式。按其所使用的放大器件的数目分,可分为单运放、多运放和仪用放大器型可编程增益放大器;按控制信号的类型分,可包括模拟式和数字式可编程控制放大器。

1. 单运放型可编程增益放大器

图 5.3.1(a)(b)分别为单运放构成反相、同相输入式放大器。通过切换不同的反馈电阻,即可实现放大器增益可变。若开关采用模拟开关,则可实现程控方式。这种可编程增益放大器的电路结构比较简单,但在实用中还存在着诸多问题,如增益精度与模拟开关的导通电阻有关、工作速度与模拟开关的开关速度

有关、模拟开关切换时有过渡过程和会产生尖峰干扰、电路失调参数较大等。所以,此类电路仅适用于对增益精度、传输速度等均要求不高的场合。

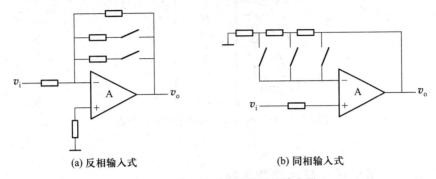

(a) 反相输入式   (b) 同相输入式

图 5.3.1　单运放型可编程增益放大器

2. 多运放型可编程增益放大器

图 5.3.2(a)(b)分别为多运放构成的并联、串联式放大器。各个放大器的增益可设定为相同或不同,通过切换不同的模拟开关,即可实现输出不同增益的放大信号。此类可编程增益放大器的优势在于模拟开关对放大器的增益精度和工作速度影响较小,但由于采用了多个放大单元,所以成本高,且调试困难。

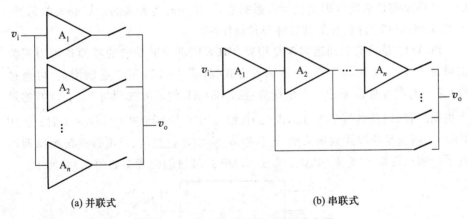

(a) 并联式   (b) 串联式

图 5.3.2　多运放型可编程增益放大器

3. 仪用放大器型可编程增益放大器

图 5.3.3 中的仪用放大器单元即为图 5.2.1 所示电路(不含 R_1,此处采用外接方式)。由于仪用放大器的增益与 R_1 成比例(参考式(5.2.1)和(5.2.2)),因此通过模拟开关的切换可实现不同的 R_1 接入,并实现增益可变。此类可编程增益放大器具有仪用放大器的全面高性能指标,且由于仅采用 R_1 外接方式,所以调

试简便。

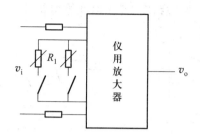

图 5.3.3　仪用放大器型可编程增益放大器

5.3.2　集成可编程增益放大器

目前实用型的单片仪用放大器型可编程增益放大器,内部集成有仪用放大器、模拟开关、译码电路及不同的增益电阻。例如 AD 公司的 AD825x 系列能实现 4 种增益(最高可达 1000 倍),LH0084 可实现 1~1 000 范围内的 12 种增益,TI 公司的 PGA11x 系列能提供 4~8 种增益,还能提供多通道 MUX、校准及数控增益等更多优势;另外,还有 MICROCHIP 公司的 MCP6S2x 系列等。用户可根据信号性质及测量精度等因素选择合适的芯片,使用时与普通的运算放大器无异。下面以 PGA112 为例,介绍其特性与常规使用。

PGA112 是具有双通道多路复用器(MUX)、自校准功能的零漂移可编程数控增益放大器,采用单电源、单端输入方式,提供 1~128 等二进制增益,可通过 SPI 接口与微处理器通信。突出优势包括 100 μV 的最大失调与 1.2 μV/℃ 的最大失调漂移,以及典型值为 12 $nV/\sqrt{Hz}$ 的低噪声与高带宽(增益为 1 时,为 10 MHz)。能满足便携式数据采集、远程抄表、自动增益控制、可编程逻辑控制器以及手持测试设备等需求。PAG112 在 MSOP 封装时的引脚图如图 5.3.4 所示。

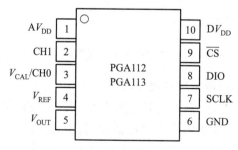

图 5.3.4　PGA112 引脚图(MSOP 封装)

图中,AV_{DD}、DV_{DD}、GND 分别为模拟电源、数字电源和地;V_{REF} 为外接的参考/基准输入端;CH0、CH1 分别是 MUX 的两个模拟信号输入端,同时 CH0 也可以作为校准端;V_{OUT} 为模拟信号输出端;SCLK、DIO、/CS 用于 SPI 通信。

PGA112 典型应用时的连接图如图 5.3.5 所示。由图可见,通过与微处理器的 SPI 通信,非常方便地实现了数控增益调整和通道切换控制。为充分发挥其性能,模拟和数字电源应正确连接。

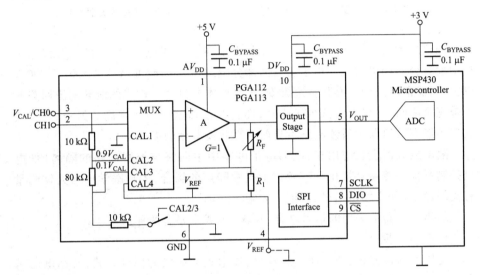

图 5.3.5 PGA112 典型应用连接图

5.4 隔离放大器

5.4.1 隔离放大器基本原理

隔离放大器是一种特殊的仪用放大器,其输入、输出之间没有直接的电气关联。隔离放大器的结构框图及其电路符号分别如图 5.4.1、图 5.4.2 所示。

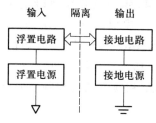

图 5.4.1 隔离放大器结构框图

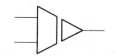

图 5.4.2 隔离放大器符号图

隔离放大器的输入和输出单元采用两套独立的供电系统,使信号在传输过程中没有公共的接地端。由于前后两部分隔离电压一般可高达 2 500 ~ 5 000 V以上,而泄漏电流却只有几百毫微安,于是原本通过地线构成的泄漏电流回路几乎被完全隔断,不仅大大减少了噪声,而且共模抑制能力非常高。另外,隔离放大器还能有效地保护后续电路不受前端高共模电压的损坏。

隔离放大器主要应用于:电力电子电路中主回路与控制回路的隔离(如电机控制系统);测量环境中含有较多干扰和噪声的场合;生物医学中与人体测量有关的设备(如生物电信号,保证人体绝对安全)。

隔离放大器中采用的信号耦合(传输)方式主要有两种:

1. 变压器耦合

变压器耦合方式,是一种发展较早、技术较为成熟的耦合方式,又称电磁耦合。它利用变压器不能直接传输低频(包括缓变或直流)信号这一特性,实现对低频信号的隔离。图 5.4.3 为原理框图。

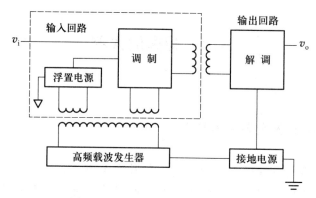

图 5.4.3 变压器耦合方式原理框图

变压器耦合采用载波调制技术,通过调制电路,将低频信号调制到高频载波上。高频调制波经变压器耦合后,再通过解调获取原低频信号。同时,高频载波经另一组隔离变压器馈入输入回路,并通过整流、滤波和稳压后形成与输出回路隔离的浮置电源,供输入回路使用。

变压器耦合的隔离效果主要取决于变压器匝间分布电容的大小。由于载波频率较高,变压器的体积可大大缩小,原、副边线圈的匝数也可以较少,因而分布电容可减小到 100 pF 以下。

变压器耦合方式具有较高的隔离性能和线性度,共模抑制能力和噪声性能也相对较好,但带宽较低(一般 1 kHz 以下);另外,由于工艺复杂、成本高、体积大,在一定程度上造成应用不便。

2. 光电耦合

光电耦合方式利用光电耦合器件或光纤传递信号,具有广阔的发展前景。

以 PN 结为基础的光电耦合器件包括一个发光二极管(用于发送信号)和一个光电二极管(用于接收信号)或光电晶体管(包括达林顿型晶体管),如图 5.4.4 所示。

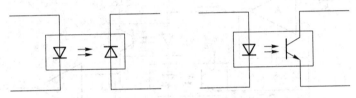

图 5.4.4 光电耦合器件

光电耦合器件的工作频率主要受光电晶体管集电极、基极之间结电容的限制,理论上限可达 100 kHz;而光电二极管的工作频率可达 1 MHz。

光电耦合器件的稳定性、耐压性、温度系数和噪声等参数弱于变压器耦合方式,线性度(尤其在输出电流小于 10 mA 时)也较差。但凭借体积小、成本低、带宽大(可达 MHz 数量级),尤其是能与 TTL 电路兼容(直接驱动 TTL 电路或由 TTL 电路驱动)、接口电路简单方便等优势,在数字脉冲电路的隔离中已得到了广泛的应用。目前工业控制用的计算机及其数字输入模板大多采用光电耦合器件。图 5.4.5 为光电耦合器件在计算机控制系统中的典型应用。

图中,若计算机输出的控制信号 V_I 为低电平,则发光二极管导通发光,光电晶体管受光导通,输出信号 V_0 为低电平;反之,若 V_I 为高电平,则发光二极管与光电晶体管均不导通,输出信号 V_0 为高电平。因此,实现了数字信号的同相传输功能(同理亦能实现反相传输功能)。由于输入、输出之间通过光电隔离,从而切断了地环路,能有效地抑制了共模干扰。光电耦合器件中的发光二极管、光电二极管(或光电晶体管)都是非线性器件,只有范围很小的线性工作区,这一线性度问题导致了光电耦合器件在模拟电路中的应用受到限制,一般需要依靠

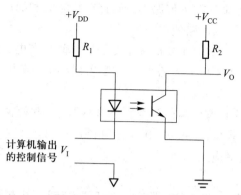

图 5.4.5　光电耦合器件在计算机控制系统中的典型应用

电路补偿来弥补。图 5.4.6 为补偿式光电隔离放大器原理图。

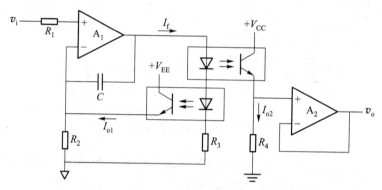

图 5.4.6　补偿式光电隔离放大器原理图

由图可得

$$I_{o1} = \frac{v_i}{R_2}, \quad I_{o2} = \frac{v_o}{R_4}$$

在两个光电耦合器件的特性完全一致情况($I_{o1} = I_{o2}$)下,有

$$A_v = \frac{v_o}{v_i} = \frac{R_4}{R_2}$$

　　考虑到光电耦合器件的工作速度远低于运算放大器,电路中增加 R_3、C 用于改善电路的稳定性和频率特性(具体数值的选择请参考相关资料)。经测试,上述电路的带宽可达 40 kHz,线性度可达 0.1%。

　　该电路的线性补偿原理如下:若由于某种原因使 $I_{o2}\downarrow$,由于两个光电耦合器件的特性一致,则 $I_{o1}\downarrow$,导致 A_1 级电路的反馈量$\downarrow$,净输入量$\uparrow$,输出量 $I_f\uparrow$,则 $I_{o2}\uparrow$,从而使 I_{o2} 基本稳定。

图 5.4.7 为另一具有补偿功能的光电隔离放大器原理图。在两个光电耦合器件的特性完全一致情况$(I_{o1} = I_{o2})$下,有

$$A_v = \frac{v_o}{v_i} = \frac{R_5}{R_1}$$

具体的计算过程,及补偿原理请读者自行分析。

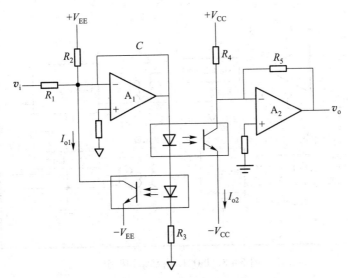

图 5.4.7 具有补偿功能的光电隔离放大器

光电耦合的另一种方式是采用光纤传递信号。与光电耦合器件相似,电信号首先通过发光二极管转为光信号,然后由光纤电缆传输光信号,在终端再通过光电二极管(或光电晶体管)将光信号重新转换成电信号。由于光波的带宽比电波宽得多,所以光纤可以用来传输速率很高的数字信号。光纤的主要成分是石英(不导电),不会受到电磁干扰的影响,这是目前解决电磁干扰的最佳方案。

光纤传输时的衰减很小,但在结合部损耗较大;另外,光纤的分离和连接困难,价格也相对较高。不过,随着光纤技术的发展,光纤传输正在逐渐取代金属电缆传输。

5.4.2 集成隔离放大器

隔离放大器目前也有多种型号的集成芯片可供选择,例如 AD 公司的 AD21x 系列、MICROCHIP 公司 MCP6S2x 系列等。用户可根据信号性质及测量精度等因素选择合适的芯片,使用时与普通的运算放大器无异。

ISO212 是 BB(Burr Brown)公司生产的采用变压器隔离方式的隔离放大器,其交直流隔离电压可达 2 000 V 以上,交直流隔离模抑制比分别达 50 dB 和 115 dB,输入阻抗高达 10^{12} Ω,带宽 1.8 kHz。图 5.4.8、图 5.4.9 所示分别为其内部结构框图及应用于电桥测量的电路图。

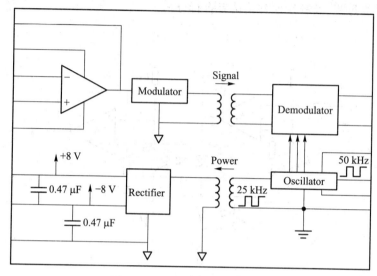

图 5.4.8 ISO212 内部结构框图

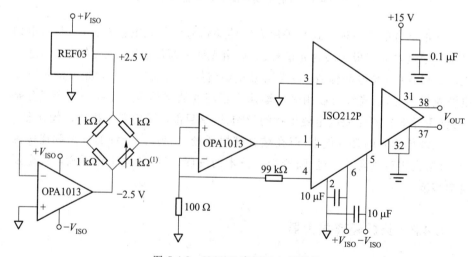

图 5.4.9 ISO212 应用于电桥测量

6N137 是一款比较实用的、单通道的高速光电耦合器,内部包括一个发光二极管和由光敏二极管、高增益线性运放及集电极开路(OC)结构晶体管构成的集成检测器,隔离电压约 1 000 V,转换速率可达 10 MBit/s,压摆率为 10 kV/μs。图 5.4.10 为其内部结构框图。

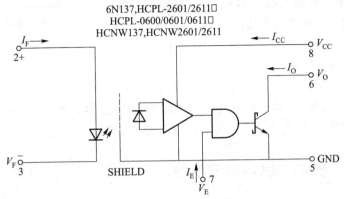

图 5.4.10　6N137 内部结构框图

　　在实际使用过程中,需注意输出为 OC 结构(需接上拉电阻),以及输入两端口之间仅为一发光二极管(需串接限流电阻);另外,建议在芯片的电源管脚旁并接一个 0.1 μF 的去耦电容,无须在使能管脚加上拉电阻(芯片内部已有)。

　　TLP521 系列是一款比较实用的、单/双/四通道的低速光电耦合器,其内部结构框图如图 5.4.11 所示。它的使用方式与 6N137 的基本类似,且隔离电压可达 2 500 V,只是转换速率相对偏低,一般适用于几十万赫兹以下的信号传输。

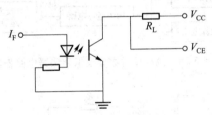

图 5.4.11　TLP521 系列内部结构框图

5.5　模拟乘法器

　　模拟乘法器的基本功能是实现两个模拟信号的相乘运算,又称模拟相乘器。模拟乘法器是一种通用性很强的非线性器件,不仅能实现乘、除、乘方和开方等运算,还能组成自动增益控制、调制、解调、鉴频、倍频等功能电路,是继集成运放后又一种重要的模拟集成电路,目前在信号处理、通信系统和自动控制等领域得到了广泛应用。

模拟乘法器的电路符号如图 5.5.1 所示。它有两个模拟信号输入端 v_x 和 v_y,一个模拟信号输出端 v_o,输入输出之间满足:

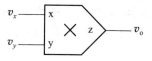

图 5.5.1　模拟乘法器符号图

$$v_o = Kv_xv_y$$

或可以写成:

$$Z = KXY$$

其中 K 为比例因子,其大小由具体的电路参数决定,量纲为 V^{-1}。例如,当输入输出的最大电压均为 10 V 时,则 K 应定义为 0.1 V^{-1}。

5.5.1　模拟乘法器的主要类型

实现模拟信号相乘的电路有很多,主要有对数/反对数型模拟乘法器、可变跨导型模拟乘法器和时分割型模拟乘法器。下面分别加以说明。

1. 对数/反对数型模拟乘法器

根据两数相乘的对数等于其对数相加的原理,利用之前章节中学过的对数运算电路、加法运算电路和反对数运算电路,即可实现模拟信号的乘法运算。其电路框图及实用电路图分别如图 5.5.2、图 5.5.3 所示。

图 5.5.2　对数/反对数型模拟乘法器电路框图

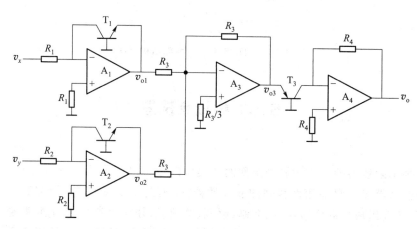

图 5.5.3　对数/反对数型模拟乘法器实用电路图

上图中,定义晶体管 T_1、T_2 和 T_3 的发射结反向饱和电流分别为 I_{ES1},I_{ES2} 和 I_{ES3},则有

$$v_{o1} = -V_T \ln \frac{v_x}{R_1 I_{ES1}} \quad v_{o2} = -V_T \ln \frac{v_y}{R_2 I_{ES2}}$$

$$v_{o3} = -(v_{o1} + v_{o2}) = V_T \ln \left(\frac{v_x}{R_1 I_{ES1}} \cdot \frac{v_y}{R_2 I_{ES2}} \right)$$

$$v_o = -I_{ES3} R_4 e^{v_{o3}/V_T} = -I_{ES3} R_4 \cdot \frac{v_x v_y}{R_1 I_{ES1} R_2 I_{ES2}}$$

若晶体管的特性一致,使 $I_{ES1} = I_{ES2} = I_{ES3} = I_{ES}$,且 $R_1 = R_2 = R_4 = R$,则可以获得:

$$v_o = -\frac{1}{R I_{ES}} \cdot v_x v_y = K v_x v_y$$

上式说明,该电路的输出与两个输入的乘积成正比,即实现了乘法运算。考虑到对数/反对数电路在正常工作时对输入信号极性的要求,此电路的两个输入信号都必须为正值。

在此电路的基础上,只要将其中的加法运算电路改为减法运算电路,即可实现两个输入信号的除法运算,具体过程及结论请读者自行分析。

2. 可变跨导型模拟乘法器

可变跨导型模拟乘法器是集成模拟乘法器中运用最普遍的,具有电路简单、易于集成及工作频率较高等优点,其原理图如图 5.5.4 所示。

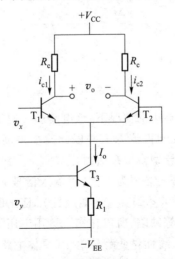

图 5.5.4 可变跨导型模拟乘法器原理图

　　电路的基本结构是差动放大电路,T_3、R_1 构成射极恒流源。根据之前章节中学过的恒流源知识,可得

$$I_o = A_g v_y \tag{5.5.1}$$

其中,A_g 为此恒流源的互导增益。进一步,根据晶体管 i_c 与 v_{be} 之间的关系,有

$$i_{c1} = I_{ES} e^{v_{be1}/V_T}, \quad i_{c2} = I_{ES} e^{v_{be2}/V_T}$$

$$\frac{i_{c1}}{i_{c2}} = e^{(v_{be1} - v_{be2})/V_T} = e^{v_x/V_T}$$

根据 $I_o = i_{c1} + i_{c2}$,有

$$i_{c1} = \frac{e^{v_x/V_T}}{1 + e^{v_x/V_T}} \cdot I_o, \quad i_{c2} = \frac{1}{1 + e^{v_x/V_T}} \cdot I_o$$

$$i_{c1} - i_{c2} = I_o \cdot \frac{e^{v_x/V_T} - 1}{e^{v_x/V_T} + 1} \tag{5.5.2}$$

利用双曲线正切函数关系式:

$$\text{th } x = \frac{e^x - e^{-x}}{e^x + e^{-x}} = \frac{e^{2x} - 1}{e^{2x} + 1}$$

并利用其性质:当 $x < 1$ 时,$\text{th } x \approx x$,因此当 $|v_x| \ll 2V_T$ 时,式(5.5.2)可近似变换为

$$i_{c1} - i_{c2} = I_o \text{th}\left(\frac{v_x}{2V_T}\right) \approx I_o \frac{v_x}{2V_T} \tag{5.5.3}$$

定义差动放大电路的跨导为 g_m,则

$$g_m = \frac{\Delta i_c}{v_x} = \frac{i_{c1} - i_{c2}}{v_x} = \frac{A_g}{2V_T} v_y \tag{5.5.4}$$

于是,输出信号 v_o 为

$$v_o = -(i_{c1} - i_{c2}) R_c = -g_m v_x R_c = -\frac{A_g R_c}{2V_T} v_x v_y = K v_x v_y \tag{5.5.5}$$

上式说明,在输入信号足够小的情况下,该电路能实现乘法运算。由于这种相乘作用是通过输入电压 v_y 控制恒流源 I_o 并以此改变差动放大电路的跨导 g_m 来实现的,因此被称为可变跨导型模拟乘法器。

　　此电路要求输入信号 v_y 必须为正值(对输入信号 v_x 的极性没有要求),再加上线性范围太小(仅在 $|v_x| \ll 2V_T$ 内近似线性),且比例因子 K 受温度影响(根据式(5.5.5),与 V_T 有关)等缺陷,所以在实际运用中还需要增加一些辅助的补偿单元,包括双平衡型单元、线性化变跨导单元(具体电路请参考相关资料)等。

　　3. 时分割型模拟乘法器

　　时分割型模拟乘法器,用时间分割的方法产生一恒定频率的矩形波,其幅度

V_m 和高低电平时间差 (t_1-t_2) 分别与两个输入信号 v_x 和 v_y 成比例。则此矩形波信号的平均值为

$$\overline{V} = \frac{1}{T}\int V_m(t_1 - t_2) = Kv_xv_y$$

即与两个信号的乘积成比例。时分割型模拟乘法器采用了脉幅和脉宽控制方式,又被称为 PWM 型乘法器。这种乘法器的精度较高(可达 0.05% ~ 0.01%),但带宽比较窄(一般只有几百赫兹)。而且,当输入分别采用电压和电流信号时,输出可反映出平均功率的大小,因此目前在电能计量表方面应用较多。

模拟乘法器还可以采用其他的实现方案,比如根据霍尔效应原则,一个处于外加磁场(或电场)作用下的线圈,其两端电压将与外加磁场(或电场)和流过该线圈电流的乘积成正比,由此可组成霍尔效应乘法器。由于输入分别是电压和电流信号,所以输出实际上反映的是瞬时功率。这种乘法器具有电路简单、频响宽(可达 100 kHz 以上)的特点,但是灵敏度、精度和漂移参数相对较差。

5.5.2 模拟乘法器的主要参数

1. 线性误差

线性误差是乘法器的一个非常重要的指标,定义为实测输出电压与理论计算值之间的最大偏差。由于乘法器有两个输入信号,因此分别定义:

$$x \text{ 方向误差}(v_y \text{满幅输入时}), \quad \delta_x = \frac{|v_z - Kv_xv_y|_{max}}{v_z}$$

$$y \text{ 方向误差}(v_x \text{满幅输入时}), \quad \delta_y = \frac{|v_z - Kv_xv_y|_{max}}{v_z}$$

它们用来表示当某一输入为极值时,另一输入所产生的误差(通用型乘法器的线性误差大约为 1%)。

2. 馈通误差

针对理想乘法器,若其中的一个输入信号为 0,输出理论上应为 0;此时实际输出变化范围内的最大值即定义为馈通(直通)误差。此误差用来表示当某一输入为零值时,另一输入所产生的误差。

3. 平方误差

平方误差用来表示实际输出与输入量平方之间的偏差(典型值约为 0.5%)。

$$\delta = \frac{|v_z - Kv_x^2|_{max}}{v_z}$$

模拟乘法器另有许多参数与集成电路类似,包括增益、输入输出电阻、失调

参数、共模参数、频域和时域参数等,具体内容可参考之前章节内容。

5.5.3　模拟乘法器的应用

模拟乘法器不仅能实现模拟信号的运算,还能用于模拟信号的处理。

1. 乘法运算

实现两个模拟信号相乘是模拟乘法器的最基本功能,如图 5.5.5(a)(b)所示。

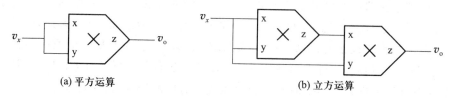

(a) 平方运算　　　　　　　　　　(b) 立方运算

图 5.5.5　乘法运算

上图分别实现了对模拟信号的平方和立方运算,图(a)(b)的输出分别为

$$v_o = K(v_x)^2, \quad v_o = K^2(v_x)^3$$

以此为基础,就能很快地设计出由乘法器组成的 n 次方运算电路。

2. 除法运算

图 5.5.6 所示为除法运算电路。

电路的基本结构是反向输入式比例运算电路,乘法器作为反馈元件。由图可得

$$\frac{v_x}{R_1} = -\frac{v_z}{R_2}$$

而根据乘法器特性,$v_z = Kv_yv_o$,所以有

$$v_o = -\frac{1}{K} \cdot \frac{R_2}{R_1} \cdot \frac{v_x}{v_y} = K' \cdot \frac{v_x}{v_y}$$

即实现了两信号的除法运算。

此电路中的运放必须处于负反馈工作状态,因此输入信号 v_y 必须为正值,这样才能使 v_z 与 v_o 的极性相同(同时与 v_x 的极性相反)。当然,若适当调整电路,同样也能实现当输入信号 v_y 为负值时的除法运算;另外,除法运算电路也可采用同相输入式比例运算电路结构。以上调整部分请读者自行分析。

3. 平方根运算

平方根运算电路与除法运算电路相似,其差别主要在于将原反馈支路中的乘法器接成平方电路,具体电路如图 5.5.7 所示。

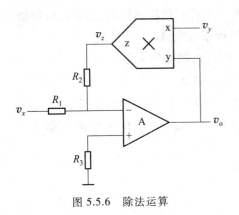

图 5.5.6 除法运算

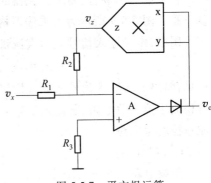

图 5.5.7 平方根运算

仿照前述除法运算电路的分析过程,有

$$v_o = \sqrt{\frac{1}{K} \cdot \frac{R_2}{R_1} \cdot (-v_x)} = K' \cdot \sqrt{-v_x}$$

即实现了平方根运算。

显然,输入信号 v_x 必须为负值,才能保证电路为负反馈模式(图中接入二极管是为了防止当输入信号 v_x 为正值时,因电路出现正反馈而停止运算)。同样,若适当调整电路(包括二极管的方向),也能实现当输入信号 v_y 为正值时的平方根运算;另外,在平方根电路的基础上,还能进一步实现立方根、n 次方根等运算。具体电路请读者自行分析。

4. 均方根运算

利用平方运算电路、积分运算电路和平方根运算电路,可实现模拟信号的均方根运算。其电路框图如图 5.5.8 所示。

$$v_x \longrightarrow \boxed{\text{平方运算电路}} \xrightarrow{v_{o1}} \boxed{\text{积分运算电路}} \xrightarrow{v_{o2}} \boxed{\text{平方根运算电路}} \longrightarrow v_o$$

图 5.5.8 均方根运算电路框图

由图可得

$$v_{o1} = v_x^2, \quad v_{o2} = \frac{1}{T}\int_0^T v_{o1}\,\mathrm{d}t = \frac{1}{T}\int_0^T v_x^2\,\mathrm{d}t$$

则

$$v_o = \sqrt{v_{o2}} = \sqrt{\frac{1}{T}\int_0^T v_x^2\,\mathrm{d}t}$$

一般,v_o 定义为输入信号 v_x 的真有效值电压 V_{rms}。

5. 压控增益电路

在某些应用场合,要求放大器的增益与一个控制电压成比例,这就是压控增益电路。图 5.5.9 所示为由乘法器构成的压控增益电路。

图中,定义输入信号 v_y 为直流量(即 $v_y = V_Y$),则输出 v_o 为

$$v_o = K v_x v_y = (K V_Y) v_x = A_Y v_x$$

可见,输出 v_o 与输入信号 v_x 成线性比例关系。当输入信号 v_y 为一可调电压时,即可构成压控增益电路;若输入信号 v_y 来源于计算机输出(如 D/A 输出),则可构成程控增益电路。

6. 倍频电路

倍频电路如图 5.5.10 所示。

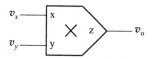

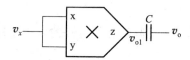

图 5.5.9　乘法器构成压控增益电路　　　图 5.5.10　乘法器构成倍频电路

图中,定义输入信号 v_x 为

$$v_x = V_{xm} \cos \omega t$$

则输出信号 v_{o1} 为

$$v_{o1} = K v_x^2 = \frac{1}{2} K V_{xm}^2 (1 + \cos 2\omega t)$$

经电容 C 隔直后,输出信号 v_o 为

$$v_o = \frac{1}{2} K V_{xm}^2 \cos 2\omega t = K' \cos 2\omega t$$

即实现了倍频功能。

7. 混频电路

设乘法器的两个输入信号 v_x、v_y 分别为

$$v_x = V_{xm} \cos \omega_x t, \quad v_y = V_{xm} \cos \omega_y t$$

则输出信号 v_o 为

$$v_o = K V_{xm} V_{ym} \cos \omega_x t \cdot \cos \omega_y t$$

$$= \frac{1}{2} K V_{xm} V_{ym} [\cos(\omega_x + \omega_y) t + \cos(\omega_x - \omega_y) t]$$

由于产生了新的和频成分 $(\omega_x + \omega_y)$ 和差频成分 $(\omega_x - \omega_y)$,从而实现了混频功能。

以混频电路为基础,可以进一步设计出基于乘法器的调制、解调、鉴相和锁相等电路。

5.5.4 集成模拟乘法器

目前可供选择的模拟乘法器很多,在选择时需要注意到不同类型乘法器的特点。比如时分割型模拟乘法器的精度较高,但频率特性相对较弱;对数/反对数型模拟乘法器的输入范围较宽,但对极性有要求等。另外,为实现芯片手册上所规定的技术指标,在使用时必须精选电阻以使失调电压、比例系数等达到要求。

AD 公司有多年设计乘法器的历史,AD539、AD534 等都比较有代表性,但带宽一般都只有 60 MHz 左右。AD834 是 AD 公司推出的高带宽模拟乘法器,带宽可达 800 MHz;同时,这款型号的转换速度很快,可工作在 UHF 波段;而且,总的静态误差可保持在 0.5% 以内。因此,它被广泛地应用于混频、倍频、调制解调、功率测控、视频开关等领域。AD834 的内部结构框图如图 5.5.11 所示。

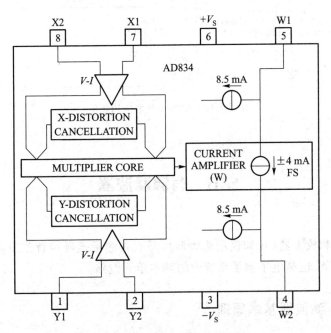

图 5.5.11 AD834 内部结构框图

由图可知,芯片有三个差分信号端口,其中 X_1 和 X_2 组成差分电压输入端口 X,Y_1 和 Y_2 组成差分电压输入端口 Y,W_1 和 W_2 组成差分电流输出端口 W(W_1 和 W_2 的静态电流均为 8.5 mA)。在芯片内部,输入电压首先通过 $V\text{-}I$ 变换器转换成差分电流(目的是降低噪声和漂移),为保障输入电压较低时的 $V\text{-}I$ 转换线性度,转换后的信号还需要通过校正电路。最终,电流放大器用于对乘法运算电路输出的电流进行放大,并以差分电流的形式输出。芯片整体的传递函数为 $W = 4XY$(X 和 Y 的单位为 V,W 的单位为 mA),即当两输入 $X = Y = \pm 1$ V 时,输出电流为 ± 4 mA。图 5.5.12 所示为 AD834 的典型应用接法。

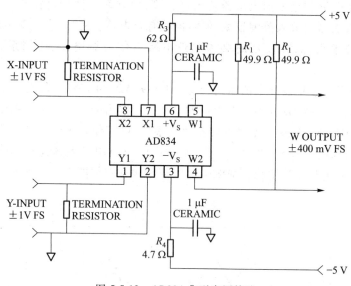

图 5.5.12　AD834 典型应用接法

5.6　有源滤波器

滤波器和放大器(比如仪用放大器),是有效测量强噪声背景下微弱信号的两个重要环节,也是电子测量系统中的基本单元电路。

5.6.1　滤波器基本原理

滤波器的作用,就是让指定频段的信号通过,而抑制其他频段的信号(或使其急剧衰减),其本质上是一种选频电路。滤波器可以采用模拟或数字方法实现。早期的模拟滤波器由 R、L 和 C 组成,称为无源滤波器;随着滤波电路理论、应用的发展及集成电路的出现,从 20 世纪 60 年代开始,逐步过渡到以采用集成运放和 RC 网络为主体的有源滤波器;在 70 年代之后又出现了单片集成有源滤波器和开关电容滤波器(SCF)。

有源滤波器的优势在于:① 不采用电感,体积和重量都大为减少;② 集成运放具有的高增益、高输入电阻和低输出电阻特性,避免了信号的衰减及前后级的相互影响;③ 整体电路的设计较为简便。有源滤波器的限制主要在于自身的频率特性(通用型运放的频带一般较窄),因此比较适合于处理低频信号,而高频段相对使用无源 LC 滤波器比较好。

随着计算机技术的发展,20 世纪 80 年代后出现了数字滤波器技术,它首先将模拟量转换成数字量,然后通过软件的形式实现滤波,这个属于数字信号处理单元的范畴。

图 5.6.1 所示为一个覆盖有高频噪声的信号,经过低通滤波器处理后,还原出比较完美光滑的原始信号。由此可见,低通滤波器对于提高整体电路的信噪比具有比较重要的作用。目前,滤波器在通信、自动控制和电子测量等诸多领域有着广泛的应用。

图 5.6.1 用低通滤波器处理高频噪声

滤波器中,将能够通过(或一定范围内衰减)的信号频率范围定义为通带或通频带,而将被抑制(或急剧衰减)的信号频率范围定义为阻带。对滤波器的分类,一般以频段区分,大致有以下四种基本类型:低通滤波器(LPF)、高通滤波器(HPF)、带通滤波器(BPF)和带阻滤波器(BEF)。各类滤波器的理想幅频特性分别如图 5.6.2 所示。

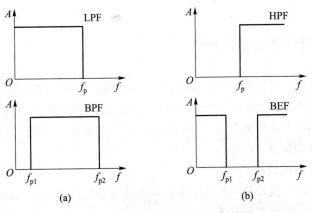

(a)   (b)

图 5.6.2 各类滤波器的理想幅频特性

　　图中 f_p 定义为滤波器的截止频率,即通带和阻带之间的分界频率点。当然,这样的幅频特性仅存在于理论分析,在实际中是不可能实现的。一般通过高阶函数来逼近,阶次越高,幅频特性的边界越陡,从而越接近于理想特性,但电路设计、计算和结构将会变得十分复杂。

　　实际滤波器的通带,尤其是靠近截止频率时会有一定的衰减;同时,阻带在靠近截止频率时的衰减也并非无穷大。因此,在通带和阻带之间,存在着一个过渡带。过渡带越窄,说明滤波电路的选频特性越好(理想时即无过渡带)。图 5.6.3 所示为一个实际的低通滤波器幅频特性图。

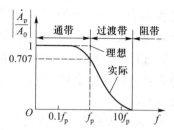

图 5.6.3　实际低通滤波器幅频特性图

　　在具体设计滤波器时,应使其频率特性尽可能地接近理想特性。

　　在滤波器的分析中,将会用到如下参数:

　　(1) 通带增益 A_0(LPF)、A_∞(HPF)、A_r(BPF 或 BEF);

　　(2) 截止频率 f_p,定义为增益下降到通带增益 A_0 的 $\dfrac{1}{\sqrt{2}}$ 时所对应的频率,也称 -3 dB 频率;

　　(3) 固有频率 f_c,定义为电路无损耗时的滤波器谐振频率,复杂电路有多个固有频率;

　　(4) 传递函数 $A_v(s)$,其中 $s = \mathrm{j}2\pi f$,反映滤波器增益随电路参数的变化关系;

　　(5) 频率特性 $\dot{A}_v$,反映滤波器增益随频率的变化关系;

　　(6) 品质因数 Q,反映滤波器频率特性的一项重要指标,不同类型滤波器的定义不同。

5.6.2　低通滤波器(LPF)

　　能通过低频信号,抑制或衰减高频信号的电路,称作低通滤波器。其理想和实际的幅频特性如图 5.6.2、图 5.6.3 所示。低通滤波器有两个主要的技术指标:
① 通带增益 A_0($f = 0$ 时的增益),通带内增益基本不变,阻带内增益近似为零;
② 截止频率 f_p(即 -3 dB 频率点)。

　　1. 一阶低通滤波器
　　由电阻和电容组成的一阶 RC 无源低通滤波器如图 5.6.4 所示。
　　该电路的主要性能指标为

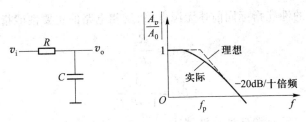

图 5.6.4　一阶无源低通滤波器及其幅频特性

（1）当 $f=0$ 时,电容 C 可视为开路,通带增益 $A_0=1$。

（2）传递函数 $A_v(s)$ 为

$$A_v(s)=\frac{v_o(s)}{v_i(s)}=\frac{A_0}{1+sRC} \tag{5.6.1}$$

（3）定义 $f_c=\dfrac{1}{2\pi RC}$,并用 $\mathrm{j}2\pi f$ 代换 s,则频率特性 $\dot A_v$ 为

$$\dot A_v=\frac{A_0}{1+\mathrm{j}\dfrac{f}{f_c}} \tag{5.6.2}$$

根据定义,当 $f=f_p$ 时, $|\dot A_v|=\dfrac{A_0}{\sqrt 2}$,则截止频率 f_p 为

$$f_p=f_c=\frac{1}{2\pi RC} \tag{5.6.3}$$

由上述式子可以画出电路的幅频特性如图 5.6.4 所示（滤波效果不佳）,其折线化幅频特性即为波特图。

　　此电路中 RC 网络决定滤波功能及频率特性。由于采用无源方式,所以电路没有放大功能,且前后级之间有影响。所以,在实际应用中,一般采用有源的方式（增加集成运放）。此时,运放能起到放大、提高输入电阻、降低输出电阻、减小负载对滤波性能影响等作用。图 5.6.5（a）（b）所示为分别采用同相（单位增益）和反相输入方式的一阶有源低通滤波器。

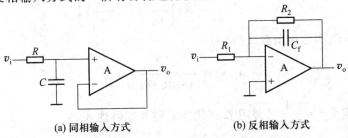

(a) 同相输入方式　　　　　(b) 反相输入方式

图 5.6.5　一阶有源低通滤波器

同相电路的性能指标同前述无源电路,反相电路的主要性能指标为

$$A_0 = -\frac{R_2}{R_1} \qquad (5.6.4)$$

$$A_v(s) = \frac{A_0}{1+sR_2C_f} \qquad (5.6.5)$$

2. 简单的二阶有源低通滤波器

图 5.6.6 所示的二阶有源低通滤波器电路,由二阶 RC 低通网络和运放 A 构成的同相比例放大器组成。

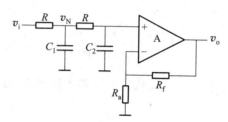

图 5.6.6　二阶有源低通滤波器

该电路的主要性能指标为

(1) 当 $f=0$ 时,电容 C_1、C_2 可视为开路,则通带增益 A_0 为

$$A_0 = 1+\frac{R_f}{R_a} \qquad (5.6.6)$$

(2) 由图可得

$$v_o(s) = v_{(+)}(s) \cdot \left(1+\frac{R_f}{R_1}\right)$$

$$v_{(+)}(s) = v_N(s) \cdot \frac{1}{1+sRC_2}$$

$$v_N(s) = v_i(s) \cdot \frac{\dfrac{1}{sC_1} /\!\!/ \left(R+\dfrac{1}{sC_2}\right)}{R+\left[\dfrac{1}{sC_1} /\!\!/ \left(R+\dfrac{1}{sC_2}\right)\right]}$$

取 $C_1 = C_2 = C$,则传递函数 $A_v(s)$ 为

$$A_v(s) = \frac{A_0}{1+3sRC+(sRC)^2} \qquad (5.6.7)$$

(3) 定义 $f_c = \dfrac{1}{2\pi RC}$,并用 $j2\pi f$ 代换 s,则频率特性 $\dot{A}_v$ 为

$$\dot{A}_v = \frac{A_0}{\left[1-\left(\dfrac{f}{f_c}\right)^2\right]+j3\dfrac{f}{f_c}} \tag{5.6.8}$$

根据定义,当$f=f_p$时,$|\dot{A}_v|=\dfrac{A_0}{\sqrt{2}}$,则截止频率$f_p$为

$$f_p = \sqrt{\frac{\sqrt{53}-7}{2}}f_c \approx 0.37f_c = \frac{0.37}{2\pi RC} \tag{5.6.9}$$

由上述式可以画出电路的幅频特性如图5.6.7所示,其折线化幅频特性即为波特图。

从图5.6.7中可以看出,二阶LPF在$f \gg f_c$后,衰减斜率为-40 dB/十倍频(优于一阶的-20 dB/十倍频),滤波性能比较好。不足之处在于在当$f<f_c$时增益已开始衰减,而当$f>f_c$时衰减速率又不够快,为此需要进一步改善。

3. 二阶有源压控型(单一正反馈型)低通滤波器

将图5.6.6所示电路中电容C_1的接地端改接至运放的输出端,即构成了如图5.6.8所示的二阶有源压控型LPF。此时,由于从C_1反馈的信号是正反馈形式,则使电路在$f<f_c$附近时的增益不衰减(或适当提升),从而改善了前述简单LPF的通带特性。当$f \ll f_c$时,由于C_1的等效阻抗增大,则正反馈效果减弱;而当$f \gg f_c$时,由于C_2的容抗远小于R,受C_2等旁路作用的影响,正反馈作用也很弱。此电路也称作单一正反馈型LPF。

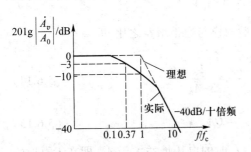

图 5.6.7　二阶有源低通滤波器幅频特性

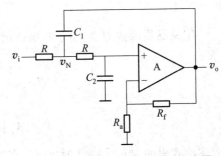

图 5.6.8　二阶有源压控型低通滤波器

该电路的主要性能指标为

(1) 当$f=0$时,电容C_1、C_2可视为开路,则通带增益A_0为

$$A_0 = 1+\frac{R_f}{R_a} \tag{5.6.10}$$

(2) 由图可得

$$v_0(s) = v_{(+)}(s) \cdot \left(1 + \frac{R_f}{R_a}\right)$$

$$v_{(+)}(s) = v_N(s) \cdot \frac{1}{1 + sRC_2}$$

$$\frac{v_i(s) - v_N(s)}{R} = \frac{v_N(s) - v_o(s)}{\frac{1}{sC_1}} + \frac{v_N(s) - v_{(+)}(s)}{R}$$

取 $C_1 = C_2 = C$, 则传递函数 $A_v(s)$ 为

$$A_v(s) = \frac{A_0}{1 + (3 - A_0)sRC + (sRC)^2} \tag{5.6.11}$$

（3）定义 $f_c = \dfrac{1}{2\pi RC}$, 并用 j2πf 代换 s, 则频率特性 $\dot{A}_v$ 为

$$\dot{A}_v = \frac{A_0}{\left[1 - \left(\dfrac{f}{f_c}\right)^2\right] + \mathrm{j}(3 - A_0)\dfrac{f}{f_c}} \tag{5.6.12}$$

当 $f \ll f_c$ 或 $f \gg f_c$ 时, 式（5.6.12）与式（5.6.8）近似相等, 其幅频特性也基本相同; 而在 $f = f_c$ 附近时, 式（5.6.12）可简化为

$$\dot{A}_v \big|_{f=f_c} = \frac{A_0}{\mathrm{j}(3 - A_0)} \tag{5.6.13}$$

定义品质因数 Q 为 $f = f_c$ 时电压增益的模与通带增益之比, 即

$$Q = \frac{|\dot{A}_v|_{f=f_c}}{A_0} = \frac{1}{3 - A_0} \tag{5.6.14}$$

$$|\dot{A}_v|_{f=f_c} = QA_0 \tag{5.6.15}$$

上述两式表明, 当 $2 < A_0 < 3$ 时, $Q > 1$, 在 $f = f_c$ 时的电压增益大于 A_0, 即在 f_c 附近的电压增益得到提升。选择合适的 Q 值, 可以使电路的幅频特性接近理想情况。图 5.6.9 为不同 Q 值情况下压控型 LPF 的幅频特性。

与前述简单 LPF 电路相比, 两者的主要差别出现在 f_c 附近: 此时压控型电路中的 C_1 正反馈作用最强, 而根据式（5.6.8）计算出此时简单 LPF 电路的 $|\dot{A}_v|_{f=f_c} = A_0/3$, 两者的差别很大。

压控型 LPF 电路调节方便, 幅频性能好, 因而获得了广泛的应用。缺陷是

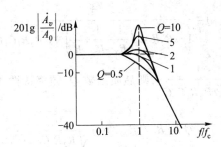

图 5.6.9 二阶有源压控型低通滤波器不同 Q 值情况下的幅频特性

由于电路中同时存在着正负反馈,当电路参数选择不合适时,容易产生自激振荡(如 $A_0 \geqslant 3$ 时,$Q = \infty$)要求。为解决这一问题,可考虑将输入信号接至运放的反相输入端。

4. 二阶有源反相型低通滤波器

在一阶反相型 LPF 电路前加一阶 RC 低通滤波环节,即可构成二阶低通反相型低通滤波电路,如图 5.6.10(a)所示。若需改进 f_c 附近的幅频特性,则可以将反馈电阻 R_f 的反馈点接至图中 N 点,此时整体电路就有了两条反馈支路(也称多重负反馈型 LPF),如图 5.6.10(b)所示。

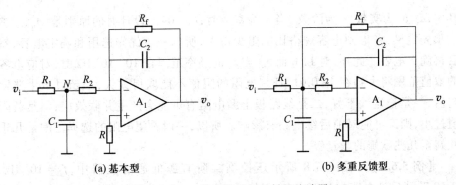

(a) 基本型   (b) 多重反馈型

图 5.6.10 二阶有源反相型低通滤波器

该电路的主要性能指标为(这里仅给出结论,请读者参考前面电路自行分析推导)

(1) 通带增益 A_0 为

$$A_0 = -\frac{R_f}{R_1} \tag{5.6.16}$$

(2) 传递函数 $A_v(s)$ 为

$$A_v(s) = \cfrac{A_0}{1 + sR_2R_fC_2\left(\cfrac{1}{R_1} + \cfrac{1}{R_2} + \cfrac{1}{R_f}\right) + s^2R_2R_fC_1C_2} \tag{5.6.17}$$

（3）定义 $f_c = \cfrac{1}{2\pi\sqrt{R_2R_fC_1C_2}}$，则品质因数 Q、频率特性 $\dot{A}_v$ 分别为

$$Q = (R_1 /\!/ R_2 /\!/ R_f)\sqrt{\cfrac{C_1}{R_2R_fC_2}} \tag{5.6.18}$$

$$\dot{A}_v = \cfrac{A_0}{\left[1 - \left(\cfrac{f}{f_c}\right)^2\right] + j\cfrac{1}{Q}\left(\cfrac{f}{f_c}\right)} \tag{5.6.19}$$

可见，该电路不会因 A_0 过大而产生自激振荡，性能较为稳定。

高阶低通滤波器电路可以用一阶和二阶低通滤波电路作为基本单元，然后级联而成。具体电路请读者自行查阅有关文献和资料。任意阶低通滤波器的一般表达式为

$$A_v(s) = \cfrac{A_0}{\displaystyle\prod_{i=1}^{n}(1 + a_is + b_is^2)} \tag{5.6.20}$$

其中，a_i、b_i 为实数，n 为阶数（当 n 为奇数时，$b_1 = 0$）。设计时的原则是：A_0、f_c 参数预先定义；考虑到电容规格比电阻少得多，所以一般优先选用和确定电容，然后再确定电阻。此外，对 LPF 而言，当 f_c 的频率范围在 $10 \sim 10^3$ Hz 时，对应电容的取值范围将大约在 $1 \sim 0.01$ μF。电阻的阻值不能取得太大，如超过数十兆欧姆后，一是稳定性不好，二是线路板上漏电阻有可能会产生并联效应；但是若阻值过小，则又可能对前后级电路有影响。所以，一般希望电阻的选择范围是几千欧姆至几兆欧姆的数量级。

【例 5.6.1】　图 5.6.8 所示压控型二阶有源低通滤波器中，$f_c = 10^3$ Hz，$Q = 0.7$，请设计电路中各电容、电阻值。

解：（1）根据题意 $f_c = 10^3$ Hz，初选电容 $C = 0.022$ μF，则

$$R = \frac{1}{2\pi f_c C} = \frac{1}{2\pi \times 1\,000 \times 0.022 \times 10^{-6}}\Omega = 7\,238\ \Omega$$

取 $R = 7.2$ kΩ。

（2）由于 $Q = \cfrac{1}{3 - A_0} = 0.7$，所以 $A_0 = 1.57$。又 $A_0 = 1 + \cfrac{R_f}{R_a}$，所以 $R_f = 0.57R_a$。

（3）根据运放两个输入端上的电阻平衡条件，有

$$R_a /\!/ R_f = R + R = 2R = 14.4\ \text{kΩ}$$

将 $R_f = 0.57R_a$ 代入上式,解得 $R_f = 22.608$ kΩ, $R_a = 39.663$ kΩ,因此可分别选取:
$$R_f = 22 \text{ k}\Omega, \quad R_a = 39 \text{ k}\Omega$$

5.6.3　三种典型的基本滤波器特性

在之前的关于滤波器的频率特性分析中,为简化分析过程及结果,一般均假设电路中的器件参数(电容、电阻)总是相同的。实际上,在同一个电路中,当电路参数的取值不同时,可以得到多种频率响应不同的滤波器。在滤波器设计中,按照不同的频域(或时域)特性要求,比较典型的有三种基本的滤波器形式,分别是巴特沃斯型(Butterworth)、契比雪夫型(Chebyshev)和贝塞尔型(Bessel),它们的幅频特性有所不同(以低通滤波器为例,如图 5.6.11 所示)。实际使用中,究竟选择哪种类型的滤波器,应视具体情况确定。

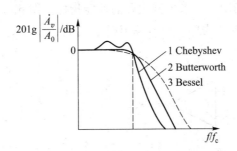

图 5.6.11　三种类型低通滤波器幅频特性比较

契比雪夫型滤波器的显著优势是过渡带内增益衰减最快(如图 5.6.11 中曲线 1),但其在通带内增益有起伏(纹波),因此又称纹波型;它的传递函数中分母采用契比雪夫多项式。

巴特沃斯型滤波器具有最平坦的通带幅频特性(如图 5.6.11 中曲线 2),因此又称最大平坦型(通带内);它的传递函数中分母采用巴特沃斯多项式(特点是仅与 s 的最高次相关)。

贝塞尔型滤波器的特点在于相频特性接近线性,故又称线性相位型;它在幅频特性方面没有优势(包括通带平坦性和过渡带衰减性,如图 5.6.11 中曲线 3),它的传递函数中分母采用贝塞尔多项式。

5.6.4　不同特性滤波器之间的转换

到目前为止,我们仅分析了低通滤波器电路;然而其他所有的滤波器,都可以由低通滤波器,经过相应的变换获得。

1. 高通滤波器(HPF)

比较图 5.6.2 中低通和高通滤波器的理想幅频特性,可以发现 LPF 与 HPF 具有对偶关系。当两者的截止频率相同时,只要将 LPF 的幅频特性绕纵轴 $f=f_p$ 旋转180°,即可获得 HPF 的幅频特性;若两者的截止频率不同,则只需将旋转后获得的幅频特性沿横轴适当平移即可。利用这种对偶关系,用 $\dfrac{1}{s}$ 代换 s,即可由式(5.6.20)获得任意阶高通滤波器的一般表达式为

$$A_v(s) = \frac{A_\infty}{\displaystyle\prod_{i=1}^{n}\left(1 + a_i\,\frac{1}{s} + b_i\,\frac{1}{s^2}\right)} \qquad (5.6.21)$$

利用 LPF 与 HPF 在电路结构、传递函数和频率特性等方面的对偶性,可以很容易地将 LPF 变换成 HPF,并求出其主要的性能指标。图 5.6.12 所示两个电路为由一阶有源 LPF 变换所得的一阶有源 HPF。

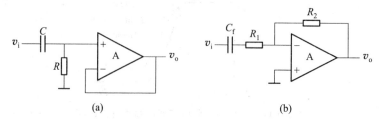

图 5.6.12　一阶有源高通滤波器

这两个电路的主要性能指标分别为

$$A_\infty = 1, \quad A_\infty = -\frac{R_2}{R_1} \qquad (5.6.22)$$

$$A_v(s) = \frac{A_\infty}{1+\dfrac{1}{sRC}}, \quad A_v(s) = \frac{A_\infty}{1+sR_1C_f} \qquad (5.6.23)$$

图 5.6.13 所示为由二阶有源压控型 LPF 变换所得的二阶有源 HPF(将 RC 互换即可)。

该电路的主要性能指标为

(1) 通带增益 A_∞ 为

$$A_\infty = 1+\frac{R_f}{R_1} \qquad (5.6.24)$$

(2) 传递函数 $A_v(s)$ 为

$$A_v(s) = \cfrac{A_\infty}{1+(3-A_\infty)\cfrac{1}{sRC}+\left(\cfrac{1}{sRC}\right)^2}\qquad(5.6.25)$$

(3)定义 $f_c=\dfrac{1}{2\pi RC}$，则品质因数 Q、频率特性 $\dot{A}_v$ 分别为

$$Q=\frac{1}{3-A_\infty}\qquad(5.6.26)$$

$$\dot{A}_v=\cfrac{A_\infty}{\left[1-\left(\cfrac{f_c}{f}\right)^2\right]+\mathrm{j}(3-A_\infty)\cfrac{f_c}{f}}=\cfrac{A_\infty}{\left[1-\left(\cfrac{f_c}{f}\right)^2\right]+\mathrm{j}\,\cfrac{1}{Q}\left(\cfrac{f_c}{f}\right)}\qquad(5.6.27)$$

根据上述式子可画出此 HPF 在不同 Q 值情况下的幅频特性，如图 5.6.14 所示。

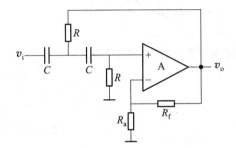

图 5.6.13　二阶有源压控型高通滤波器

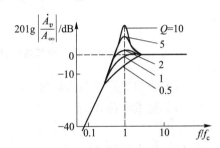

图 5.6.14　二阶压控型有源高通滤波器
不同 Q 值情况下的幅频特性

与压控型 LPF 类似，该电路同样调节方便，幅频性能好（$f\ll f_c$ 时，增加斜率也约为 40 dB/十倍频）；同时缺陷也是要求 $A_\infty<3$（否则容易产生自激振荡）。

需要提醒的是，若在多重负反馈型滤波器电路中将 RC 互换，电路将转换成带通滤波器。

【例 5.6.2】　图 5.6.13 所示压控型二阶有源高通滤波器电路中，$R_a=20\ \mathrm{k\Omega}$，$C=0.01\ \mathrm{\mu F}$，求截止频率 f_p 及当 R_f 分别为 10 kΩ、20 kΩ 时的品质因数 Q。

解：（1）截止频率 f_p 为

$$f_p=\frac{1}{2\pi RC}=\frac{1}{2\pi\times20\times10^3\times0.01\times10^{-6}}\mathrm{Hz}=795.8\ \mathrm{Hz}$$

（2）由于 $Q=\dfrac{1}{3-A_\infty}$，且 $A_\infty=1+\dfrac{R_f}{R_a}$，所以当 R_f 分别为 10 kΩ、20 kΩ 时，有

$Q=0.67,Q=1$。

2. 带通滤波器(BPF)

带通滤波器能够使某一频段的信号通过,而将该频段以外的信号加以抑制或衰减,在电子测量系统中用于从许多不同频率成分的信号(包括各类干扰和噪声)中获取所需要的信号。根据前述幅频特性对偶性特点,带通滤波器幅频特性的获取可以理解为首先将 LPF 的幅频特性绕纵轴 $f = f_{pL}$ 旋转 $180°$,然后将 LPF(或获得的 HPF)幅频特性沿横轴向右(或向左)适当平移即可。因此,将一个截止频率为 f_{pL} 的低通滤波器和一个截止频率为 f_{pH} 的高通滤波器级联,且两者的截止频率满足 $f_{pH} < f_{pL}$,则整体电路即为一带通滤波器。以此原理构成的简单 BPF 电路如图 5.6.15 所示。

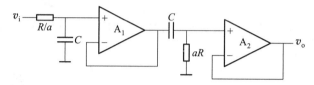

图 5.6.15   由一阶低通+一阶高通串联所得的二阶带通滤波器

该电路的主要性能指标为

(1) 通带增益 A_r 为

$$A_r = 1 \tag{5.6.28}$$

(2) 传递函数 $A_v(s)$ 为

$$A_v(s) = \frac{1}{1 + \dfrac{1}{a}sRC} \cdot \frac{1}{1 + \dfrac{1}{a} \cdot \dfrac{1}{sRC}} = \frac{asRC}{1 + \dfrac{1 + a^2}{a}sRC + (sRC)^2} \tag{5.6.29}$$

(3) 通带截止频率 f_{pH}、f_{pL} 分别为

$$f_{pH} = af_c$$
$$f_{pL} = f_c / a \tag{5.6.30}$$

带通滤波器也可以有其他的电路形式,图 5.6.16 所示为由二阶有源压控型 LPF 变换所得的二阶有源压控型 BPF。

该电路的主要性能指标为

(1) 同相比例电路增益 A_{vf} 为

$$A_{vf} = 1 + \frac{R_f}{R_a} \tag{5.6.31}$$

(2) 传递函数 $A_v(s)$ 为

$$A_v(s) = A_{vf} \cdot \frac{sRC}{1 + (3 - A_{vf})sRC + (sRC)^2} \tag{5.6.32}$$

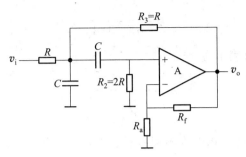

图 5.6.16　一种二阶有源压控型带通滤波器

（3）定义 $f_c = \dfrac{1}{2\pi RC}$（此时 f_c 称为中心频率），频率特性 $\dot{A}_v$ 为

$$\dot{A}_v = \cfrac{1}{1+\mathrm{j}\,\cfrac{1}{3-A_{vf}}\left(\cfrac{f}{f_c}-\cfrac{f_c}{f}\right)} \cdot \frac{A_{vf}}{3-A_{vf}} \qquad (5.6.33)$$

由上式可得，当 $f=f_c$ 时增益最大，此时的增益称为通带增益 A_r。

$$A_r = \frac{A_{vf}}{3-A_{vf}} \qquad (5.6.34)$$

带通滤波器的通带增益 A_r 不等于其同相比例电路增益 A_{vf}，这与之前所分析的低通、高通滤波器电路有所区别。

（4）当 $f=f_p$ 时，$|\dot{A}_v| = \dfrac{A_{vp}}{\sqrt{2}}$，则截止频率 f_p 可由下式求出：

$$\left| \frac{1}{3-A_{vf}}\left(\frac{f_p}{f_c}-\frac{f_c}{f_p}\right) \right| = 1$$

求得截止频率 f_{pH}、f_{pL} 及通带宽度 BW 分别为

$$f_{pH} = \frac{f_c}{2} \cdot \left[\sqrt{(3-A_{vf})^2+4} + (3-A_{vf}) \right]$$

$$f_{pL} = \frac{f_c}{2} \cdot \left[\sqrt{(3-A_{vf})^2+4} - (3-A_{vf}) \right]$$

$$BW = f_{pH} - f_{pL} = \left(2 - \frac{R_f}{R_a}\right) f_c \qquad (5.6.35)$$

上式表明，该电路的优点在于：改变 R_f 与 R_a 的比值，即可改变通带宽度 BW，且并不影响中心频率 f_c。

（5）品质因数 Q（定义为中心频率 f_c 与通带宽度 BW 之比）为

$$Q = \frac{f_c}{BW} = \frac{1}{3 - A_{vf}} \tag{5.6.36}$$

则频率特性 $\dot{A}_v$ 又可表示为

$$\dot{A}_v = \frac{A_r}{1 + jQ\left(\dfrac{f}{f_c} - \dfrac{f_c}{f}\right)} \tag{5.6.37}$$

根据上述式子可画出此 BPF 在不同 Q 值情况下的幅频特性,如图 5.6.17 所示。

从图中可以看出,Q 值越大,BPF 阻带越窄,选频性能越好。

带通滤波器同样可以有多重负反馈型结构,如图 5.6.18 所示为二阶有源多重负反馈型带通滤波器。

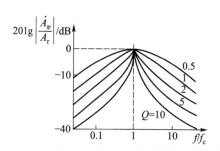

图 5.6.17　二阶带通滤波器
不同 Q 值情况下的幅频特性

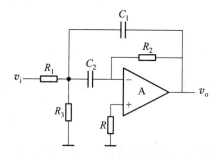

图 5.6.18　二阶有源多重负
反馈型带通滤波器

此时的主要性能指标为

中心频率:
$$f_c = \frac{1}{2\pi C}\sqrt{\frac{R_1 + R_3}{R_1 R_2 R_3}} \tag{5.6.38}$$

品质因数:
$$Q = \pi R_2 C f_c \tag{5.6.39}$$

通带增益:
$$A_r = -\frac{R_2}{2R_1} \tag{5.6.40}$$

通带宽度:
$$BW = \frac{1}{\pi R_2 C} \tag{5.6.41}$$

3. 带阻滤波器(BEF)

带阻滤波器是一种能抑制某一频段的信号,而让该频段以外的信号通过的电路,又称陷波器。带阻滤波器在电子系统抗干扰中的用途较为广泛,比如滤除电子设备中的 50 Hz 工频干扰信号等。与带通滤波器类似,将一个截止频率为 f_{Lp} 的低通滤波器和一个截止频率为 f_{Hp} 的高通滤波器级联,且两者的截止频率满

足 $f_{\mathrm{Hp}}>f_{\mathrm{Lp}}$，则整体电路即为一带阻滤波器。

由于带阻滤波器和带通滤波器的幅频特性正好相反，因此带阻滤波器还可以理解为一常数项减去带通滤波器。在实际电路中，考虑到带通滤波器在通带内信号被放大了，因此原信号在加到减法器之前可以使用同相放大器进行比例放大。例如，用一个中心频率为 500 Hz、通带增益为 2 倍的带通滤波器，配套一个增益为 2 的同相电路及一个减法电路，即可实现一中心频率为 500 Hz 的带阻滤波器。

带阻滤波器同样也可以有其他的电路形式，图 5.6.19 所示为双 T 网络后加同相比例放大电路构成的 BEF。图中，为减小阻带宽度，提高选择性，将电阻 $R/2$ 的一端接到运放的输出端，以使 f_c 附近形成正反馈。

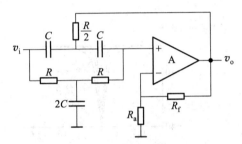

图 5.6.19 由双 T 网络构成的带阻滤波器

该电路的主要性能指标为

（1）通带增益 A_r 为

$$A_r = 1 + \frac{R_f}{R_a} \tag{5.6.42}$$

（2）传递函数 $A_v(s)$ 为

$$A_v(s) = A_r \cdot \frac{1+(sRC)^2}{1+2(2-A_r)sRC+(sRC)^2} \tag{5.6.43}$$

（3）定义 $f_c = \dfrac{1}{2\pi RC}$（此时 f_c 称为中心频率），频率特性 $\dot{A}_v$ 为

$$\dot{A}_v = A_r \cdot \frac{1-\left(\dfrac{f}{f_c}\right)^2}{1-\left(\dfrac{f}{f_c}\right)^2+\mathrm{j}2(2-A_r)\dfrac{f}{f_c}} \tag{5.6.44}$$

通带截止频率 f_{pH}、f_{pL} 及阻带宽度 BW 分别为

$$f_{\mathrm{pH}} = \left[\sqrt{(2-A_r)^2+1}+(2-A_r)\right]f_c$$

$$f_{pL} = \left[\sqrt{(2-A_r)^2+1} - (2-A_r)\right]f_c$$

$$BW = f_{pH} - f_{pL} = 2(2-A_r)f_c \tag{5.6.45}$$

品质因数 Q(此时定义为中心频率 f_c 与阻带宽度 BW 之比)为

$$Q = \frac{1}{2(2-A_r)} \tag{5.6.46}$$

则频率特性 $\dot{A}_v$ 又可表示为

$$\dot{A}_v = \frac{A_r}{1+j\dfrac{1}{Q}\cdot\dfrac{f\cdot f_c}{f_c^2 - f^2}} \tag{5.6.47}$$

根据上述式子可画出此 BEF 在不同 Q 值情况下的幅频特性,如图 5.6.20 所示。

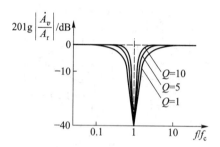

图 5.6.20　带阻滤波器不同 Q 值情况下的幅频特性

从图中可以看出,Q 值越大,BPF 阻带越窄,选频性能越好。该电路的 A_r 必须小于 2,否则电路会发生自激。

4. 全通滤波器(APF)

全通滤波器的定义是幅频特性全通(恒定增益,无失真传输),相频特性与频率成正比(时延是常数)。通常用于相位校正、信号延迟等。全通滤波器也可由 LPF 经过变换后获得,图 5.6.21 所示为二阶多重负反馈型带通滤波器加反相加法电路后构成的二阶全通滤波器。

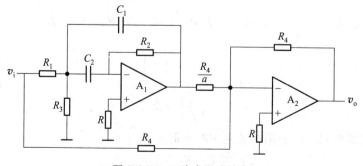

图 5.6.21　二阶全通滤波器

定义此电路中的带通滤波器通带增益为 A_r,则当 $1+A_r a = -1$ 时,即构成全通滤波器;而当 $1+A_r a = 0$ 时,构成的是带阻滤波器(具体过程请读者参考相关资料后自行分析)。

5.6.5 开关电容滤波器

RC 滤波电路要求有较大的电容、电阻及精确的 RC 时间常数,因此在构成集成化组件方面存在难度。开关电容滤波器的最基本部件是由 MOS 电容、模拟开关和运放组成的开关电容网络,以及由此网络构成的电阻、反相/同相积分器。而且,这种滤波器可以对模拟量的离散值直接进行处理(无须模数转换器)。开关电容滤波器的出现使有源滤波器的集成化成为现实,是目前迅速发展的滤波器之一。

1. 开关电容网络构成的电阻

开关电容网络的基本结构是在电路两节点间连接带有高速开关的电容器,通常有串联和并联型两种,其原理电路分别如图 5.6.22(a)(b)所示。

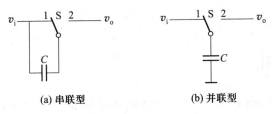

(a) 串联型   (b) 并联型

图 5.6.22   开关电容网络电路原理图

图(a)所示串联型结构中,当开关 S 接在端点 1 时,电容 C 被短接(放电至 0);当开关接在端点 2 时,电容 C 两端的电荷量发生变化,其变化量为 $q_c = C(v_i - v_o)$。设开关 S 的转换周期为 T_C(转换频率为 f_C),则在一次转换周期内,从输入端流向输出端的平均电流为

$$I = \frac{q_C}{T_C} = C\frac{v_i - v_o}{T_C} = Cf_C(v_i - v_o)$$

若 f_C 足够高,则可以认为电容 C 的充放电是连续的,其电流也为连续,那么输入与输出端之间可等效为一个电阻,其值为

$$R_{eq} = \frac{v_i - v_o}{I} = \frac{1}{Cf_C} = \frac{T_C}{C} \tag{5.6.48}$$

图(b)所示并联型结构中,当开关 S 接在端点 1 时,v_i对电容 C 充电,充电电

荷量为 Cv_i；当开关 S 接在端点 2 时，电容 C 对 v_o 放电。由于在一次转换周期内电容 C 的电荷变化量仍为 $C(v_i-v_o)$，因此平均电流、输入与输出端之间的等效电阻与串联型结构的完全一致。

【例 5.6.3】 图 5.6.22 所示电路中，电容 C 的容值为 20 pF，时钟转换周期 T_C 为 10 μs。求开关电容电路的等效电阻值。

解：等效电阻为 $R=\dfrac{T_C}{C}=\dfrac{10\times10^{-6}}{20\times10^{-12}}\text{k}\Omega=500\ \text{k}\Omega$。

从上例可以看出，用非常小的开关电容，可以等效出很大的电阻（且电容越小等效电阻越大），这非常有利于集成电路的制作。另一个优势在于：只要通过改变时钟转换周期 T_C，即可改变其等效电阻的阻值。

在实际电路中，开关 S 由 MOS 管构成。为了减小 MOS 管分布电容的影响，串联和并联型结构通常接成图 5.6.23（a）（b）所示电路形式。图中，MOS 管 T_1（T_4）、T_2（T_3）的导通和截止分别由频率相同而相位相反的两相时钟脉冲 φ_1、φ_2 来交替控制（如图 5.6.23（c）所示）。

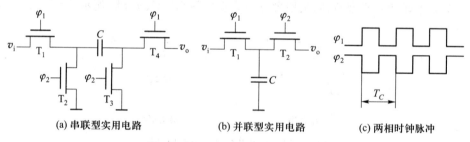

(a) 串联型实用电路　　(b) 并联型实用电路　　(c) 两相时钟脉冲

图 5.6.23　开关电容网络实用电路

2. 开关电容网络构成的积分器

图 5.6.24 所示为一反相积分器电路，C_2 为积分电容，积分电阻 R_{eq} 由图 5.6.23（a）所示的串联型开关电容网络取代。

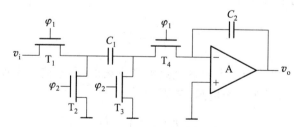

图 5.6.24　开关电容网络构成的反向积分器

该电路的积分时间常数为

$$\tau = R_{eq} \cdot C_2 = T_C \cdot \frac{C_2}{C_1} \tag{5.6.49}$$

可见,τ 的大小取决于转换周期 T_C 和两个电容的比值 $\frac{C_2}{C_1}$。在集成电路中,电容比值的精确度已可以控制在 0.1% 以内,因此通过改变周期 T_C 即可相当方便和精确地改变时间常数 τ。比如,取 $T_C = 10 \ \mu s$,$\frac{C_2}{C_1} = 10$,则 $\tau = 0.1 \ ms$,这在音频范围内已足够了。

在图 5.6.24 所示电路的基础上,仅改变加在 MOS 管上的时钟脉冲相位即可构成同相积分器(无须改变运放输入端)。

3. 开关电容网络构成的滤波器

以图 5.6.23(b)所示并联型开关电容网络为基础,在其右端加一个电容,即可构成一阶无源低通滤波器,如图 5.6.25 所示。

图 5.6.26(a)所示为开关电容网络和运放构成的一阶有源低通滤波器,其等效电路如图 5.6.26(b)所示。

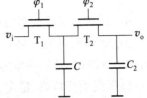

图 5.6.25 开关电容网络构成的一阶无源低通滤波器

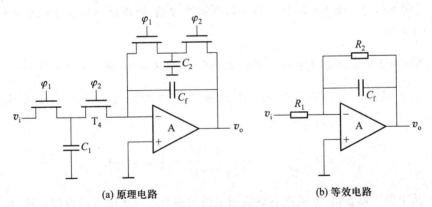

(a) 原理电路   (b) 等效电路

图 5.6.26 开关电容网络构成的一阶有源低通滤波器

根据之前所学的关于一阶 LPF 的性能指标分析,并结合开关电容网络的有关知识,此 LPF 的主要性能指标为

(1) 通带增益 A_0 为

$$A_0 = -\frac{R_2}{R_1} = -\frac{C_1}{C_2} \tag{5.6.50}$$

（2）定义 $f_c = \dfrac{1}{2\pi R_2 C_f} = \dfrac{1}{2\pi T_C} \cdot \dfrac{C_2}{C_f}$，频率特性 $\dot{A}_v$ 为

$$\dot{A}_v = \frac{A_0}{1 + \mathrm{j}\dfrac{f}{f_c}} \tag{5.6.51}$$

（3）通带截止频率 f_p 为

$$f_p = f_c = \frac{1}{2\pi T_C} \cdot \frac{C_2}{C_f} \tag{5.6.52}$$

上述分析表明,该滤波器的通带增益 A_0 和通带截止频率 f_p 都与两电容之比值有关(与电容的绝对值无关)。在现代集成工艺中,皮法级电容的相对精度可以控制在 0.1% 以内,且这些电容封装在同一芯片内部(温度特性一致),因此 A_0 和 f_p 均可以做得十分精确、稳定,明显优于一般的有源滤波器。而且,只要通过改变周期 T_C 即可相当方便和精确地改变通带截止频率 f_p。比如,用开关电容网络组成带通滤波器时,通过改变 T_C 便能使滤波器的中心频带跟踪信号频率,从而将滤波器的带宽做得很窄,提高选频性能。

【例 5.6.4】　图 5.6.26 所示为一阶低通滤波器,要求低频增益为 -2,截止频率为 1 kHz。

解:由于低频增益 $A_0 = -\dfrac{C_1}{C_2}$,若取 $C_2 = 5$ pF,则 $C_1 = 10$ pF。

由于时钟转换频率应远大于截止频率(1 kHz),可取 100 kHz,则电容 C_f 为

$$C_f = \frac{f_c}{2\pi f_p} \cdot C_2 = \left(\frac{10 \times 10^3}{2\pi \times 1 \times 10^3} \times 5 \right) \text{pF} = 8 \text{ pF}$$

从上例可以看出,开关电容滤波器电路的参数取决于电容的容值之比,而容值的绝对值可以选得很小,这非常有利于集成电路的制作。

图 5.6.27(a)(b)所示分别为开关电容带通滤波器及其等效电路(具体参数请读者自行分析)。

需要指出的是,开关电容滤波器实质上是将时间上连续的模拟信号离散化,因此输出波形不是光滑的。其次,时钟信号的转换频率 f_c 至少应大于信号中最高频率的 2 倍,否则会出现混叠现象。目前,开关电容滤波器已大量应用于通信系统和其他数字化系统中。

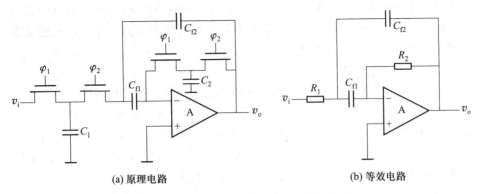

(a) 原理电路　　　　　　　　　　　　(b) 等效电路

图 5.6.27　开关电容网络构成的有源带通滤波器

5.6.6　滤波器的发展

小型化,集成化,并且注重与计算机技术的有效结合,是滤波器的发展方向,主要体现在数字滤波器和程控滤波器的应用上。

数字滤波器通过软件编程的形式完成滤波功能,并能修改、调整滤波器的特性,设计周期短,成本低;而且频率特性易控,工作频率可至超低频,具有线性相位系统,稳定和一致性非常好。当然,数字滤波器也有自身的缺陷,比如响应速度、截止频率的调整等。

程控滤波器以硬件形式实现滤波功能,但通过计算机控制方式修改、调整滤波器的特性,在自动测试系统中有着广泛的应用基础。

为适应各种应用场合,当前也出现了很多的新型滤波器形式,如电荷耦合器(CCD)型横向滤波器、晶体滤波器、声表面滤波器等。这些在语音信号处理、频谱分析和声呐装置以及超高频信号处理方面得到了广泛的应用。

5.7　放大电路中的噪声和干扰及其抑制措施

噪声和干扰由空间电磁场的有序或无序变化引起,由此造成电子系统不可避免地处于电磁干扰环境中。这些环境,有可能会仅影响测控精度,严重时会损坏电子系统本身。因此,了解电子系统的噪声和干扰环境,并采取相应的抑制措施,是电子系统设计中不可缺少的环节。类似于之前学过的共模抑制比,在此方面也有一个参数指标:信噪比 S/N。它表示为一个电子系统(主要针对其中的放大电路)对有效信号的放大能力与对噪声和干扰的抑制能力之比。信噪比是衡量电子系统的一个重要技术指标。

1. 噪声和干扰的基本概念

噪声,初期特指不和谐的声音,后来也用来指干扰信号。目前定义为电子系统内部产生的杂乱信号,而干扰则指向来源于电子系统外部的无用信号;然而在实际中(比如后续的说明中),干扰往往又可以包括噪声,而噪声和干扰的抑制也经常被称为抗干扰。噪声和干扰一般很难彻底消除,但可以降低其强度,消除或减少其对测控的影响。几种常见干扰的波形如图 5.7.1 所示。

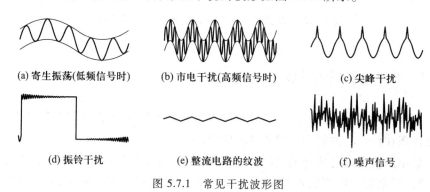

(a) 寄生振荡(低频信号时)　　(b) 市电干扰(高频信号时)　　(c) 尖峰干扰

(d) 振铃干扰　　　　(e) 整流电路的纹波　　　　(f) 噪声信号

图 5.7.1　常见干扰波形图

抗干扰时,首先应确定干扰源,然后确定干扰的传播途径,最后考虑的是电子系统对干扰的针对性处理。式(5.7.1)比较形象地说明了上述三要素之间的关系。

$$N = \frac{G \cdot C}{I} \tag{5.7.1}$$

式中,N 代表电子系统的受干扰程度,G 表示干扰源的强度,C 表示干扰源到电子系统的耦合/传输效果,I 表示电子系统的抗干扰能力。

噪声和干扰源包括多方面:① 宇宙射线,太阳黑子、雷电等自然因素;② 交流电网等的瞬变过程,电机、电台等电子设备;③ 电子器件自身的热噪声、热敏/光敏作用等;④ 机械振动、冲击、声波、数字化等其他因素。

噪声的来源和分类是多样的,主要包括:① 电路中载流子随机热运动引起的热噪声,其大小与温度、阻值和带宽成比例;② 电路中载流子随机性产生和消失引起的电流噪声(又称散粒噪声),其大小与电流和带宽成比例;③ 与半导体制造工艺相关的低频和高频噪声。由此可知:噪声是电路内部存在的杂散信号,一般不能通过外部电路的处理予以消除,它是制约测量精度(尤其是微弱信号)的主要因素之一。

2. 噪声和干扰抑制的一般措施

噪声和干扰抑制的基本原则是：① 尽量回避干扰源，采用低噪声器件；② 切断或削弱干扰源与电子系统间的耦合通道。

耦合通道有四种基本形式：静电耦合、电磁耦合、公共阻抗耦合和传导耦合。在电子系统中，元件、导线之间均存在着分布电容，通过这些分布电容传递干扰的方式称为静电耦合，如图 5.7.2(a) 所示；其耦合程度与信号频率和分布电容的大小有关。电磁耦合是指干扰通过电路之间的互感（如电子设备内部的线圈/变压器漏感等）进行传递，如图 5.7.2(b) 所示；静电耦合与电磁耦合经常是同时存在的，如两条平行导线之间的分布电容、互感等。公共阻抗是几个电路的电流流经的同一个阻抗，此时其中任何一个电路的电流在该阻抗上形成的电压实际上是其余所有电路的干扰；常见的公共阻抗耦合有公共电源阻抗耦合和公共地阻抗耦合，分别如图 5.7.2(c)(d) 所示。传导耦合由电路自身原因引起，当信号沿导线传输时，由于分布电阻、电感和电容的存在以及非匹配终端等原因，传输过程中会有衰减、延迟和反射；其耦合程度与信号频率以及传输线阻抗大小、匹配程度有关。

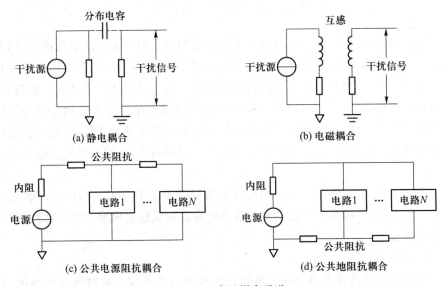

图 5.7.2 常见耦合通道

在前述两个基本原则的基础上，电子系统还可以采用硬件和软件的抗干扰措施：

1. 屏蔽

屏蔽是对两个指定空间区域进行金属隔离，包括分别用屏蔽体包围干扰源和电子系统,以抑制电、磁场由一个区域感应或传播至另一个区域,可分为静电屏蔽和电磁屏蔽两种。比如屏蔽线,用金属网将导线包围起来,则当外层金属网以合理形式接地后,即可保护导线不受外界电场影响,以及防止导线上产生的电场向外泄漏。另外,在实用电路中信号的传输还经常使用双绞线或同轴电缆。

2. 接地

接地是指选择一个等电位点作为参考点,这个参考点是电子系统或电路的基准电位,而非一定大地电位。接地和屏蔽一样,都是抑制干扰的有效措施之一。一般情况下,若能把屏蔽和接地正确有效地结合使用,能解决绝大部分的干扰问题。

接地可以采用单点接地和多点接地两种,单点接地又有串联和并联两种形式(分别如图 5.7.3 所示)。

<table>
<tr><td>(a) 串联接地</td><td>(b) 并联接地</td><td>(c) 多点接地</td></tr>
</table>

图 5.7.3　单点接地

串联接地方式比较简单,然而由于地线电阻容易形成公共地阻抗耦合,因此从抑制干扰的角度说,这种接地方式是不合理的,一般仅用于当各电路的电平相差不大时。并联接地虽然不存在公共地阻抗,但由于其连线较多且有可能过长,导致自身的地线阻抗过大,因此一般多用于低频设备中。多点接地法以小范围内并联接地为基础,多个地点之间以地线排的方式解决接地线过长的问题,这种接地排降低了地线阻抗,且可以作为高频部分的屏蔽外壳,相对来说比较适合于高频信号。

在较大的电子系统中,往往同时存在有模拟地和数字地。为防止两者之间互相产生干扰,一般采用模拟电路和数字电路各自成独立回路,然后最终在单点连接两个地。

3. 滤波

滤波法比较适合于通过电子电路输入线进入的干扰。针对信号的频率,可分别接低通或高通滤波器;若信号频率不变,则可考虑使用带通滤波器;而带阻滤波器适用于干扰源频率不变的场合。

对于通过电源线进入的干扰或整流电路产生的高次谐波干扰,实用中经常采用以下一些设备或措施:电源滤波器、在稳压电源的输入与输出端加大的电解电容和高频小电容、在集成电路电源引脚加高频小电容。

4. 隔离

隔离的目的是从电路上将干扰源和电子系统隔开,使电子系统和现场之间仅保持信号联系,却无电气联系,其实质是把引入干扰的通道切断。在实际的电子系统中,可能同时包含有强电和弱电控制系统,此时对这两类电路进行隔离,也是保障整体系统工作稳定,以及系统与操作人员安全的一项重要措施。

隔离的主要使用场合有:医用,为确保人体安全,将传感器与测量电路隔离;仪用,为确保放大器有较高的信噪比,采用隔离放大器;工业用,为提高共模抑制,减少远距离传输衰减及人员安全,采用隔离方案。

常用的隔离方法有:光电隔离、变压器隔离、继电器隔离等。前两种在之前的章节中介绍过;继电器隔离利用继电器线圈和触点间没有电气联系这一特点,让弱电信号控制线圈,触点控制强电回路中的负载,从而避免了强电和弱电电路之间的直接接触,实现了强弱电路间的干扰隔离。实现继电器隔离的原理电路如图 5.7.4 所示。

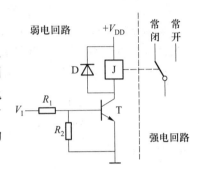

图 5.7.4 继电器隔离原理电路

图中,当 V_1 为高电平时,晶体管 T 导通,继电器线圈吸合,常开触点导通,常闭触点断开;当 V_1 为低电平时,晶体管 T 截止,继电器线圈释放,常开触点断开,常闭触点导通。由于继电器线圈从吸合变成释放时,线圈两端将可能产生较高的反电势,容易造成晶体管的损坏,因此二极管 D 在这里起到为反电势提供续流回路的作用,从而保护了晶体管。

5. 其他

由于噪声和干扰虽然可能具有较大的电压幅度,但能量小,只能形成微弱电流,因此以电流传输代替电压传输,可获得较好的抗干扰能力。在工业现场应用的许多传感器、二次仪表等常采用电流的输出方式,比较常见的有 $0 \sim 10 \text{ mA}$,$4 \sim 20 \text{ mA}$。在接收端,只要用一个精密电阻,即可将电流信号转换为电压信号。

虽然前述的硬件措施能消除大部分干扰,但毕竟不可能完全清除。在智能型电子系统中,往往增加有软件的抗干扰方式,包括数字滤波、软件冗余、定时监视等。

上述方案不是抑制噪声和干扰的所有。例如,同样的电路,如果采用不同的印刷线路板,就有可能会出现不同的测控效果;而且,由于实际情况是错综复杂的,在实践中必须仔细分析,反复实践,才能找到相对有效可行的解决方案,从而使信号在传输和测控过程中保持较高的质量。本节关于噪声和干扰抑制,只是讲述了一些最基本的概念,读者应参阅相关资料和实例以提高实际运用能力。

5.8　应用案例解析

在实际工程应用中,常会涉及具体的滤波器的参数设计。除了常见的低通滤波器的设计外,以下简单结合两个例子体会带通、带阻滤波器的设计。

【案例 1】　使用图 5.6.16 所示的带通滤波器。若希望中心频率 $f_c = 500$ Hz, $Q = 2$,请设计电路中各电容、电阻值,并求出带宽 BW。

分析:(1)根据题意 $f_c = 500$ Hz,初选电容 $C = 0.022$ μF,则

$$R = \frac{1}{2\pi f_c C} = \frac{1}{2\pi \times 500 \times 0.022 \times 10^{-6}} \text{ k}\Omega = 14.48 \text{ k}\Omega$$

取 $R = 15$ kΩ。

(2)由于 $Q = \frac{1}{3 - A_{vf}} = 2$,所以 $A_{vf} = 2.5$。又 $A_{vf} = 1 + \frac{R_f}{R_a}$,所以 $R_f = 1.5 R_a$。

(3)根据运放两个输入端上的电阻平衡条件,有

$$R_a /\!/ R_f = R + R = 2R = 30 \text{ k}\Omega$$

将 $R_f = 1.5 R_a$ 代入上式,解得 $R_f = 75$ kΩ, $R_a = 50$ kΩ。

(4)由于 $Q = \frac{f_c}{BW}$,所以 $BW = \frac{f_c}{Q} = \frac{500}{2} \text{Hz} = 250$ Hz。

根据上述的各个参数,读者可自行利用仿真软件进行验证。

【案例 2】　为抑制测量电路中的 50 Hz 交流干扰,使用了图 5.6.19 所示的带阻滤波器。若希望 $Q = 5$,请设计电路中各电容、电阻值。

分析:(1)根据题意 $f_c = 50$ Hz,初选电容 $C = 0.068$ μF,则

$$R = \frac{1}{2\pi f_c C} = \frac{1}{2\pi \times 50 \times 0.068 \times 10^{-6}} \Omega = 46\,810 \text{ } \Omega$$

取 $R = 47$ kΩ。

(2)由于 $Q = \frac{1}{2(2 - A_r)} = 5$,所以 $A_r = 1.9$。又 $A_r = 1 + \frac{R_f}{R_a}$,所以 $R_f = 0.9 R_a$。

(3)根据运放两个输入端上的电阻平衡条件,有

$$R_a /\!/ R_f = R + R = 2R = 94\ \text{k}\Omega$$

将 $R_f = 0.9R_a$ 代入上式, 解得 $R_f = 180\ \text{k}\Omega, R_a = 200\ \text{k}\Omega$。

根据上述的各个参数, 读者可自行利用仿真软件进行验证。

习 题 5

5.1 请说明仪用放大器、可编程增益放大器和隔离放大器的特点、应用场合。

5.2 请说明模拟乘法器与普通运算放大器之间的异同点。

5.3 题图 5.3 所示为由三运放构成的精密放大器, 请写出 v_0 的表达式。

5.4 题图 5.4 所示的电路中, 设 A_1、A_2 为理想运放, 且 $R_1 = R_2 = R_3 = R$。试求 $\dot{A}_v = \dfrac{\Delta v_0}{\Delta v_I}$。

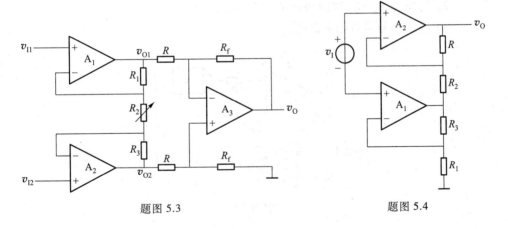

题图 5.3　　　　　　　　　　题图 5.4

5.5 用光电晶体管型光电耦合器件(参考图 5.4.4), 设计一个可实现数字信号反相传输功能的电路。

5.6 分析题图 5.6 所示电路。

(1) 写出输出电压的表达式, 并说明电路功能;

(2) 如果使 $R_1 = 0, R_2 = \infty$, 写出此时 v_0 的表达式;

(3) 为使电路正常工作, v_Y 应取何种极性?

(4) 比对图 5.5.6 所示电路, 说明此电路的相对优点。

5.7 分析题图 5.7 所示电路。

（1）写出该电路输出电压的表达式，并说明电路功能；

（2）指出电路的正常工作条件。

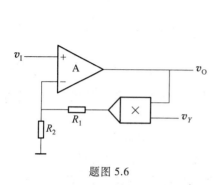

题图 5.6

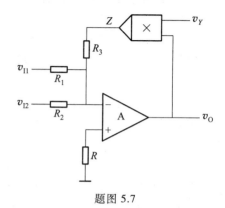

题图 5.7

5.8 分析题图 5.8 所示电路。

（1）证明电路为平方根运算器；

（2）写出当 $R_1 = R_2$ 时的输出电压表达式；

（3）输入信号可以为负值吗？

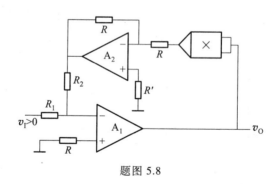

题图 5.8

5.9 请利用对数与反对数放大器和乘法器，设计一个 v_1 的 y 次方的运算电路（可用方框图表示），使 $v_0 = v_1^y$。

5.10 分别分析题图 5.10 所示各电路。

（1）电路为何种类型的滤波器？

（2）通带电压放大倍数 A_{vp} 为多少？

（3）电路的固有频率 f_c、品质因数 Q 分别为多少？

（4）$f = f_c$ 时的电压放大倍数是多少？

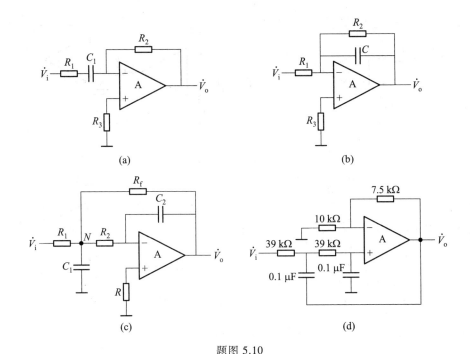

题图 5.10

5.11 分析在下列情况下,应分别采用哪种类型(低通、高通、带通、带阻)的滤波电路?

(1) 抑制 50 Hz 交流电源的干扰;

(2) 处理具有 1 Hz 固定频率的有用信号;

(3) 从输入信号中取出低于 2 kHz 的信号;

(4) 抑制频率为 100 kHz 以上的高频干扰。

5.12 说明图题 5.12 所示各电路属于哪种类型的滤波电路,是几阶滤波电路。

5.13 设一个有源低通滤波器和另一个有源高通滤波器的通带电压放大倍数分别为 2.2 和 1.8,通带截止频率分别为 1 kHz 和 120 Hz。若将它们串联起来,问:

(1) 可以得到什么类型的滤波电路;

(2) 估算总的滤波电路的通带电压放大倍数和通带截止频率。

5.14 设计一个中心频率为 50 Hz、阻带宽度为 5 Hz 的 50 Hz 陷波器。试画出电路图,并标出所选各器件的参数值(电容建议取 0.22 μF)。

5.15 简述开关电容滤波电路的特点及其应用场合。

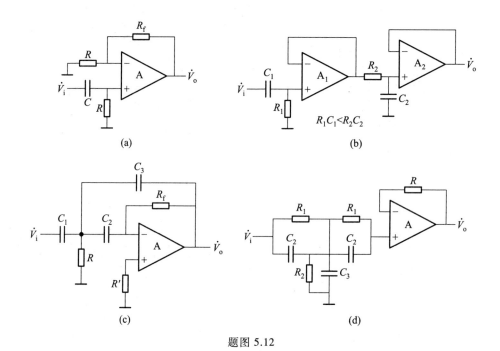

题图 5.12

5.16　不改变运放输入端,仅改变加在 MOS 管的时钟脉冲相位,试将图 5.6.24所示电路改成同相积分器,并写出输出电压 v_o 的表达式。

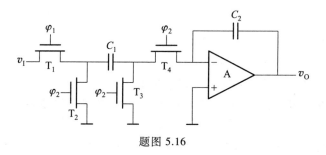

题图 5.16

习题 1   参考答案

【1.1】　（1）图略。$I_{BQ} \approx 32\ \mu A$，$V_{BEQ} = 0.7\ V$，$I_{CQ} = 2.1\ mA$，$V_{CEQ} = 5.8\ V$。

（2）图略。电压放大倍数为 $A_v = \dfrac{v_o}{v_i} = -\dfrac{3}{0.2} = -15$。

【1.2】　（1）$V_{GSQ} = -1\ V$，$V_{DSQ} = 10\ V$，$I_{DQ} = 8\ mA$。

（2）图略。

（3）若 V_{GG} 改为 $-0.5\ V$，i_D 和 v_{DS} 的波形已经出现失真。

（4）$R_d = \dfrac{20\ V - 10\ V}{12\ mA} = 0.83\ k\Omega$。

【1.3】　（d）电路最正确，（a）基本正确，但在可调电阻 R_b 支路中应该串接一只电阻 R，（b）（c）不对，（e）电容的极性连接不对。

【1.4】　（1）直流负载线方程：$V_{CE} = V_{CC} - I_C(R_c + R_e)$，$V_{CE} = 15 - 3I_C$，作在输出特性上。

（2）先求 I_{BQ}：　　　　　$V_{BQ} \approx \left(\dfrac{11}{39 + 11} \times 15 \right)\ V = 3.3\ V$

$$I_{CQ} \approx I_{EQ} = \left(\dfrac{3.3 - 0.7}{1} \right)\ mA = 2.6\ mA$$

所以 Q 点由图（图略）可得：$I_{CQ} \approx 2.6\ mA$，$V_{CEQ} \approx 7.5\ V$。

（3）交流等效负载为 $R'_L = R_c // R_L = 1\ k\Omega$，所以过 Q 点作一条斜率为 $\Delta i_C / \Delta v_{CE} = -1/R'_L$ 的直线，即为交流负载线。

（4）当 i_B 由 $0 \sim 100\ \mu A$ 变化时，v_{CE} 的变化范围可由图所示。不失真输出电压 V_o 有效值 $\approx 5\ V/\sqrt{2} = 3.5\ V$。

【1.5】　（1）图（a）：$I_{DQ} \approx 0.5\ mA$，$V_{GSQ} = -2\ V$，$V_{DSQ} \approx 3.8\ V$。

图(b)：$I_{DQ} \approx 0.76$ mA，$V_{GSQ} \approx -1.5$ V，$V_{DSQ} \approx 8.5$ V。

图(c)：$I_{DQ} \approx 0.25$ mA，$V_{GSQ} = 2.8$ V，$V_{DSQ} \approx 13$ V。

（2）交流通路略。

图(a)为共源极放大电路(CS)。

图(b)为共漏极放大电路(CD)。

图(c)为共源极放大电路(CS)。

【1.6】（a）没有放大作用。因为输入端在交流通路中接地，信号加不进去。

（b）有放大作用，属于 CC 组态，因此为同相放大电路。

（c）没有放大作用，因为输出端交流接地。

（d）有放大作用，属于 CB 组态，因此为同相放大电路。

【1.7】 略。

【1.8】（1）$\dot{A}_v = -\beta \dfrac{R_c /\!/ R_L}{r_{be}}$；$R_i = r_{be} /\!/ R_b$；$R_o \approx R_c$

（2）当晶体管的 β 值变小时，基极电流不变，但集电极电流变小，V_{CEQ} 变大；r_{be} 电阻保持不变 $\left(r_{be} = r_{bb'} + (1+\beta)\dfrac{V_T}{I_{EQ}}\right)$，电压放大倍数下降；输入电阻不变。输出电阻不变。

（3）该失真是饱和失真，因为 T 上升后，集电极电流增加，集电极和发射极之间电压下降即工作点上移（向饱和方向），因此在同样的输入信号下，输出信号将首先出现饱和失真。

【1.9】 图(a)电路：

（1）$$I_{BQ} = \frac{12\,V - 0.7\,V}{R_s + (1+\beta)R_e} = \left(\frac{12-0.7}{1+51\times3}\right)\,mA \approx 73\,\mu A$$

$$I_{CQ} = \beta I_{BQ} = 3.65\,mA$$

$$V_{CEQ} = -\left[24\,V - (3\,\Omega + 2\,\Omega)I_{CQ}\right] = -5.65\,V$$

（2）CE 组态。

（3）$$r_{be} = r_{bb'} + (1+\beta)\frac{V_T}{I_{EQ}} = \left(200 + \frac{26}{0.073}\right)\,\Omega = 0.56\,k\Omega$$

$$\dot{A}_v = -\beta\frac{R_c}{r_{be}} = -\frac{50\times2}{0.56} = -179$$

$$\dot{A}_{vs} = \frac{R_i}{R_s + R_i}\dot{A}_v = \frac{0.56}{1+0.56}(-179) = -64$$

$$R_i = r_{be} = 0.56\,k\Omega$$

$$R_o = R_c = 2\,k\Omega$$

（4）当截止失真时，$V_{om1} = I_{CQ} \cdot R_c = 7.3$ V；

当饱和失真时，$V_{om2} = |V_{CEQ}| - |V_{CES}| = (5.65 - 0.7)\ \text{V} \approx 5.0\ \text{V}$；

所以，首先出现饱和失真。$V_{om} = 5.0\ \text{V}$。

图(b)电路：

(1) 静态工作点

$$I_{BQ} = \dfrac{15\ \text{V} \times \dfrac{R_{b1}}{R_{b1} + R_{b2}} - 0.7\ \text{V}}{R_{b1} /\!/ R_{b2} + (1+\beta)R_e} = \left(\dfrac{1.7 - 0.7}{4.5 + 51 \times 1}\right)\ \text{mA} = 18\ \mu\text{A}$$

$$I_{CQ} = \beta I_{BQ} = 0.9\ \text{mA}$$

$$V_{CEQ} = 15\ \text{V} - (R_c + R_e)I_{CQ} = 9.5\ \text{V}$$

(2) CB 组态。

(3)
$$r_{be} = r_{bb'} + (1+\beta)\dfrac{V_T}{I_{EQ}} = \left(200 + \dfrac{26}{0.018}\right)\ \Omega = 1.64\ \text{k}\Omega$$

$$\dot{A}_v = \dfrac{\dot{V}_o}{\dot{V}_i} = \dfrac{-\beta \dot{I}_b(R_c /\!/ R_L)}{-\dot{I}_b r_{be}} = \dfrac{50 \times (5.1 /\!/ 5.1)}{1.64} = 77.7$$

$$R_i = \dfrac{\dot{V}_i}{\dot{I}_i} = R_e /\!/ \dfrac{r_{be}}{1+\beta} = \left(1 /\!/ \dfrac{1.64}{51}\right)\ \Omega = 31\ \Omega$$

$$R_o \approx R_c = 5.1\ \text{k}\Omega$$

(4) 当截止失真时，$V_{om1} = I_{CQ} \cdot R_{L'} = 0.9 \times (5.1 /\!/ 5.1)\ \text{V} = 2.3\ \text{V}$；

当饱和失真时，$V_{om2} = V_{CEQ} - V_{CES} = (9.5 - 0.7)\ \text{V} = 8.8\ \text{V}$；

所以，首先出现截止失真，$V_{om} = 2.3\ \text{V}$。

图(c)电路：

(1)
$$I_{BQ} = \dfrac{15\ \text{V} - 0.7\ \text{V}}{R_b + (1+\beta)R_e} = \left(\dfrac{15 - 0.7}{200 + 51 \times 3}\right)\ \text{mA} = 40.5\ \mu\text{A}$$

$$I_{CQ} = \beta I_{BQ} = 2\ \text{mA}$$

$$V_{CEQ} = 15\ \text{V} - I_{CQ} \cdot R_e = (15 - 2 \times 3)\ \text{V} = 9\ \text{V}$$

(2) CC 组态。

(3)
$$r_{be} = r_{bb'} + (1+\beta)\dfrac{V_T}{I_{EQ}} = \left(200 + \dfrac{26}{0.04}\right)\ \Omega = 0.85\ \text{k}\Omega$$

$$\dot{A}_v = \dfrac{\dot{V}_o}{\dot{V}_i} = \dfrac{(1+\beta)\dot{I}_b(R_c /\!/ R_L)}{\dot{I}_b r_{be} + (1+\beta)\dot{I}_b(R_c /\!/ R_L)} = \dfrac{51 \times 1.5}{0.85 + 51 \times 1.5} = 0.99$$

$$R_i = \dfrac{\dot{V}_i}{\dot{I}_i} = R_b /\!/ [r_{be} + (1+\beta)(R_e /\!/ R_L)] = 200 /\!/ [0.85 + 51 \times 1.5]\ \text{k}\Omega = 55.8\ \text{k}\Omega$$

$$R_o = \dfrac{\dot{V}_o'}{\dot{I}_o'}\bigg|_{\substack{\dot{v}_s = 0 \\ R_L = \infty}} = R_e /\!/ \dfrac{r_{be} + R_s /\!/ R_b}{1+\beta} = \left(3 /\!/ \dfrac{0.85 + 2 /\!/ 200}{51}\right)\ \Omega = 54\ \Omega$$

$$\dot{A}_{vs} = \frac{R_i}{R_s + R_i} \dot{A}_v = \frac{55.8}{2 + 55.8} \times 0.99 = 0.96$$

（4）当截止失真时，$V_{om1} = I_{CQ} \cdot R'_L = 2 \times 1.5\ \text{V} = 3\ \text{V}$；

当饱和失真时，$V_{om2} = V_{CEQ} - V_{CES} = (9 - 0.7)\ \text{V} = 8.3\ \text{V}$；

所以，首先出现截止失真，$V_{om} = 3\ \text{V}$。

【1.10】 （1）$V'_B = \dfrac{R_{b1}}{R_{b1} + R_{b2} + R_d} V_{CC} = \left(\dfrac{20}{20 + 39 + 1} \times 12 \right)\ \text{V} = 4.0\ \text{V}$

$$R'_b = R_{b1} /\!/ (R_{b2} + R_d) = 20 /\!/ 40\ \text{k}\Omega = 13.3\ \text{k}\Omega$$

$$I_{BQ} = \frac{V'_B - V_{BE}}{R'_b + (1 + \beta)(R_{e1} + R_{e2})} = \left(\frac{4.0 - 0.7}{13.3 + 41 \times 2} \right)\ \text{mA} = 34.6\ \mu\text{A}$$

$$I_{CQ} = \beta I_{BQ} = (40 \times 0.034\ 6)\ \text{mA} = 1.4\ \text{mA}$$

$$V_{CEQ} = V_{CC} - I_{CQ}(R_c + R_{e1} + R_{e2}) = [12 - 1.4 \times (2 + 2)]\ \text{V} = 6.4\ \text{V}$$

（2）$\dot{A}_v = \dfrac{\dot{V}_o}{\dot{V}_i} = \dfrac{-\beta \dot{I}_b(R_c /\!/ R_L)}{\dot{I}_b r_{be} + (1 + \beta) \dot{I}_b R_{e1}} = -\dfrac{\beta(R_c /\!/ R_L)}{r_{be} + (1 + \beta)R_{e1}} = -\dfrac{40 \times 1}{0.8 + 41 \times 0.2} = -4.4$

$$R_i = R_{b1} /\!/ R_{b2} /\!/ [r_{be} + (1 + \beta)R_{e1}] = 20 /\!/ 39 /\!/ (0.8 + 41 \times 0.2)\ \text{k}\Omega = 5.4\ \text{k}\Omega$$

$$\dot{A}_{vs} = \dot{A}_v \frac{R_i}{R_s + R_i} = -4.4 \times \frac{5.4}{0.5 + 5.4} = -4.0$$

（3）首先出现截止失真，最大不失真输出电压为 $V_{om} = 1.4\ \text{V}$。

【1.11】 （1）$V_{BQ} = V_Z + V_{BE} = 6.7\ \text{V}$

$$I_{BQ} = \frac{20\ \text{V} - V_{BQ}}{R_{b2}} - \frac{V_{BQ}}{R_{b1}} = \left(\frac{20 - 6.7}{24} - \frac{6.7}{24} \right)\ \text{mA} = 0.275\ \text{mA}$$

$$I_{CQ} = \beta I_{BQ} = 5.5\ \text{mA}$$

$$V_{CEQ} = (20 - 5.5 \times 1 - 6)\ \text{V} = 8.5\ \text{V}$$

（2）略。

（3）

$$r_{be} = r_{bb'} + (1 + \beta) \frac{V_T}{I_{EQ}} = \left(300 + \frac{26}{0.275} \right)\ \Omega = 395\ \Omega$$

$$\dot{A}_v = -\frac{\beta R_c}{r_{be}} = -\frac{20 \times 1}{0.395} = -50$$

$$R_i = R_{b1} /\!/ R_{b2} /\!/ r_{be} = (24 /\!/ 24 /\!/ 0.395)\ \Omega = 382\ \Omega$$

（4）电阻 R 对稳压管起限流作用，使稳压管工作在稳压区。

（5）若 D_z 极性接反，则 $V_{BQ} = 1.4\ \text{V}$，$I_{CQ} = 14.3\ \text{mA}$，$V_{CEQ} = 5\ \text{V}$，因此该电路仍能正常放大，但由于 I_{CQ} 变大，使 $|\dot{A}_v|$ 增大，R_i 减小。

【1.12】 图（a）：

（1）电路为共源（CS）组态。

(2) $\dot{A}_v = \dfrac{\dot{V}_o}{\dot{V}_i} = \dfrac{-g_m \dot{V}_{gs}(R_d /\!/ R_L)}{\dot{V}_{gs}} = -g_m(R_d /\!/ R_L) = -2 \times (5.1 /\!/ 5.1) = -5.1$

$$R_i = \frac{\dot{V}_i}{\dot{I}_i} = R_g + R_{g1} /\!/ R_{g2} = 5\ \text{M}\Omega + 47\ \text{k}\Omega \approx 5\ \text{M}\Omega$$

$$R_o = R_d = 5.1\ \text{k}\Omega$$

图(b)：

(1) CD 组态。

(2)
$$\dot{A}_{vs} = \frac{\dot{V}_o}{\dot{V}_s} = \frac{g_m \dot{V}_{gs} R}{\dot{V}_{gs} + g_m \dot{V}_{gs} R} = \frac{2 \times 2}{1 + 2 \times 2} = 0.8$$
$$R_i = \infty$$

$$R_o = R /\!/ \frac{1}{g_m} = \left(2 /\!/ \frac{1}{2}\right)\ \text{k}\Omega = 0.4\ \text{k}\Omega$$

【1.13】 在微变等效电路中，负载开路，在输出端加 $\dot{V}'_o$，如图所示。

$$R_o = \frac{\dot{V}'_o}{\dot{I}'_o}\bigg|_{R_L = \infty} = \frac{(\dot{I}'_o - g_m \dot{V}_{gs})r_{ds} + \dot{I}'_o R}{\dot{I}'_o}$$

$$= \frac{(\dot{I}'_o + g_m \dot{I}'_o R)r_{ds} + \dot{I}'_o R}{\dot{I}'_o} \quad (\text{因为 } \dot{V}_{gs} = -\dot{I}'_o R)$$

$$= (1 + g_m R)r_{ds} + R$$

【1.14】 (1) T_1 组成射极跟随器（CC 电路）；
T_2 组成恒流源，提供 T_1 放大电路的静态工作电流。

(2) $I_{C1} \approx I_{E2Q} = \dfrac{\dfrac{R_2}{R_1 + R_2}V_{CC} - V_{BE}}{\dfrac{R_1 /\!/ R_2}{1 + \beta} + R_3} = \left(\dfrac{\dfrac{0.75}{24 + 0.75} \times 40 - 0.7}{\dfrac{24 /\!/ 0.75}{51} + 0.051}\right)\ \text{mA} = 8.3\ \text{mA}$

（3） $\dot{A}_v = \dfrac{\dot{V}_o}{\dot{V}_i} = \dfrac{\dfrac{1}{2}(1+\beta)(R_w /\!/ R_{o2})}{R_b + r_{be1} + (1+\beta)(R_w /\!/ R_{o2})} \approx \dfrac{1}{2} \cdot \dfrac{(1+\beta)R_w}{R_b + r_{be1} + (1+\beta)R_w}$

式中 R_{o2} 为恒流源的输出电阻，由于 $R_{o2} \gg R_w$，所以 R_{o2} 可忽略。

$$r_{be1} = r_{bb'} + (1+\beta)\dfrac{V_T}{I_{E1Q}} = 0.46 \ \text{k}\Omega$$

$$\dot{A}_v = \dfrac{1}{2} \cdot \dfrac{51 \times 51}{12 + 0.46 + 51 \times 51} = 0.5$$

$$R_i = R_1 + r_{be1} + (1+\beta)R_L' = (12 + 0.46 + 51 \times 51) \ \text{k}\Omega = 2\ 613 \ \text{k}\Omega$$

$$R_o = \left(\dfrac{R_w}{2} + \dfrac{r_{be1} + R_b}{1+\beta} \right) /\!/ \dfrac{R_w}{2} = \left(\dfrac{51}{2} + \dfrac{0.46 + 12}{51} \right) /\!/ \dfrac{51}{2} \text{k}\Omega = 12.8 \ \text{k}\Omega$$

【1.15】 （1） T_1 为共源放大电路；T_2 为共基放大电路。

（2） 由 $\begin{cases} I_{DQ} = I_{DSS}\left(1 - \dfrac{V_{GSQ}}{V_{GS(off)}}\right)^2 \\ V_{GSQ} = I_{DQ}R_3 \end{cases}$ 可解出 I_{DQ}。

$$I_{CQ} \approx I_{DQ}$$
$$V_{DSQ} = -(V_Z - V_{BE} - I_{DQ}R_3)$$
$$V_{CEQ} = -[V_{CC} + V_{DSQ} - I_{DQ}(R_2 + R_3)]$$

（3） $\dot{A}_v = \dot{A}_{v1} \cdot \dot{A}_{v2} = \left(-g_m \dfrac{r_{be}}{1+\beta} \right) \cdot \dfrac{\beta(R_c /\!/ R_L)}{r_{be}} \approx -g_m(R_c /\!/ R_L)$

$$R_i = R_1$$
$$R_o = R_2$$

【1.16】 （1） T_1 组成共射（CE）组态，T_2 组成共集（CC）组态。

（2） 微变等效电路：

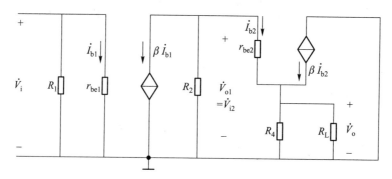

（3）　　$\dot{A}_{v1} = \dfrac{\dot{V}_{o1}}{\dot{V}_i} = \dfrac{-\beta_1(R_2 /\!/ R_{i2})}{r_{be1}}, \quad R_{i2} = r_{be2} + (1+\beta_2)(R_4 /\!/ R_L)$

$$\dot{A}_{v2} \approx 1$$

$$\dot{A}_v = \dot{A}_{v1} \cdot \dot{A}_{v2} = \frac{-\beta_1 \{ R_2 /\!/ [\, r_{be2} + (1+\beta_2)(R_4 /\!/ R_L)\,]\}}{r_{be1}}$$

$$R_i = R_{i1} = R_1 /\!/ r_{be1}$$

$$R_o = R_4 /\!/ \left(\frac{r_{be2} + R_2}{1+\beta_2} \right)$$

【1.17】　（1）$I_{CQ2} \approx I_{EQ2} = \dfrac{\dfrac{R_{b2}}{R_{b1}+R_{b2}} V_{CC} - V_{BE2}}{\dfrac{R_{b1} /\!/ R_{b2}}{1+\beta} + R_{e1} + R_{e2}} = \left(\dfrac{3.75-0.7}{\dfrac{60 /\!/ 20}{51} + 2.1} \right) \text{mA} = 1.27\ \text{mA}$

$$V_{CEQ2} = V_{CC} - I_{CQ2}(R_c + R_{e1} + R_{e2}) = (15 - 1.27 \times 5.1)\,\text{V} = 8.5\ \text{V}$$

（2）

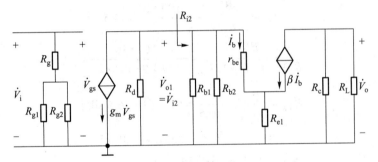

（3）　　　　　　　　　　　$\dot{A}_{v1} = -g_m(R_d /\!/ R_{i2})$

$$R_{i2} = R_{b1} /\!/ R_{b2} /\!/ [\, r_{be} + (1+\beta)R_{e1}\,] = 60 /\!/ 20 /\!/ (1 + 51 \times 0.1)\ \text{k}\Omega = 4.33\ \text{k}\Omega$$

$$\dot{A}_{v1} = -g_m(R_d /\!/ R_{i2}) = -2 \times (10 /\!/ 4.33) = -6.0$$

$$\dot{A}_{v2} = -\frac{\beta(R_c /\!/ R_L)}{r_{be} + (1+\beta)R_{e1}} = -\frac{50 \times 1.5}{1 + 51 \times 0.1} = -12.3$$

$$\dot{A}_v = \dot{A}_{v1} \cdot \dot{A}_{v2} = -6.0 \times (-12.3) = 73.8$$

（4）　　　　　　　　　　$R_i = R_g + R_{g1} /\!/ R_{g2} = 47.1\ \text{M}\Omega$

$$R_o = R_c = 3\ \text{k}\Omega$$

（5）电路先出现截止失真，最大不失真输出电压为 $V_{om} = 1.9$ V。

【1.18】　略。

【1.19】　略。

【1.20】　（1）$R_i = 2[\, r_{be} + (1+\beta)R_e\,] = 12\ \text{k}\Omega$

$$R_o = 2R_c = 10 \text{ k}\Omega$$

（2）
$$\dot{A}_{vd} = -\frac{\beta R_c}{r_{be} + (1+\beta) R_e} = -\frac{80 \times 5}{2 + 81 \times 0.05} = -66$$

【1.21】 （1） $I_{CQ} = \dfrac{V_{EE} - V_{BE}}{R_{b1}/(1+\beta) + 2R_e} = \dfrac{12-7}{10/101 + 2 \times 10} \text{mA} = 0.56 \text{ mA}$

$$V_E = -I_{BQ}R_{b1} - V_{BE} = \left(-\frac{0.56}{100} \times 10 - 0.7\right) \text{V} \approx -0.7 \text{ V}$$

$$V_{CEQ} = V_{CC} - I_{CQ}R_c - V_E = (12 - 0.56 \times 10 + 0.7) \text{V} = 7.1 \text{ V}$$

若将 R_{c1} 短路，则

$$I_{C1Q} = I_{C2Q} = 0.56 \text{ mA}$$

$$V_{CE1Q} = V_{CC} - V_E = (12 + 0.7) \text{V} = 12.7 \text{ V}$$

$$V_{CE2Q} = V_{CC} - I_{CQ}R_c - V_E = (12 - 0.56 \times 10 + 0.7) \text{V} = 7.1 \text{ V} \quad （不变）$$

（2）
$$r_{be} = r_{bb'} + (1+\beta)\frac{V_T}{I_{EQ}} = \left(200 + 101 \times \frac{26}{0.56}\right) \Omega = 4.9 \text{ k}\Omega$$

$$R_{id} = 2(R_b + r_{be}) = 2 \times (10 + 4.9) \text{k}\Omega = 29.8 \text{ k}\Omega$$

$$\dot{A}_{d2} = \frac{\beta R_c}{2(R_b + r_{be})} = \frac{100 \times 10}{29.8} = 33.5$$

（3）
$$\dot{A}_{c2} = \frac{-\beta R_c}{R_b + r_{be} + (1+\beta)2R_e} = -\frac{100 \times 10}{10 + 4.9 + 101 \times 20} = -0.5$$

$$K_{CMR} = \left|\frac{\dot{A}_{d2}}{\dot{A}_{c2}}\right| = \frac{33.5}{0.5} = 67 \quad （即 36.5 \text{ dB}）$$

（4）
$$v_{Id} = v_{I1} - v_{I2} = (105 - 95) \text{mV} = 10 \text{ mV}$$

$$v_{Ic} = \frac{v_{I1} + v_{I2}}{2} = \frac{105 + 95}{2} \text{mV} = 100 \text{ mV}$$

$$\Delta v_{O2} = \dot{A}_{d2} \cdot v_{Id} + \dot{A}_{c2} \cdot v_{Ic} = [33.5 \times 10 + (-0.5) \times 100] \text{mV} = 285 \text{ mV}$$

$$\Delta v_E = v_{Ic} = 100 \text{ mV}$$

【1.22】 （1）
$$I_{C1Q} = I_{C2Q} = \frac{1}{2}I_Q = 1 \text{ mA}$$

$$V_{C2Q} = \frac{R_L}{R_c + R_L}V_{CC} - I_{C2Q}(R_c /\!/ R_L) = (6 - 1 \times 1.5) \text{V} = 4.5 \text{ V}$$

$$V_{EQ} = -V_{BE} - I_{BQ}R_b = -0.7 \text{ V} - \frac{1}{100} \times 1 \text{ V} = -0.71 \text{ V}$$

（2）
$$\dot{A}_{d2} = \frac{\beta(R_c /\!/ R_L)}{2(R_b + r_{be})} = \frac{100 \times (3 /\!/ 3)}{2(1+3)} = 18.75$$

$$R_{id} = 2(R_b + r_{be}) = 8 \text{ k}\Omega$$

$$R_{\text{o}} = R_{\text{c}} = 3 \text{ k}\Omega$$

(3)　$\dot{A}_{\text{c2}} = \dfrac{-\beta(R_{\text{c}} /\!/ R_{\text{L}})}{R_{\text{b}} + r_{\text{be}} + (1+\beta)2R} = -\dfrac{100 \times 1.5}{1 + 3 + 101 \times 2\ 000} = -7.5 \times 10^{-4}$

$$K_{\text{CMR}} = \left| \dfrac{\dot{A}_{\text{d2}}}{\dot{A}_{\text{c2}}} \right| = \dfrac{18.75}{7.5 \times 10^{-4}} = 25\ 000 \quad (\text{即 } 88 \text{ dB})$$

(4)

$$v_{\text{c2}} \approx \dot{A}_{\text{d2}} \cdot v_{\text{i}} = 0.375 \sin \omega t (\text{V})$$

$$v_{\text{e}} = v_{\text{ic}} = 0.01 \sin \omega t (\text{V})$$

所以

$$v_{\text{C2}} = V_{\text{C2Q}} + v_{\text{c2}} = 4.5 + 0.375 \sin \omega t (\text{V})$$

$$v_{\text{E}} = V_{\text{EQ}} + v_{\text{e}} = -0.71 + 0.01 \sin \omega t (\text{V})$$

[1.23]　(1) $I_{\text{CQ3}} = \dfrac{\dfrac{R_{\text{b1}}}{R_{\text{b1}} + R_{\text{b2}}} V_{\text{EE}} - V_{\text{BE}}}{\dfrac{R_{\text{b1}} /\!/ R_{\text{b2}}}{\beta_3} + R_{\text{e3}}} = \left(\dfrac{\dfrac{10}{10+30} \times 12 - 0.7}{\dfrac{10 /\!/ 30}{50} + 1.5} \right) \text{mA} = 1.4 \text{ mA}$

$$I_{\text{CQ1}} = I_{\text{CQ2}} = \dfrac{1}{2} I_{\text{CQ3}} = 0.7 \text{ mA}$$

$$V_{\text{OQ}} = \dfrac{R_{\text{L}}}{R_{\text{c}} + R_{\text{L}}} V_{\text{CC}} - I_{\text{CQ2}}(R_{\text{c}} /\!/ R_{\text{L}}) = \left[\dfrac{10 \times 12}{10+10} - 0.7 \times (10 /\!/ 10) \right] \text{V} = 2.5 \text{ V}$$

(2)　$r_{\text{be1}} = r_{\text{be2}} = r_{\text{bb}'} + (1+\beta) \dfrac{V_{\text{T}}}{I_{\text{C1Q}}} = \left(300 + 51 \times \dfrac{26}{0.7} \right) \Omega = 2.2 \text{ k}\Omega$

$$r_{\text{be3}} = \left(300 + 51 \times \dfrac{26}{1.4} \right) \Omega = 1.25 \text{ k}\Omega$$

$$\dot{A}_{\text{d2}} = \dfrac{\beta(R_{\text{C}} /\!/ R_{\text{L}})}{2(R_{\text{b}} + r_{\text{be1}}) + (1+\beta)R_{\text{w}}} = \dfrac{50 \times 5}{2 \times (5 + 2.2) + 51 \times 0.1} = 12.8$$

$$R_{\text{id}} = 2(R_{\text{b}} + r_{\text{be1}}) + (1+\beta)R_{\text{w}} = [2 \times (5 + 2.2) + 51 \times 0.1] \text{k}\Omega = 19.5 \text{ k}\Omega$$

$$R_{\text{o}} = R_{\text{c}} = 10 \text{ k}\Omega$$

(3) $R_{\text{o3}} = \left(1 + \dfrac{\beta_3 R_{\text{e3}}}{R_{\text{b3}} + r_{\text{be3}} + R_{\text{e3}}} \right) r_{\text{ce}} = \left[\left(1 + \dfrac{50 \times 1.5}{10 /\!/ 30 + 1.25 + 1.5} \right) \times 100 \right] \text{k}\Omega = 832 \text{ k}\Omega$

$$\dot{A}_{\text{c2}} = \dfrac{-\beta(R_{\text{c}} /\!/ R_{\text{L}})}{R_{\text{b}} + r_{\text{be2}} + (1+\beta)\left(\dfrac{1}{2} R_{\text{w}} + 2R_{\text{o3}} \right)}$$

$$= -\dfrac{50 \times 5}{5 + 2.2 + 51 \times (0.05 + 2 \times 832)} = -0.003$$

$$K_{\text{CMR}} = \left| \dfrac{\dot{A}_{\text{d2}}}{\dot{A}_{\text{c2}}} \right| = \dfrac{12.8}{0.003} = 4\ 267 \quad (\text{即 } 72.6 \text{ dB})$$

（4）
$$v_O = V_{OQ} + \dot{A}_{d2} v_{I1} = 2.5 + 0.26 \sin \omega t (\mathrm{V})$$

【1.24】（1）当 $V_{OQ} = 0$ 时，$I_{CQ3} \cdot R_{c3} = V_{cc}$，所以 $I_{CQ3} = V_{CC}/R_{c3} = (12/12) \mathrm{mA} = 1\ \mathrm{mA}$。

$$I_{BQ3} = \frac{I_{CQ3}}{\beta_3} = \frac{1}{100} \mathrm{mA} = 0.01\ \mathrm{mA}$$

$$I_{CQ2} \approx I_{EQ2} = \frac{1}{2} I_{R_e} = \left(\frac{1}{2} \times \frac{12-0.7}{47} \right) \mathrm{mA} = 0.12\ \mathrm{mA}$$

$$I_{R_{c2}} = I_{CQ2} - I_{BQ3} = (0.12 - 0.01) \mathrm{mA} = 0.11\ \mathrm{mA}$$

$$R_{c2} = \frac{I_{CQ3} R_{e3} + V_{BE3}}{I_{R_{c2}}} = \left(\frac{1 \times 0.25 + 0.7}{0.11} \right) \mathrm{k\Omega} = 8.64\ \mathrm{k\Omega}$$

（2）
$$r_{be1} = r_{be2} = \left(200 + 101 \times \frac{26}{0.12} \right) \Omega = 22.1\ \mathrm{k\Omega}$$

$$r_{be3} = \left(200 + 101 \times \frac{26}{1} \right) \Omega = 2.83\ \mathrm{k\Omega}$$

$$R_{i2} = r_{be3} + (1 + \beta_3) R_{e3} = (2.83 + 101 \times 0.25) \mathrm{k\Omega} = 28.1\ \mathrm{k\Omega}$$

$$\dot{A}_{vd1} = \frac{\beta (R_{c2} /\!/ R_{i2})}{2 r_{be1}} = \frac{100 \times (8.64 /\!/ 28.1)}{2 \times 22.1} = 15$$

$$\dot{A}_{v2} = -\frac{\beta R_{c3}}{R_{i2}} = -\frac{100 \times 12}{28.1} = -42.7$$

$$\dot{A}_{vd} = \dot{A}_{vd1} \times \dot{A}_{v2} = -640.5$$

（3）若负电源（$-12\ \mathrm{V}$）端改为接地，$V_{B1} = V_{B2} = 0$，$I_{C2Q} = 0$，$V_{B3} = 12\ \mathrm{V}$，$V_{OQ} = 0$。

【1.25】 $\dot{A}_{v1} = -\frac{\beta R'_{L1}}{2 r_{be1}} = -\frac{50 \times (5.1 /\!/ r_{be3})}{2 \times 4} = -7.97$ （r_{be3} 是中间级的输入电阻）

$$\dot{A}_{v2} = -\frac{\beta R'_{L2}}{r_{be3}} = -\frac{50 \times (6.8 /\!/ R_{i3})}{1.7} = -174 \quad （R_{i3} \text{是输出级的输入电阻}）$$

$$R_{i3} = r_{be4} + (1 + \beta)(8.2 /\!/ R_L) = \left(0.2 + 51 \times \frac{8.2 \times 1}{8.2 + 1} \right) \mathrm{k\Omega} = 45.6\ \mathrm{k\Omega}$$

$$\dot{A}_{v3} \approx 1$$

$$\dot{A}_v = \dot{A}_{v1} \cdot \dot{A}_{v2} \cdot \dot{A}_{v3} = 1\ 387$$

$$R_i = 8.2\ \mathrm{k\Omega} /\!/ (2 r_{be1}) = \frac{8.2 \times 8}{8.2 + 8} \mathrm{k\Omega} = 4\ \mathrm{k\Omega}$$

$$R_o = 8.2\ \mathrm{k\Omega} /\!/ \frac{r_{be4} + 6.8\ \mathrm{k\Omega}}{1 + \beta} = 0.13\ \mathrm{k\Omega}$$

【1.26】（1）错误。集成运放可以放大交流信号。

（2）正确。

（3）错误,当工作在非线性状态下,理想运放反相输入端与同相输入端之间的电位差可以不为零。

（4）正确。

（5）正确。

【1.27】　略。

【1.28】　波特图略,$f_L = 10$ Hz,$f_H = 50$ kHz。

【1.29】　波特图略,$f_H \approx 100$ kHz。

【1.30】　（1）$\dot{A}_v = \dfrac{-10^4}{(1+jf/10^5 \text{ Hz})(1+jf/10^7 \text{ Hz})(1+jf/10^8 \text{ Hz})}$

（2）$\varphi = -180° - \arctan(f/10^5 \text{ Hz}) - \arctan(f/10^7 \text{ Hz}) - \arctan(f/10^8 \text{ Hz})$

习题 2　参考答案

【2.1】　（a）电压并联负反馈,稳定输出电压 v_o。

（b）电流串联负反馈,稳定输出电流 i_o。

（c）电流并联负反馈,稳定输出电流 i_o。

（d）电压串联负反馈,稳定输出电压 v_o。

（e）电压并联负反馈,稳定输出电压 v_o。

（f）电压串联负反馈,稳定输出电压 v_o。

（g）电压串联负反馈,稳定输出电压 v_o。

【2.2】　略。

【2.3】　$$\left| 1 + \dot{A}_v \dot{F} \right| = \frac{\mathrm{d}\left| \dot{A}_v \right| / \left| \dot{A}_v \right|}{\mathrm{d}\left| \dot{A}_{vf} \right| / \left| \dot{A}_{vf} \right|} > \frac{20\%}{1\%} = 20$$

$$\left| \dot{A}_v \dot{F} \right| > 19$$

$$\dot{A}_v = \dot{A}_{vf}(1 + \dot{A}_v \dot{F}) > 100 \times 20 = 2\,000$$

$$\dot{F} = \frac{\dot{A}_v \dot{F}}{\dot{A}_v} > \frac{19}{2\,000} = 0.009\,5$$

【2.4】　$\dot{A}_f \cdot f_{Hf} = A \cdot f$,所以 $f_{Hf} = (10^6 \times 5/100)$ Hz $= 5 \times 10^4$ (Hz) $= 50$ kHz。

$$\dot{A} \cdot BW = 100 \times 50 \text{ kHz}$$

【2.5】　略。

【2.6】　（1）当电位器触点调到最上端时,$V_0 = -(15 \text{ V}/2 \text{ M}\Omega) \times 1 \text{ k}\Omega = -7.5 \text{ mV}$;

当电位器触点调到最下端时，$V_0 = -(-15 \text{ V}/2 \text{ M}\Omega) \times 1 \text{ k}\Omega = +7.5 \text{ mV}$

（2）假设电位器触点在中间位置，则

$$\dot{A}_{vf} = \frac{\dot{V}_o}{\dot{V}_i} = 1 + \frac{1 \text{ k}\Omega}{2 \text{ M}\Omega + 50 \text{ k}\Omega /\!/ 50 \text{ k}\Omega} \approx 1$$

若不在中间位置，则分为 R 和（$100 \text{ k}\Omega - R$）两部分，并联后和 $2 \text{ M}\Omega$ 相比很小，$\dot{A}_{vf}$ 仍为 1。

【2.7】　（1）　　　　　　　　　　　$v_0 = -v_S$

（2）　　　　　　　　　　　$v_0 = v_{(-)} = v_S$

（3）　　　　　　　　　　　$v_0 = v_{(-)} = v_{(+)} = v_S$

（4）　　　　　　　　　　　$v_0 = -(v_S/R) \cdot R = -v_S$

【2.8】　（1）　$V_0 = -(R_x/R_1) \cdot (-V) = -((-V)/R_1) \cdot R_x$

（2）　　　　　　　　　　　$R_1 = 10 \text{ k}\Omega$

【2.9】　（1）$v_0 = -(R_2/R_{11}) \cdot v_{I1} - (R_2/R_{12}) \cdot v_{I2} = -(v_{I1} + v_{I2})$

（2）略。

【2.10】　$v_0 = v_{(-)} = v_{(+)}$

$$= \frac{R_2 /\!/ R_3}{R_1 + R_2 /\!/ R_3} \cdot v_{I1} + \frac{R_1 /\!/ R_3}{R_2 + R_1 /\!/ R_3} \cdot v_{I2} + \frac{R_1 /\!/ R_2}{R_3 + R_1 /\!/ R_2} \cdot v_{I3}$$

【2.11】　　　　$v_0 = -(100/20)v_{I1} - (100/100)v_{02} = -5v_{I1} + 2v_{I2} + 0.1v_{I3}$

【2.12】

（1）
$$v_{O1} = v_{S2} \cdot \frac{R_3}{R_2 + R_3} - \frac{v_{S1} - \frac{R_3}{R_2 + R_3}v_{S2}}{R_1} \cdot R_4$$

$$= \frac{R_3}{R_2 + R_3} \cdot v_{S2} - \frac{R_4}{R_1} \cdot v_{S1} + \frac{R_3 R_4}{R_1(R_2 + R_3)} \cdot v_{S2}$$

$$= \frac{R_1 R_3 + R_3 R_4}{R_1(R_2 + R_3)} \cdot v_{S2} - \frac{R_4}{R_1} \cdot v_{S1}$$

$$v_0 = -\frac{1}{C}\int_0^t \left(\frac{v_{O1}}{R_5} + \frac{v_{S3}}{R_6}\right) \mathrm{d}t$$

（2）
$$v_{O1} = v_{S2} - v_{S1}$$

$$v_0 = -\frac{1}{RC}\int_0^t (v_{S2} - v_{S1} + v_{S3}) \mathrm{d}t$$

【2.14】　（1）　　　$V_B = 0 \text{ V}, \quad V_E = -0.7 \text{ V}, \quad V_C = 6 \text{ V}$

（2）　　　　　　　　　　　$\beta = I_C/I_B = 50$

【2.15】

(a)　(1)　$A_{vf} = \dfrac{v_0}{v_S} = -\dfrac{R_2 R_3 + R_4(R_2 + R_3)}{R_1 R_3}$

　　　(2)　$R_{if} = v_S / i_I \approx R_1$

　　　(3)　$R_{of} \approx 0$

(b)　(1)　$A_{vf} = v_0 / v_S = R_L / R_1$

　　　(2)　$R_{if} = v_S / i_I \approx \infty$

　　　(3)　$R_{of} \approx \infty$

(c)　(1)　$A_{vf} = v_0 / v_S = -R_L / R_1$

　　　(2)　$R_{if} = v_S / i_I = R_1$

　　　(3)　$R_{of} \approx \infty$

(d)　(1)　$A_{vf} = \dfrac{v_o}{v_s} = \dfrac{(R_1 + R_2)R_3 + (R_1 + R_2 + R_3)R_4}{R_1 R_3}$

　　　(2)　$R_{if} = v_S / i_I \approx \infty$

　　　(3)　$R_{of} \approx 0$

(e)　(1)　$A_{vf} = v_0 / v_S = -R_1 / R_s$

　　　(2)　$R_{if} = v_S / i_S = R_s$

　　　(3)　$R_{of} \approx 0$

(f)　(1)　$A_{vf} = v_0 / v_S = (R_3 + R_4) / R_3$

　　　(2)　$R_{if} = v_S / i_S = v_S / i_b \approx \infty$

　　　(3)　$R_{of} \approx 0$

(g)　(1)　$A_{vf} = v_0 / v_S = (R_1 + R_2) / R_1$

　　　(2)　$R_{if} = v_S / i_I \approx \infty$

　　　(3)　$R_{of} \approx 0$

【2.16】　　$I_0 \approx (v_0' - v_0) / R_1 = R_2 / (R_1 R_3) \cdot v_S$

【2.17】　　$I_L = I_{R_2} = 0.6 \text{ mA}$

【2.22】　(1)　$\dot{A} \dfrac{10^5}{\left(1 + j\dfrac{f}{10^2 \text{ Hz}}\right)\left(1 + j\dfrac{f}{10^4 \text{ Hz}}\right)\left(1 + j\dfrac{f}{10^5 \text{ Hz}}\right)}$

(2) 会自激。

(3) $\dot{F} = 0.01$ 时临界自激。

习题 3　参考答案

【3.1】 （1）
$$P_{om} = \frac{V_{om}^2}{2R_L} = \frac{12^2}{2 \times 16}\,W = 4.5\,W$$

（2）
$$P_{CM} \geqslant 0.9\,W$$

（3）
$$|V_{(BR)CEO}| \geqslant 24\,V$$

【3.2】 电源电压 V_{CC} 至少 24 V。

【3.3】 （1）电容 C_2 两端的电压应为 5 V。调整 R_1、R_3，可调整上、下两部分电路的对称性。

（2）应调大 R_2，使 b_1、b_2 间电压增大，提供较大的静态电流。

（3）若 D_1、D_2、R_2 中任意一个开路，则功率管会烧坏。

【3.4】 （1）$V_{CEQ} = \frac{1}{2}V_{CC} = 15\,V$，　$I_{CQ} = \dfrac{V_{CC} - V_{CEQ}}{R_C} = \dfrac{15\,V}{1.5\,k\Omega} = 10\,mA$

（2）
$$V_{om} = \frac{1}{2}V_{CC} - |V_{CES}| = (15-3)\,V = 12\,V$$

$$P_{om} = \frac{V_{om}^2}{2R_L} = \frac{12^2}{2 \times 8}\,W = 9\,W$$

$$P_V = \frac{1}{2\pi}\int_0^\pi V_{CC} \cdot \frac{V_{om}}{R_L}\sin\omega t\,d(\omega t)$$

$$= \frac{1}{2\pi} \times V_{CC} \times \frac{V_{om}}{R_L} \times 2 \approx 14.3\,W$$

$$\eta = \frac{P_{om}}{P_V} = 62.5\%$$

【3.6】 （1）电压串联负反馈。

（2）
$$R_f = 49\,k\Omega$$

（3）
$$P_{om} = \frac{V_{om}^2}{2R_L} = \frac{13^2}{2 \times 8}\,W = 10.56\,W$$

【3.7】 （1）图略。

（2）直流平均电压 $V_0 = 0.9V_{21} = 0.9V_{22}$，$V_{21}$、$V_{22}$ 为付边电压有效值。

（3）
$$I_{D(AV)1} = I_{D(AV)2} = 1/2I_L$$

（4）整流二极管的最大反向电压 $V_{BR} > 2\sqrt{2}V_{21}$。

【3.8】 (1) V_{O1}上(+)下(-)，V_{O2}上(+)下(-)。

(2) $$V_{O(AV)1} = V_{O(AV)2} = 0.9V_{21} = 18\ \text{V}$$

(3) $$V_{O(AV)1} = V_{O(AV)2} = \frac{1}{2} \times 0.9(V_{21} + V_{22}) = \frac{0.9 \times (18+22)}{2}\ \text{V} = 18\ \text{V}$$

【3.9】 (1) $$V_{O(AV)} = 0.9V_2 = 0.9 \times 20\ \text{V} = 18\ \text{V}$$

(2) $$V_{O(AV)} = 20\sqrt{2}\ \text{V} \approx 28.3\ \text{V}$$

(3) $$V_{O(AV)} = \sqrt{2}\,V_2 \approx 28.3\ \text{V}$$

(4) $$V_{O(AV)} = 1.2V_2 = 24\ \text{V}$$

【3.10】 $$V_{Imax} = 1.2V_2(1+10\%) = 23.76\ \text{V}$$
$$V_{Imin} = 1.2V_2(1-10\%) = 19.44\ \text{V}$$

(1) $$R \leqslant \frac{V_{Imin} - V_o}{I_Z + I_{Lmax}} = \frac{19.44 - 5}{5 + 30}\ \text{k}\Omega = 413\ \Omega \quad (\text{取}\ 390\ \Omega)$$

(2) R 取 $390\ \Omega$，$$I_{zmax} = \frac{V_{Imax} - V_o}{R} - I_{Lmin} = \left(\frac{23.76 - 5}{0.39} - 10 \right)\ \text{mA} = 38\ \text{mA}$$

【3.11】 (1) $$I_z = I_{R_1} = \frac{V_I - V_z}{R_1} = \frac{20\ \text{V} - 8\ \text{V}}{1\ \text{k}\Omega} = 12\ \text{mA}$$

(2) $V_o \cdot \dfrac{R_2}{R_2 + R_3} = 8\ \text{V}$，$V_o = 16\ \text{V}$

(3) $R_3 = 0\ \text{k}\Omega$ 时，$V_{omin} = 8\ \text{V}$；

$R_3 = 3\ \text{k}\Omega$ 时，$V_{omax} = 20\ \text{V}$。

【3.12】 (1) 上为同相输入端(+)，下为反相输入端(-)。

(2) $$I_{omax} = \beta \cdot 1\ \text{mA} = 100\ \text{mA}$$
$$V_{omax} = 20\ \text{V} - V_{BE} = (20 - 0.7)\ \text{V} = 19.3\ \text{V}$$
$$P_{CM} = I_{omax} \cdot V_{CEmax} = I_{omax} \cdot (24\ \text{V} - 6\ \text{V}) = 1.8\ \text{W}$$

【3.13】 (1) $$R_1 = 300\ \Omega, \quad R_w = 350\ \Omega$$

(2) $$V_2 \geqslant 20\ \text{V}$$

【3.14】 (1) 图中的所有电容都为上(+)下(-)；

(2) 输出电压 $V_{O1} = +15\ \text{V}$　$V_{O2} = -15\ \text{V}$

(3) $$P_{CM} = 9\ \text{V} \times 1\ \text{A} = 9\ \text{W}$$

【3.15】 (a) 电路中的稳压管 D_z 极性接反了。

(b) 桥式整流电路的输出应该接滤波电容。

(c) 图中的负电源组 W79L05 接错，请参考教材中的引脚进行正确连接。

习题4 参考答案

【4.1】 (1) 与 RC 串并联网络连接的输入端为(+),与负反馈支路连接的输入端为(-),若 A 为 A741,其管脚号为:反相输入端为 2,同相输入端为 3。

(2) (a) 负温度系数的热敏电阻取代 R_3。

(b) 正温度系数的钨丝灯泡取代 R_1。

【4.2】 电路(a)不满足相位平衡条件。要产生振荡时,将电路改接成共基电路,并将反馈电容 C_b 接到发射极。

电路(b)中,电路不满足相位平衡条件。而将反馈信号引入 T_1 基极时,即可满足相位平衡条件。

电路(c)满足相位平衡条件。

【4.3】 (1) $f_{min} = \dfrac{1}{2\pi RC} = \dfrac{1}{2 \times 3.14 \times 10^4 \times 0.1 \times 10^{-6}} \text{Hz} = 159 \text{ Hz}$

$$f_{max} = \dfrac{1}{2\pi RC} = \dfrac{1}{2 \times 3.14 \times 10^4 \times 0.01 \times 10^{-6}} \text{Hz} = 1\ 590 \text{ Hz}$$

$$1\ 590 \text{ Hz} > f_o > 159 \text{ Hz}$$

(2) $$R_2 < \frac{10}{3} \text{ k}\Omega$$

(3) 可以看到开始不振荡(无波形输出),慢慢开始振荡,有正弦波输出,随着电位器滑动臂下移,负反馈变弱,波形开始失真,最后又会停振,无输出波形。

【4.4】 (1) 运放的上端为负,下端为正。电路是一个典型的文氏电桥式 RC 正弦振荡器。

(2) 若 R_1 短路,则用于稳幅的负反馈没有了,只有正反馈,振荡波形将会严重失真,或导致停振。

(3) 若 R_1 断路,则负反馈太强,输出的全部电量反馈回来,最终不满足振荡的幅度条件,电路不会振荡。

(4) 若 R_f 短路时,其现象和 R_1 断路情况一样。

(5) 若 R_f 断路,其现象和若 R_1 短路情况一样。

【4.5】

(a) 电路能振荡。

(b) 电路能振荡。

（c）电路不能振荡。

（d）电路能振荡。

（e）电路不能振荡。要振荡时,要改变变压器原副边的同铭端。

（f）电路能振荡。

【4.6】　（1）对左边电路,运放 A 上边是反相输入端,下端是同相输入端;对右边电路,运放 A 的上面是同相端,下面是反相端。（2）略。

【4.7】　电路可以产生振荡。电路类型是串联型石英晶体振荡器,振荡频率近似为晶体的固有串联谐频率:$f_o \approx f_s$。C_2 的作用是作为频率微调之用。

【4.8】　（a）电路是同相输入的单限比较器。

（b）电路是反相输入的过零比较器。

（c）电路是反相输入的滞回比较器。

（d）电路是同相输入的滞回比较器。

（e）是一个窗口比较器。

【4.10】　电路是带稳压管反馈式限幅的基本比较器,其阈值电平 $V_T = 3.6$ V,高电平输出电压 $V_{OH} = (5-3.6)$ V $= 1.4$ V,低电平输出电压 $V_{OL} = (-3.6-0.7)$ V $= -4.3$ V。

【4.11】　（a）电路是具有输出限幅的反相放大器,电路中通过电阻引入了负反馈,因此构成了运算电路,其中稳压管的作用是输出电压限幅。

（b）电路是具有反馈式输出限幅的过零比较器。

（c）电路是具有输出限幅的滞回比较器。

【4.12】　（1）$T = 4RC \dfrac{R_1}{R_2} = \left(4 \times 5.1 \times 10^3 \times 0.047 \times 10^{-6} \times \dfrac{5.1}{15}\right)$ s $= 0.326 \times 10^{-3}$ s

$$f_0 = \frac{1}{T} = 3\ 067 \text{ Hz}$$

（2）若要产生不对称的方波和锯齿波,电路有多种改进方法。例如可以在运放 A_2 的同相端接上一个可调电源。

【4.13】　（1）当调节 R_W,使 $v_S = 0$ 时,v_{O1} 输出为方波,幅度为 $\pm V_Z$;v_{O2} 为三角波,其幅度为 $\pm \dfrac{R_2}{R_1} V_Z$。两个电压波形的幅度之比为 $\dfrac{V_{o1m}}{V_{o2m}} = \dfrac{R_1}{R_2}$。

（2）
$$f_0 = \frac{1}{4(R_3 + R_4)C} \times \frac{R_1}{R_2}$$

（3）当调节 R_w 使 $v_S > 0$ 时,由于在 $v_{O1} = +V_Z$ 期间,电容 C 的充电电流减小,而在 $v_{O1} = -V_Z$ 期间,电容器 C 的放电电流增大,使得 v_{O2} 波形出现不对称的三角波（$T_1 > T_2$）,显然,如果 $v_S < 0$,则 v_{O2} 的波形将 $T_2 > T_1$。

【4.14】 （1）略。

（2）$v_{O3} = +12$ V（当 $v_{O1} > V_{REF}$ 时），$v_{O3} = -12$ V（当 $v_{O1} < V_{REF}$ 时）

习题5　参考答案

【5.3】
$$v_O = \left(1 + \frac{R_1 + R_3}{R_2}\right)\left(-\frac{R_f}{R}\right)(v_{I1} - v_{I2})$$

【5.4】
$$\dot{A}_v = \frac{\Delta v_O}{\Delta v_I} = 2$$

【5.6】（1）$v_O = \dfrac{1}{k} \cdot \dfrac{R_1}{R_2} \cdot \dfrac{v_I}{v_Y}$，同相输入式除法电路。

（2）
$$v_O = \frac{1}{k} \cdot \frac{v_I}{v_Y}$$

（3）正极性。

（4）其电路的输入阻抗较高。

【5.7】（1）$v_O = -\dfrac{1}{k} \cdot \left(\dfrac{R_3}{R_1} \cdot \dfrac{v_{I1}}{v_Y} + \dfrac{R_3}{R_1} \cdot \dfrac{v_{I2}}{v_Y}\right)$，反相输入式除法电路。

（2）正常工作时，运放必须处于负反馈工作状态，且 v_Y 为正值。

【5.8】（1）
$$v_O = \sqrt{\frac{1}{k} \cdot \frac{R_2}{R_1} \cdot v_I}$$

（2）
$$v_O = \sqrt{\frac{v_I}{k}}$$

（3）不能。

【5.10】

（a）（1）$A_v(s) = \dfrac{v_o(s)}{v_i(s)} = -\dfrac{R_2}{R_1 + \dfrac{1}{sC}} = -\dfrac{A_{vp}}{1 + \dfrac{1}{sR_1C_1}}$，一阶有源高通滤波器。

（2）
$$A_{vp} = -\frac{R_2}{R_1}$$

（3）
$$f_c = \frac{1}{2\pi RC}, \quad Q = \frac{1}{\sqrt{2}}$$

(4)
$$A_v = Q \cdot A_{vp} = \frac{A_{vp}}{\sqrt{2}}$$

(b) (1) $A_v(s) = \dfrac{v_o(s)}{v_i(s)} = -\dfrac{R_2}{R_1} \cdot \dfrac{1}{1+sR_2C} = \dfrac{A_{vp}}{1+sR_2C}$，一阶有源低通滤波器。

(2)
$$A_{vp} = -\frac{R_2}{R_1}$$

(3)
$$f_c = \frac{1}{2\pi RC}, \qquad Q = \frac{1}{\sqrt{2}}$$

(4)
$$A_v = Q \cdot A_{vp} = \frac{A_{vp}}{\sqrt{2}}$$

(c) (1) 二阶有源压控型低通滤波器。

(2)
$$A_{vp} = 1 + \frac{7.5}{10} = 1.75$$

(3) $f_c = \dfrac{1}{2\pi \times 39 \text{ k}\Omega \times 0.1 \text{ }\mu\text{F}} = 40.8 \text{ Hz}, \qquad Q = \dfrac{1}{3 - A_{vp}} = 0.8$

(4)
$$A_v = Q \cdot A_{vp} = 1.4$$

(d) (1) 二阶有源多重负反馈型低通滤波器。

(2)
$$A_{vp} = -\frac{R_f}{R_1}$$

(3) $f_c = \dfrac{1}{2\pi\sqrt{R_2 R_f C_1 C_2}}, \qquad Q = (R_1 /\!/ R_2 /\!/ R_f)\sqrt{\dfrac{C_1}{R_2 R_f C_2}}$

(4)
$$A_v = Q \cdot A_{vp}$$

【5.11】 （1）采用阻带滤波器电路。

（2）应该采用带通滤波器。

（3）采用低通滤波器(LPF)。

（4）采用低通滤波电路(LPF)。

【5.12】 （a）电路为一阶高通滤波器电路。

（b）电路是三阶高通滤波器。

（c）为二阶带通滤波器电路。

（d）电路为二阶带阻滤波器。

【5.13】 （1）电路为二阶有源带通滤波器电路。

（2）增益约为 4(3.96)，带宽约为 0.88 kΩ。

【5.16】 $v_o = \dfrac{1}{C_2}\displaystyle\int i(t)\,\mathrm{d}t = \dfrac{1}{C_2}\int \dfrac{v_1(t)}{R_{eq}}\,\mathrm{d}t = \dfrac{1}{C_2 R_{eq}}\int v_1(t)\,\mathrm{d}t = \dfrac{C_1}{C_2}f_c\int v_1(t)\,\mathrm{d}t$

符 号 说 明

为了方便阅读,对电路中各个基本电量符号和基本电路常用的性能参数相关符号做如下说明。

一、基本电压(V)和电流(I)

1. 用大写字母并辅以大写下标来表示直流电量,如 V_1、V_{CE}、V_{GS}、I_1、I_C、I_D。

2. 用小写字母辅以小写下标来表示交流电量的瞬时值,如 v_i、v_o、i_b、i_c。

3. 用大写字母并辅以小写下标来表示正弦交流电量的有效值,如 V_i、I_i。V_{im}、I_{im} 为正弦交流电量的峰值。$\dot{V}_i$、$\dot{I}_i$ 为交流相量值(复数)。

4. 用小写字母辅以大写下标来表示直流与交流叠加后的瞬时总量,如 v_I、i_I。

二、功率(P)和效率(η)

P_o	交流输出功率
P_{om}	最大交流输出功率
P_T	半导体器件平均功耗
P_E	电源提供的平均功率
η_{max}	最大效率

三、频率(f)

f_{bw}(或 BW)	放大电路通频带宽度
f_H、f_L	放大电路上限、下限频率(也称 -3 dB 频率),在波特图中称转折频率
f_c	放大电路中增益为 0 dB 对应的信号频率

f_p	滤波器通带截止频率(也称-3 dB 频率)
f_o	振荡频率、特征频率、重复频率

四、时间(t)

t_r	上升时间
t_f	下升时间
t_w	脉冲宽度
T	周期
τ	时间常数

五、增益(放大倍数)

$A_v(\dot{A}_v)$	电压增益 $A_v = \dfrac{v_o}{v_i}\left(\text{复数电压增益 } \dot{A}_v = \dfrac{\dot{V}_o}{\dot{V}_i}\right)$
A_{vo}	开路电压增益(不接负载时的增益)
A_{vs}	源电压增益(输出电压与信号源电压之比)
A_{vd}	差模电压增益
A_{vc}	共模电压增益
A_{vp}	滤波器的通带增益
A_{vf}	反馈放大电路的闭环电压增益

六、集成运算放大器

A_{od}	开环差模增益
A_{vd}	差模电压增益
A_{vc}	共模电压增益
R_{id}	差模输入电阻
R_{ic}	共模输入电阻
$V_{om}^{+}、V_{om}^{-}$	正向、负向最大输出电压幅度
V_{IO}	输入失调电压
$\mathrm{d}V_{IO}/\mathrm{d}T$	输入失调电压温度漂
I_{IO}	输入失调电流

$\mathrm{d}I_{\mathrm{IO}}/\mathrm{d}T$	输入失调电流温度漂
I_{IB}	输入偏置电流
K_{CMR}	共模抑制比
$V_{\mathrm{IC(max)}}$	最大共模输入电压
f_{H}	$-3\ \mathrm{dB}$ 带宽
f_{c}	单位增益带宽
SR	转换速率

B

半导体二极管	semiconductor diode
波形转换电路	waveform converter
波形发生电路	waveform generator
波特图	Bode plot
幅频特性	amplitude frequency characteristic
相频特性	phase frequency characteristic
稳定判据	stability criterion
稳定裕度	stability margin

C

差分放大电路	differential amplifier
差模信号	difference-mode signal
差模放大倍数	differential gain
长尾电路	long tailed pair circuit
场效应管	field effect transistor(FET)
漏极	drain
栅极	gate
源极	source
结型~	junction type~(JFET)
MOS 型~	metal-oxide-semiconductor type~(MOSFET)
耗尽型~	depletion type ~
增强型~	enhancement ~
绝缘栅型~	insulated gate type~

~恒流区	~ constant current region
~夹断电压	~ pinch off voltage
~开启电压	~ threshold voltage
~可变电阻区	~ variable resistance region
~输出特性	~ output characteristics
~转移特性	~ transfer characteristics
~共源组态	~ common source configuration
~共漏组态	~ commom drain configuration
~共栅组态	~ common gate configuration
串联型稳压电路	series voltage regulator
保护电路	protecting circuit
安全区保护	safety operating area protection
过流保护	current overload protection
过热保护	thermal overload protection
基准源	reference
能隙基准源	band-gap reference
齐纳基准源	Zener reference
CMOS 电路	CMOS circuit

D

等效电路	equivalent circuit
多发射极晶体管	multiple emitter transistor
电荷放大器	charge amplifier
多集电极晶体管	multiple collector transistor
电路仿真	circuit simulation
电流方程	current equation
电流反馈集成运放	current feedback operational amplifier
电源	power supply
电流源	current source
多路~	multiple current source
镜像~	current mirror source
微~	small value current source
单片集成稳压器	monolithic integrated regulator

低频功率放大电路	low frequency power amplifier
电容	capacitor
旁路～	by-pass～
极间～	interelectrode～
滤波～	filtering～
耦合～	coupling～
电容滤波	capacitance filter
脉动系数	ripple factor
电压比较器	voltage comparator
窗口比较器	window comparator
过零比较器	zero-crossing comparator
集成电压比较器	integrated voltage comparator
简单比较器	simple comparator
三态比较器	three state comparator
限幅比较器	clipping comparator
阈值电压	threshold voltage
滞回比较器	regenerative comparator
电压反馈集成运放	voltage feedback operational amplifier
电子设计自动化	electronic design automation (EDA)

E

二极管	diode

F

方波发生器	square wave generator
伏安特性	Volt Ampere characteristics
放大电路	amplifier
变压器耦合～	transformer coupling～
直接耦合～	direct coupled～
阻容耦合～	RC coupling～
单级～	single-stage～
共发射极～	common-emitter (CE)

共漏极 ~	common-drain(CD)
共集电极 ~	common-collector(CC)
共基极 ~	common-base(CB)
共栅极 ~	common-gate(CG)
共源极 ~	common-source(CS)
~组成原则	principles of getting amplification
~工作点稳定	operating point stabilization
多级 ~	multistage amplifier
~的性能	characteristics of amplifiers
~静态工作点	quiescent point
~放大倍数	amplification
~失真系数	distortion factor
~输出电阻	output resistance
~输入电阻	input resistance
~通频带	bandwidth
~效率	efficiency
~信噪比	signal-noise ratio
~最大输出幅值	maximum output amplitude
~最大输出功率	maximum output power
放大电路的分析	analysis of amplifiers
图解法	graphical method
等效电路	equivalent circuit
h 参数模型	h-parameter model
混合 π 模型	hybrid-π model
交流通路	alternating current path
直流通路	direct current path
负载线	load line
直流 ~	direct load line
交流 ~	alternating load line
负反馈放大电路的自激振荡	self excited oscillation of feedback amplifier
超前校正	phase lead compensation
滞后校正	phase lag compensation
幅值裕度	gain margin
相位裕度	phase margin

复合管	Darlington connection
反馈放大电路	feedback amplifiers
~方框图	block diagram
开环	open-loop
闭环	closed-loop
开环增益	open-loop gain
环路增益	loop gain
闭环增益	closed-loop gain
正反馈	positive feedback
负反馈	negative feedback
反馈通路	feedback path
反馈信号	feedback signal
反馈系数	reverse transmission factor (feedback Factor)
深度负反馈电路	with strong negative feedback
反馈极性判断	feedback polarity examination
反馈组态	feedback configuration
电流并联	current-parallel
电流串联	current-series
电压并联	voltage-parallel
电压串联	voltage-series

G

光电池	photocell
光电二极管	photodiode
光电晶体管	phototransistor
隔离放大器	isolated amplifier
功率放大电路	power amplifier
变压器耦合~	transformer coupled power amplifier
集成~	integrated circuit power amplifier
互补对称~	complementary symmetry power amplifier
甲类~	class A amplification
乙类~	class B amplification
甲乙类~	class AB amplification

~交越失真	cross over distortion
OCL~	output capacitorless~
OTL~	output transformerless~
~输出功率	output power
~散热	heat dissipation
~效率	efficiency
共模信号	common-mode signal
共模放大倍数	common-mode gain
共模抑制比	common-mode rejection ratio
干扰	interference

H

恒流源	constant current source
函数发生器	function generator

J

静态工作点	quiescent point
集成电压比较器	integrated voltage comparator
集成模拟乘法器	integrated analog multiplier
变跨导	variable transconductance multiplier
四象限乘法器	four-quadrant multiplier
集成运算放大器	integrated operational amplifier circuit
理想运放	ideal operational amplifier
保护电路	protecting circuit
同相输入端	noninverting input terminal
反相输入端	inverting input terminal
开环增益	open-loop gain
频率响应	frequency response
失调电流	offset current
失调电压	offset voltage
专用型	special type
通用型	popular type

转换速率	slew rate（SR）
截止频率	−3dB frequency
晶体管（双极型管）	bipolar junction transistor
发射极	emitter
基极	base
集电极	collector
放大区	active region
饱和区	saturation region
截止区	cut−off region
参数	parameter
电流放大系数	current amplification factor
共基（α）	common base（α）
共射（β）	common emitter（β）
频率响应	frequency response
等效电路	equivalent circuit
直流模型	DC model
放大作用	amplification effect
击穿电压	breakdown voltage
输出特性（共射）	output characteristics（CE）
输入特性（共射）	input characteristics（CE）
特征频率（f_{T}）	transition frequency
温度影响	temperature effect
矩形波发生电路	rectangular wave generator
锯齿波发生电路	sawtooth wave generator
计算机辅助设计	computer aided design（CAD）

K

开关型直流电源	switching mode direct power supply

L

零点漂移	zero drift
理想模型	ideal model

滤波电路	filter
贝塞尔~	Bessel filter
切比雪夫~	Chebyshev filter
巴特沃斯~	Butterworth filter
开关电容~	switching capacity filter
低通~	low-pass filter (LPF)
带通~	band-pass filter (BPF)
带阻~	band-elimination filter (BEF)
高通~	high-pass filter (HPF)
全通~	all-pass filter (APF)
~Q值	quality factor
~通带	pass-band
~通带截止频率	cut-off frequency of pass-band
~特征频率	characteristic frequency
压控电压源~	voltage-controlled voltage-source filter
~中心频率	center frequency
~阻带	stop-band

M

密勒效应	Miller effect

N

内阻	internal resistance

O

耦合	coupling
变压器耦合	transformer coupled
直接耦合	direct coupled
阻容耦合	resistor-capacitor coupled
光电耦合器	photocoupler

P

频率特性（频率响应）	frequency characteristic（frequency response）
上限截止频率	upper cut-off frequency
下限截止频率	lower cut-off frequency

R

| 热敏电阻 | thermistor |

S

选频	frequency selective
三角波发生电路	triangular wave generator
输出电阻	output resistance
输入电阻	input resistance
瞬态响应	transient response
双列直插式封装	dual-in-line package
散热	heat dissipation

W

无限增益多路反馈	infinite gain multiple feedback
稳压管稳压电路	zener voltage regulator
稳压系数	coefficient of voltage stabilization
稳压管	zener diode
~等效电路	equivalent circuit
~特性	characteristics

X

| 小信号模型 | small signal model |
| 相对误差 | relative error |

信号转换电路	signal transfer circuit
电压/电流转换电路	voltage-current converter
电流/电压转换电路	current-voltage converter
电压/频率转换电路	voltage-frequency converter

Y

压控振荡器	voltage controlled oscillator
运算电路	operational circuits
比例~	scaling circuit
差分输入	differential input
反相输入	inverting input
同相输入	noninverting input
T形反馈网络	with T type feedback network
乘法~	multiplication circuit
乘方~	mathematical power circuit
除法~	divide circuit
对数~	logarithmic circuit
电压跟随器	voltage follower
积分~	integration circuit
求和~	summing circuit
微分~	differential circuit
虚短~	virtual short circuit
虚断~	virtual open circuit
虚地~	virtual ground
指数~	exponential circuit
仪用放大器	instrumentation amplifier
有源负载	active load
有源元件	active component

Z

整流电路	rectifier
精密~	precision rectifier

全波 ~	full wave rectifier
半波 ~	half wave rectifier
桥式 ~	bridge rectifier
倍压 ~	voltage doubler rectifier
脉动系数	ripple factor
折线化模型	piecewise model
噪声	noise
热噪声	thermal noise
信噪比	signal-to-noise ratio
散粒噪声	shot noise
$1/f$ 噪声	$1/f$ noise (fizker noise)
噪声系数	noise factor
正弦波振荡电路	sinusoidal oscillator
变压器反馈式	transformer feedback
电感反馈式(电感三点式)	hartley feedback
电容反馈式(电容三点式)	colpitts feedback
RC 桥式(文氏桥)振荡器	Wien bridge oscillator
石英晶体 ~	crystal oscillator
并联式 ~	parallel type
串联式 ~	series type
选频网络	frequency -selective network
RC 串并联网络	Wien bridge network
LC 并联网络	LC network
石英晶体	quartz crystal
品质因数	quality factor
振荡条件	criterion of oscillation
自激振荡	self excited oscillation
周期	period

参考文献

［1］童诗白,华成英.模拟电子技术基础［M］.华成英,叶朝晖.5 版.北京:高等教育出版社,2015.

［2］康华光,陈大伙,张林.电子技术基础(模拟部分)［M］.6 版.北京:高等教育出版社,2013.

［3］沈尚贤.电子技术导论［M］.北京:高等教育出版社,1985.

［4］蔡惟铮.集成电子技术［M］.北京:高等教育出版社,2004.

［5］陈隆道,蔡忠法,沈红.集成电子技术基础教程 上册［M］.3 版.北京:高等教育出版社,2015.

［6］王小海,祁才君,阮秉涛.集成电子技术基础教程 上册［M］.2 版.北京:高等教育出版社,2008.

［7］杨拴科.模拟电子技术基础［M］.2 版.北京:高等教育出版社,2010.

［8］阮秉涛.电子设计实践指南［M］.北京:高等教育出版社,2013.

［9］何小艇.电子系统设计［M］.4 版.北京:高等教育出版社,2008.

［10］杨素行.模拟电子技术简明教程［M］.3 版.北京:高等教育出版社,2006.

［11］童诗白,徐振英.现代电子学及应用［M］.北京:高等教育出版社,1994.

［12］童诗白,何金茂.电子技术基础试题汇编［M］.北京:高等教育出版社,1992.

［13］王小海.集成电子技术教程［M］.杭州:浙江大学出版社,1999.

［14］谢嘉奎.电子线路［M］.4 版.北京:高等教育出版社,1999.

［15］高文焕,刘润生.电子线路基础［M］.北京:高等教育出版社,1994.

［16］衣承斌,刘金南.模拟集成电子技术基础［M］.南京:东南大学出版社,1994.

［17］布朗,弗拉内奇.数字逻辑基础与 VHDL 设计［M］.伍微,译.3 版.北京:清华大学出版社,2011.

［18］Anant Agarwal, Jeffrey H Lang.模拟和数字电子电路基础［M］.于歆杰,朱桂萍,刘秀,译.北京:清华大学出版社,2012.

［19］冈村迪夫.OP 放大电路设计［M］.王玲,译.北京:科学出版社,2005.

［20］正田英介,春木弘.21 世纪电子电气工程师系列丛书——半导体器件［M］.邵志标,译.北京:科学出版社,2001.

［21］John F Wakerly. Digital Design:Principles and Practices ［M］. 3rd ed. New Jersey: Prentice Hall Inc, 2000.

[22] M Morris Mano. Digital Design ［M］. 3rd ed. New Jersey：Prentice Hall Inc，2002.

[23] William Keith. Digital Electronics——A Practical Approach［M］. 6th ed. New Jersey：Prentice Hall Inc，2002.

[24] U Tietze，Ch Schenk. Electronic Circuits：Handbook for Design and Application［M］. New York：Springer-Verlag，2005.

[25] Thomas L Floyd. Digital Fundamentals［M］. 7th ed. Beijing：Science Press and Pearson Education North Asia Limited，2002.

[26] Allan R Hambley. Electronics［M］. 2nd ed. New Jersey：Prentice Hall Inc，2000.

[27] Jacob Millman，Arvin Grabel. Microelectronics ［M］. 2nd ed. New York：McGraw-Hill book company，1989.

[28] Muhammad H Rashid. Microelectronic Circuits：Analysis and Design［M］.影印版. 北京：科学出版社,2002.

郑重声明

高等教育出版社依法对本书享有专有出版权。任何未经许可的复制、销售行为均违反《中华人民共和国著作权法》，其行为人将承担相应的民事责任和行政责任；构成犯罪的，将被依法追究刑事责任。为了维护市场秩序，保护读者的合法权益，避免读者误用盗版书造成不良后果，我社将配合行政执法部门和司法机关对违法犯罪的单位和个人进行严厉打击。社会各界人士如发现上述侵权行为，希望及时举报，本社将奖励举报有功人员。

反盗版举报电话　（010）58581999　58582371　58582488
反盗版举报传真　（010）82086060
反盗版举报邮箱　dd@ hep. com. cn
通信地址　北京市西城区德外大街4号
　　　　　高等教育出版社法律与版权管理部
邮政编码　100120